大型风力发电机组的可预测性维护与故障诊断

齐咏生　高学金　王　普　著

科学出版社

北京

内 容 简 介

本书结合具体的风电企业应用实例，对风力发电机组可预测性维护和故障诊断技术及方法进行了比较系统的介绍，并首次对可预测性维护系统所带来的经济效益评价问题作了深入的研究。书中对风力发电机组的状态监测、性能体检、故障诊断及故障趋势预测进行了深入细致的研究，给出了一些相应的解决方案。全书具有很强的理论与实践指导意义，读者能学以致用。

本书内容深入浅出，系统性强，注重理论联系实际，可作为控制科学、风能技术、智能控制等专业高年级本科生、研究生和教师的参考书，也可供风力发电、检修与维护等领域的工程师和科研人员阅读和参考。

图书在版编目(CIP)数据

大型风力发电机组的可预测性维护与故障诊断 / 齐咏生，高学金，王普著. —北京：科学出版社，2020.9

ISBN 978-7-03-066335-1

Ⅰ. ①大… Ⅱ. ①齐… ②高… ③王… Ⅲ. ①风力发电机－发电机组－维修 ②风力发电机－发电机组－故障诊断 Ⅳ. ①TM315

中国版本图书馆CIP数据核字(2020)第197405号

责任编辑：姚庆爽 / 责任校对：王 瑞
责任印制：吴兆东 / 封面设计：蓝 正

科学出版社出版
北京东黄城根北街16号
邮政编码：100717
http://www.sciencep.com

涿州市般润文化传播有限公司 印刷
科学出版社发行 各地新华书店经销
*

2020年9月第 一 版 开本：720×1000 B5
2024年1月第三次印刷 印张：19 1/4
字数：375 000

定价：120.00 元
(如有印装质量问题，我社负责调换)

前　言

对于风力发电机组而言，可预测性维护即状态监测系统(condition monitoring system，CMS)是未来风机日常运行维护的重要手段和发展方向，在电力工业领域它的应用与日俱增、势所必然。风电场偏僻的地理位置、恶劣的气候条件及风力发电机组高昂的备件成本等因素，都推动着风机制造商和风电场业主开始推广和使用 CMS，使可预测性维护这项技术在风电行业得到了迅猛发展。然而，可预测性维护在风电行业的快速应用与发展的同时，也出现了许多困难、疑惑与新问题，使得可预测性维护的应用总是伴随着争议、质疑及技术上的不确定性。

此外，虽然可预测性维护带有一定的故障分析功能，但其主要功能是进行故障监测与状态监督，而对于故障诊断目前还主要依赖于人工的后期分析，因此，故障的自动诊断和预测技术仍是一大难题，是未来发展的主要方向。

本书作者正是在此背景下，通过长期深入分析和研究，总结作者及团队多年从事风电故障监测与诊断研究工作经验，并借鉴国内外相关最新研究成果，博采众家之长，写成此书。本书旨在从更深层次、更广范畴，采用理论+运行案例分析的方式，深刻阐述 CMS 及自动故障诊断技术在风力发电机组应用中存在的诸多问题，首次对 CMS 的经济效益评价性问题作了深入研究，并对风电机组退化性能评价进行了深入研究。目前，比较完整地介绍大型风力发电机组可预测性维护和自动故障诊断技术的相关书籍还较少，希望本书的出版能给读者以全新的认识和深刻的理解，并对上述问题给出有价值的总结和参考。

本书内容可分为两大部分。第一部分主要阐述风电机组 CMS 的研究，包括第 1 章~第 5 章；第二部分重点介绍风电机组的自动故障诊断技术及退化性能评价方法的相关研究，包括第 6 章~第 11 章。全书共 11 章：第 1 章绪论，重点介绍了风力发电可预测性维护系统与自动故障诊断技术的发展背景意义、研究现状及目前研究中主要存在的瓶颈和难点；第 2 章概述了风力发电机组传动链组成部分、工作原理及常见故障等知识；第 3 章对风力发电机组 CMS 的开发与应用进行了详细介绍，以作者开发的 CMS 为例，重点阐述了 CMS 通用型设计思路、软硬件构架、测点布置等关键问题，最后结合现场应用实例表明 CMS 的应用价值；第 4 章在第 3 章基础上，阐述了基于便携式 CMS 的需求、开发技术及状态体检与趋势预警的应用过程，以解决老旧风场风电机组状态监测改造问题；第 5 章对风场业主最为关心的问题——CMS 的经济效益评价，给出了定性和定量的评价方法；第 6 章和第 7 章分别研究了基于时频分析方法和基于数学形态学分析方法的风电机组滚动轴承自动故障诊断问题，给出了相关的研究成果和应用案例，同时也表明了该方向研究的重要性；第 8 章针对风电机组中常常存在的复合故障问题，深入研究了基于改进最小熵解卷积和 Teager 能量算子相结合的故障识别算法，解决滚动轴承复合故障的自动识别问题；第 9 章研究了基于直流偏移补偿方法及 S 变换的风电机组齿轮箱自动故障诊断问题，给出了最新的研究成果和案例分析；第 10 章基于深度网络提出了风电机组滚动轴承故障自学习算法，实现故障的自主学习和故障网络的自增长，以解决风电场大量无标签故障数据得不到有效利用的问题；第 11 章结合风电场产生的大量 SCADA(supervisory control and data acquisition，数据采集与监视控制)数据，深入研究了评估机组整机性能退化趋势的方法，以期实现对风机健康状态的预测与退化评估。

本书中，王普教授撰写了第 1 章、第 2 章，齐咏生教授撰写了第 3~7 章、第 9 章；高学金教授撰写了第 8 章、第 10 章、第 11 章。

本书在撰写过程中得到国家自然科学基金(61763037、61640312)、北京市自然科学基金(4172007)、北京科技新星计划交叉学科合作项目(Z161100004916041)、内蒙古自治区自然科学基金(2017MS0601、2019LH06007)等的资助，得到了内蒙古自治区科技计划项目(2019)、内蒙古自治区机电控制重点实验室、数字社区教育部工程研究中心、城市轨道交通北京实验室、计算智能与智能系统北京市重点实验室的支持。本书的出版得到了科学出版社的大力支持和帮助，在此一并致以诚挚的感谢。研究生马然、李强、樊佶、景彤梅、刘飞、师芳、陆晨曦、白宇、张二宁等同学完成了文字的录入工作，感谢他们的辛勤工作。

由于作者水平有限，书中难免存在不妥之处，恳请读者批评指正。

作 者

2019 年 4 月

目　录

第1章 绪 论

1.1 风力发电的发展概况

随着社会的发展，民众对电力的需求日益增多，而环境污染与能源危机问题更加严重，风能作为一种清洁的可再生能源，越来越受到世界各国的重视，充分开发利用风能是世界各国政府可持续发展的能源战略决策。

1.1.1 全球风力发电的发展现状

全球风力发电从新增装机容量来看，进入 21 世纪以来，除 2013 年、2016 年和 2017 年环比下滑外，其他年度全球风电新增装机容量基本呈现逐年递增趋势。图 1-1 和图 1-2 分别给出了全球风电年新增装机容量(2000～2018 年)和全球风电累计装机容量(2000～2018 年)。

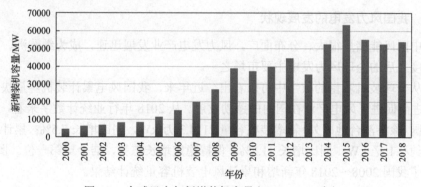

图 1-1 全球风电年新增装机容量(2000～2018 年)

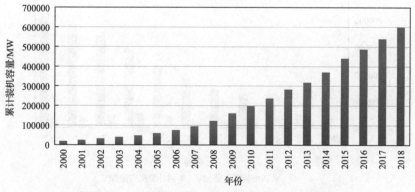

图 1-2 全球风电累计装机容量(2000～2018 年)

图 1-3 为全球累计装机容量排名前十的国家,从图 1-3 中可以看出,近年来,我国风电累计装机容量快速增长,进而促进了风电产业在国内的蓬勃发展[1]。从 2018年行业统计数字来看,中国风力风电装机总容量已超过 200GW,跃居全球第一位。

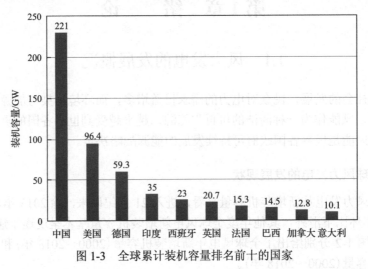

图 1-3　全球累计装机容量排名前十的国家

1.1.2　我国风力发电的发展现状

中国风能储量很大、分布面广,风力发电产业发展迅速,成为继欧洲、美国和印度之后的全球风力发电主要市场之一。

从全球装机容量的数字中可以看出,近年来,我国风电累计装机容量快速增长,进而促进了风电产业在国内的蓬勃发展。从 2018 年行业统计数字来看,2018年全国(除港澳台地区外)新增装机容量 2114.3 万 kW,同比增长 7.5%;累计装机容量约 2.1 亿 kW,同比增长 11.2%,保持稳定增长态势,居全球第一位。图 1-4给出了我国 2008～2018 年新增和累计风电装机容量统计结果。

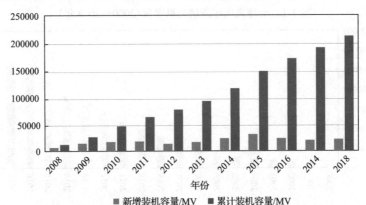

图 1-4　2008～2018 年我国新增和累计风电装机容量

1.2　风力发电机组目前的维护与维修现状

　　风力发电机组往往运行环境较差，且工况复杂，存在故障隐患或发生故障的概率较高，出现故障不易及时发现，维修成本高，给机组正常运行造成很大影响。目前风电机组的维护主要采用响应性维护和预防性维护两种方式。前者主要是事后检修，后者为定期维护和根据机组状态进行维护。

　　下面详细介绍风力发电机组传动链及其发生故障时，目前常采用的维护模式。

1.2.1　风力发电机组传动链

　　风电机组传动链是风力发电机中最主要的机械结构，主要包括叶片、轮毂、主轴、增速齿轮箱、联轴器及发电机等部件，也包括各种弹性支撑，图 1-5 为双馈发电机组传动链结构示意图。

图 1-5　双馈发电机组传动链结构示意图

　　如图 1-5 所示，叶片通过法兰联结到轮毂上，轮毂通过法兰与主轴相联结，主轴内嵌到齿轮箱里，并通过轴承支撑在齿轮箱端部，齿轮箱通过螺栓和弹性元件固定在主框架的前机架上，齿轮箱高速级输出轴与联轴器的一端相联结，联轴器另一端与发电机转子相联，发电机定子通过弹性元件支撑在主框架的悬臂上，这样就组成了完整的风电机组传动链[2]。

　　风力发电机组的电子元器件及系统有相对较高的故障率，但是维修所需的时间较短，而传动链上的部件损坏如果是在毫无准备的情况时发生，则需要较长时间来停机维修。

通过对内蒙古地区多个风电场风机运维情况的调研，我们收集并整理了 1446 台风电机组在投运后的运行与故障情况，并大致按故障类型进行了分类统计，统计结果如表 1-1 所示。由表可知，存在故障隐患的风机约为 760 台，占比 52.6%。可见，目前存在故障隐患或发生风电机组故障的概率相当高。

表 1-1　内蒙古地区 1446 台风机 2014～2018 年故障统计结果

故障类型	部件	故障产生地区				
		乌蒙地区 (581 台)	锡盟地区 (267 台)	巴盟地区 (239 台)	包头地区 (359 台)	总计 (1446 台)
齿轮型故障	齿轮故障	37	26	24	31	118
	轴承故障	26	28	23	20	97
发电机故障	电气故障	26	21	17	22	86
	机械故障	25	24	17	25	91
叶片故障	前缘腐蚀	33	23	19	24	99
	前缘开裂	14	19	18	22	73
	后缘损坏	21	15	14	19	70
	叶根断裂	5	10	12	9	36
	表面裂缝	16	12	11	17	56
	雷击损坏		6	7	7	27
塔筒故障	塔筒损伤	4	2	1	0	7

1.2.2　风力发电机组目前的维护模式

大部分风电机组所处环境条件差，机组经常工作在低温、沙尘、雷电、冰雪和风暴等恶劣环境条件，而且风速、载荷和风轮转速变化范围大，并网要求高，导致机组运行工况复杂，极易造成风电机组传动链上的齿轮、滚动轴承等零部件在短时间内就发生各种故障，影响机组的安全可靠性。通常风电场机组分布范围广，出现故障不易及时发现、维修，也增加运行和维护成本，造成经济损失，风电机组的容量越大，每次故障的维修费用将越高。所以采取必要、有效的监测与诊断系统已箭在弦上、势在必行。

当前在风电机组传动链的维护上主要采用两种方式——响应性维护和预防性维护，前者借助的手段主要是人工经验或离线式检测设备；而后者主要依赖于具备一套完整可靠的 CMS，两者各自特点如下[3]：

(1) 响应性维护即事后检修。主要是指风电机组出现故障之后，对有故障的部件进行针对性地检修。故障检修缺点是对每次检修期间的突发性故障无法发挥作用，对潜伏期较长的故障隐患也难以跟踪和发现，一旦隐患在下次定检前发展为重大故障，将造成很大损失，但该方式初期投入成本较低，人员水平要求较低。

(2)预防性维护，分为基于时间状态的定期维护和基于实际状态的维护。预防性维护中的定期维护，即每隔一段时间对风电机组进行检修。定期维护主要是依据风电机组保养和维护的相关规程，对风电机组进行检修，如更换润滑油、风电机组运转时是否存在异常等。定期检修缺点是难以发现密闭在机器内部的轴承、齿轮故障，并且会导致过于频繁的更换部件。目前，多数风场主要采用的是响应性维护+定期维护相结合，图1-6给出了风力发电机组主要维护策略对比。

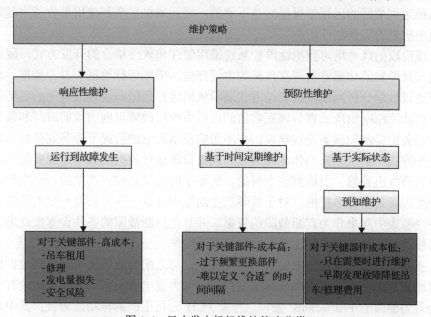

图1-6　风力发电机组维护策略分类

基于实际状态的维护即风力发电机组的可预测性维护，风力发电机组的可预测性维护系统即状态监测系统(CMS)可对齿轮箱、主轴承、发电机等故障进行事前预警，提前组织维修设备与维修人员，统一安排维修计划，缩短部件维护、更换时间，提高风机运行的稳定性和发电量，是未来的主要发展方向。

1.3　风力发电机组可预测性维护系统研究现状

状态监测技术可以实时监测风力发电机组各部分的运行状态，及时采取有效措施避免发生重大事故，同时对风力发电机组进行预测维护，可以有效降低运营维护成本，提高风电场的经济效益。现阶段，风电机组状态监测技术所面临的主要难题是研究适合风电机组特性和运行环境的状态监测方法，实现故障诊断的有效性。

1.3.1　风电机组可预测性维护系统发展现状

由于风电场均处于偏远地区，人员、物资保障较困难，风电机组属于长周期、高磨损运行设备，同时，存在风电机组维修空间较小，备品备件价格昂贵，储备不及时等问题。随着风电机组运行时间的逐步增加，检修维护成本成为风电场运营维护的突出矛盾。风电机组发生故障时临时更换大型部件成本很高，这样对于让风机达到最好的运行效果显然是不够的，因此风机生产和使用单位越来越重视对风电机组的可预测性维护[4-5]。

现阶段的风电场可预测性维护系统采用硬件和软件结合的开发方式，硬件主要是设计单独的传感器放置在风机的主要部位，采集运行数据和参考数据。软件主要通过数学分析判断以图表的方式展示风机运行数据和运行过程中的趋势性异常，在故障刚刚出现或者偏离正常值的过程中给出故障可能出现的时间和部位，进行相关的提示和预案处理建议，在不影响正常发电的前提下提前安排检修时机和维护方式。系统的核心体现在通过对风机日常运行数据的数学运算实现对风机故障提前发出警报。要达到这个目的，需要了解故障是如何产生的。风电场故障的产生因素是多种多样的，对于故障产生的原因现场工作人员有一定的经验，把这些经验集中起来作为判断故障的依据，并且把判断故障的条件设置成现场人员可以修改和添加的，以增加系统判断的灵活性[6]。

在欧美，由于风机技术发展和应用较早，与之配套的风机可预测性维护技术发展比较成熟，已经研发和应用了专门用于风力发电机的监测设备，比较有代表的公司为德国的 Pruftechnik 公司，丹麦 PCH 公司生产的振动监测仪；其中非常著名的 PCH1026 低频结构振动监测仪是由丹麦 PCH 公司生产的，密封在一个坚固机箱内的独立完整监测仪，它只需将直流电源与所需的输出通道连接起来就可以开始工作，它的优势在于检测低频振动信号，专门用来采集风机的塔体振动信号，叶片边沿振动信号[7]。在我国，通过各个大学、实验室、科研院所以及科技公司等研究下，已经有了很多风电机组机械故障可预测性维护系统和多种便携式的现场诊断仪。具体来说，东北大学的机械设备诊断研究工程中心做出了一套机械故障监测、诊断系统"风电机组工作状态监测诊断系统"，取得了很不错的效果；哈尔滨工业大学的"机组振动微机监测和诊断系统"以及西安交通大学的"大型旋转机械计算机状态监测与故障诊断系统"都在可预测性维护系统方面做出了一定的贡献。

1.3.2　风电机组可预测性维护的作用与意义

状态监测系统(CMS)是在风电机组传统的振动监测基础上，集成了齿轮箱在线油液监测、塔筒的晃动和倾角、叶片振动监测等功能。该系统突破了单纯的振动监测局限性,更加全面地掌握风电机组的运行状态,可以实现综合而有效的故障诊断,对维修具有更加实际的指导意义,实现了由"专科医生"向"全科医生"的转变。应用风电机组状态监测系统的主要作用与意义具体总结如下[8]:

(1)通过对振动频谱的监测和分析,能够早期发现风力发电机组传动链(如齿轮箱、发电机和主轴承)的故障,包括各类轴承磨损、齿轮裂纹、磨损、表面剥落、断齿,轴系不对中,大部件支撑问题等。

(2)在线状态监测系统可以通过趋势分析预测传动链部件的故障和寿命。

(3)应用实时状态监测优化对风力发电机的维护策略。通过更有效地制定计划和避免非计划停机/灾难性事故的发生来控制成本,在轴承或齿轮箱完全失效发生以前,尽早制定维修措施的计划和进度,使其对附近零部件的连带破坏最小。

(4)由被动维修转变为预防性的状态维修方式,有效利用维修资源。

(5)建立风力发电机机械性能和状态指标与运行信息之间的相关联系,最大限度地延长风力发电机使用寿命。

1. 风电机组可预测性维护系统功能

1)故障早期预警

在线状态监测与故障诊断系统通过对风电机组的运行状态实时监测,通过与绝对标准和相对标准的对比实现对故障的预警,及早发现故障征兆。在故障初期实施预防性维修,有效避免故障进一步恶化,可大大降低维修成本。

2)明确故障部位

当机组运行异常时,能够准确定位故障部位、分析故障原因,精确开展维修工作,能有效利用维修资源,提高维修效率,减少停机损失。

3)预测机组寿命

通过对风电机组运行状态的历史数据进行对比分析,能了解零部件运行状态的变化趋势,可预测风机关键部件的使用寿命。让风电企业在风电场运维工作中掌握主动,合理安排零部件的库存,制定科学的维修计划,最大限度地节约维修费用。

总之,对于风电场投资商,可以说风电机组就是他们的"孩子",需要用心呵护,定期体检,才能确保其生命周期内的健康运行,实现投资收益的最大化。定期为风电机组做一次体检,防患未然。

2. 可预测性维护的基本步骤

图 1-7 给出了风电机组可预测性维护的基本步骤,由图可知,基于状态的可预测性维护的总体措施是发现问题后一般并不需要立即进行维修或更换,而是针对实际情况采取合理措施。它的最终目的是在保证风机安全运行前提下尽可能延长风机正常运行的时间至合适的时间(备件准备完毕,弱风或无风)进行维护。

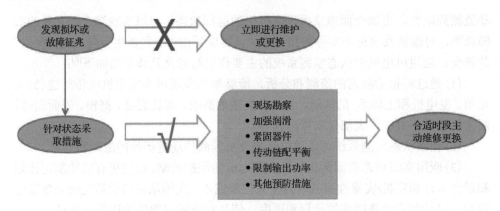

图 1-7　风力发电机组可预测性维护的基本步骤框图

3. 可预测性维护的必要性

通过对风电场开展全面振动检测，对风电机组整体的健康状态进行评估，发现可能存在的隐蔽性缺陷或故障，提前处理，避免机组损伤进一步恶化。从而减少备件消耗、降低运维成本，减少非计划停机时间、提高总体发电量。简要总结必要性如图 1-8 所示。

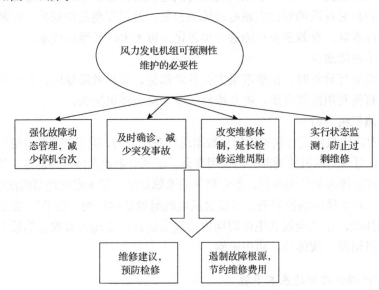

图 1-8　风力发电机组可预测性维护的必要性分析框图

1.3.3　风电机组故障预测与健康管理发展现状

有研究表明，风电机组的维护费用占到风电总成本的 30%～35%，并且仍在不断增加的高额运行维护成本严重影响了风电场的经济效益。因此，研究提升风电机组可利用率同时降低运行维护成本的方法具有重要意义[9]。

1. 预测与健康管理的意义

目前，关于风电机组关键与重要部件的状态监测与故障诊断，相关专家已开展了广泛研究和应用实践，机组的故障预测与健康管理(prognostic and health management, PHM)正逐渐成为行业研究新的热点和紧迫点，即借助各种算法和智能模型预测机组性能和剩余寿命，评估机组的健康状态，解决风场故障后修复和定期维护方式造成的"维护不足""维护过剩"等问题，实现视情维护(Condition-based Maintenance)或预测维护(Predictive Maintenance)，对风电机组进行全生命周期的健康管理。

风电机组整机性能分析与运行状态评估是实现风电机组 PHM 的关键，国际电工委员会就风力发电系统整机性能测量出台了相关标准 IEC 61400-12-1 Ed.2。PHM 研究方法包括数据驱动、模型驱动和混合方法。因风电机组属于复杂装置，机理建模困难，相关研究集中在基于数据驱动提取机组参数的特征信息以掌握其运行状态[10]。风电场的海量数据主要来自独立的 CMS 和 SCADA(supervisory control and data acquisition)系统。目前针对机组状态的研究工作主要侧重于关键部件的状态监测与预测，即结合 SCADA 数据，通过参数趋势分析、聚类、正常行为模型和损伤模型等方法对风电部件状态进行监测或预测。然而，单一系统或部件的状态监测结果难以全面表达机组的状态。因而，针对整机的性能预测与运行状态评价，以及相关方法的研究对进一步完善故障诊断和制定维修决策十分重要。

具体的研究意义与目的体现在以下几方面：

(1)充分、有效地利用反映风电机组实际运行状态的 SCADA 数据，以节约调度成本，同时提高性能预测与状态评估结果的解释性。

(2)深入分析 SCADA 数据的随机性、非平稳性和耦合性等特点，在参数选择与工况辨识的基础上，研究风电机组运行状态特征信息挖掘方法，以提高性能预测模型对异常变化或早期故障的灵敏度，准确反映风电机组性能的退化过程。

(3)研究基于数据驱动的性能预测方法。通过预测机组早期故障或异常变化，提前预警以降低隐患，防止故障扩大而引起事故和损失，有效帮助风电场运行人员提高机组的可靠性。

(4)研究风电机组健康状态综合评估方法，为实现视情维护提供依据，从而提升机组可利用率，保障风电机组有效、平稳、安全运行。

2. 预测与健康管理的研究

为全面掌握风电机组的运行状态并实现全生命周期的健康管理，国内外学者从状态监测、故障诊断、性能预测、容错控制与状态评估等多个方面展开了相应的研究工作，特别是在对风电机组的关键与重要部件的状态监测、故障诊断与容错控制等方面，取得了很多成果。随着风电场对实现视情维护要求的提出，有研究开始关注风电机组整机和部件与子系统的早期故障预测与诊断[11]，通过监测风电机组的性能退化过程与剩余寿命，进而合理评价机组的运行状态，优化运维策略。其中利用 SCADA 数据研究风电机组的性能预测与健康状态评估，关于数据集预处理技术、性能预测和状态评估方法等相关研究内容的研究现状及发展趋势分别如下。

1) SCADA 数据集预处理技术

风电机组 SCADA 系统的历史数据和在线实时数据属于多源异构数据，具有典型的非线性、非平稳性、多模态及时变性等特点，其复杂特点主要源于风电机组运行工况的随机性和波动性。因此，基于数据集预处理技术提供合理、有效的数据集是提取特征信息、建立性能预测和状态评估模型的基础。数据集预处理指对冗杂数据进行清洗、筛选、剔除、转换等操作，对于风电机组 SCADA 数据，现有研究主要通过数据清洗与异常辨识、参数选择、工况辨识和多元多尺度数据的融合等手段，以及解决数据集不平衡、数据缺失等问题提高数据质量[12]。

2) 机组性能预测方法

风电机组 PHM 分析方法如图 1-9 所示。其中，基于数据驱动的性能预测方法主要有：①基于信号驱动，分析参数的时间序列变化趋势并定义评价指标；②基于数据驱动的模型分析法，利用线性多项式回归、模糊推理、高斯过程回归、神

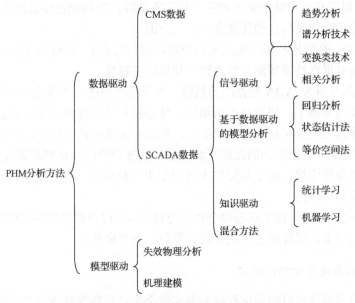

图 1-9　风电机组 PHM 分析方法图

经网络、自回归移动平均、非线性状态估计、支持向量机、深度学习等方法描述系统的正常行为状态，由"残差"判断异常与失效行为的发生；③基于统计学习和机器学习的知识驱动，利用 AP、高斯混合模型、自组织映射等聚类方法，以及主成分分析、KPCA、独立成分分析、局部保持投影、扩散映射等降维技术，对正常和异常观测值聚类并判断测试值到聚类中心的"距离"，或提取聚类特征信息根据概率统计方法判断异常发生[13]。

3) 机组健康状态评估方法

在对风电机组性能预测的基础上，研究机组健康状态评价问题，为优化运维策略提供依据。具体可以建立健康状态评价指标体系，基于模糊理论、权值理论，以及信息融合理论等研究健康状态综合评估方法。比如为提高评价指标对状态异常的灵敏度，基于模糊综合评判法融合来自不同样本数据的预测结果综合评价机组状态，样本数据分别采自机组近期与历史同期数据，以及邻近运行状态相似的机组。

1.4 风力发电机组故障诊断技术研究现状

我国在状态监测与故障诊断方面的研究大约开始于 20 世纪 70 年代末到 80 年代初期，该技术从开始认识进入到开始实践阶段，这段时期主要是以学习为主，学习欧美国家先进的技术与经验，然后自主研究了一些设备的故障和诊断的方法，并开发了一些粗糙简易的监测与诊断的仪器。80 年代末到如今，这段时间里我国开始了全面展开状态监测与故障诊断的研究，风电整个行业也都开始重视关键设备的状态监测，特别是对智能化的、全面化的监测与诊断系统的研究与发展[14]。

风力发电机组的故障类型、故障机理十分复杂。状态监测与故障诊断系统要能够实时监测主要部件的工作状态，并通过网络迅速有效的传送至监控终端，并进行故障诊断以判断故障发生的部位和类型，系统需要涉及传感器、数据采集、无线网络传输、神经网络诊断等相关技术。

国外在风能利用领域起步较早，在状态监测和故障诊断领域发展比较完善，目前研究的重点主要在发电机、叶片和齿轮箱等方面，行业内应用较多的状态监测技术公司如 PRUFTECHNIK（德国）、GE（美国）等都是行业内最早开展状态监测和故障诊断的公司。如前者设计的 VIBXPERT II 数据采集和信号分析系统，采用了加速度传感器用于检测风电机组的振动信号；GE 公司设计的 Bently Nevada 系统；SKF 公司的 WindCon3.0 系统和 EPRO 公司的 MMS6851 等系统。而国内的风电监测和故障诊断系统技术发展起步较晚，但在吸收国外先进技术的基础上，也有针对性地推出了部分风电监测产品，主要有：JK07460

风力发电机传动系统故障诊断装置（北京唐智科技有限公司）；DASP 系统（东方振动和噪声技术研究所）等。

故障诊断技术是通过监测设备在使用过程中的状态，确定其整体或局部是否正常，早期发现故障及其原因，并能预报故障发展趋势的技术。随着科学技术的不断进步，故障诊断如今已经发展成为一门涵盖检测、分析、预测等多方面的综合处理技术。常见的传统故障诊断方法主要包括：超声波测漏、磁力探伤、热像分析、振动分析等；而基于数学算法的诊断方法包括：傅里叶变换分析、小波变换分析、智能神经网络分析、模糊逻辑分析和专家诊断系统等[15]。

风力发电机组自动故障诊断最典型的便是人工神经网络技术。由于人工智能技术的不断进步，尤其是将根据知识的专家系统技术应用到故障诊断中，取得了不错的结果，设备的故障诊断由此达到了一个初步智能化的阶段。人工神经网络技术进一步克服了传统的故障诊断专家系统存在的局限性，为改善其不足开辟了一条新的道路。

风力发电系统的常见故障部分主要有：齿轮箱、发电机和主轴等，在这些领域国内外都做了大量的研究和探索。例如，小波分析作为一种时域和频域分析的方法，主要用于分析非平稳信号，如齿轮箱的振动信号。再如，基于 RBF 函数的神经网络应用于故障诊断，该类神经网络具有训练时间短，收敛速度快，精度高的优点，其缺陷是需要大量的训练样本，否则故障分类能力很差，只能适用于机械故障的智能诊断。风电机组中发电机作为另外一个高故障率的部件，目前国内外对此类故障的研究主要在短路故障、发电机轴承故障、气隙偏心故障等方面[16]。

作为一个风力发电的大国，我国装机容量不断增加，风电增长率位于全球前列，因此对于风电系统的状态监测与故障诊断技术的要求也逐渐增高，但是目前我国这方面的技术还不能满足与日俱增的风力发电发展要求，故障诊断方法跟故障诊断系统搭建都不完善。我国的故障诊断技术大多诊断精度不够高，研究停留在表层，不能完全满足实际要求。并且国内大多是基于振动信号的故障诊断，需要安装众多振动传感器，投资成本大，又由于传感器自身质量、精度等原因，故障诊断精度一直不高。综上，我国的风力发电状态监测与故障诊断的研究还任重道远，要不停地努力才能跟上当前风力发电的迅速发展。

1.5　可预测性维护系统应用中普遍存在的困扰与疑虑

CMS 主要是对风电机组进行故障监测与状态监督，其对故障的分析能力目前还主要依赖于人工的后期分析，因此，故障的自动诊断技术仍是一大难题，是研究发展的主要方向。

CMS 在应用中存在着一些困扰与疑虑。由于实际应用现场的影响因素太多，而且往往为不确定性和复杂性因素，运用可预测维护系统能否带来经济效益或者能够带来多大的经济效益，这是风电企业最为关注的问题。可预测维护系统初期投资成本高，在风电场安装可预测性维护系统的数量，选择可预测性维护系统类别，以及可预测性维护系统使用时间等等问题都需要探讨研究。其次，成功开发的系统虽然已经有很多投入使用，但主要采用的方式是进行数据采集后，传送回实验室分析中心，在分析中心对数据进行离线分析和诊断，难以完全调试成功实时远程或就地监测与诊断，仍然需要在这些问题上进一步研究，来完善可预测性维护系统[17]。

CMS 目前主要针对传动链的振动信号及其子部件的油液信号进行监测，其安装成本高昂，因此许多风场仅仅是选择性的在少数几台机组上安装。由于 CMS 数据缺乏完备性，风场自身的运行维护人员又缺乏对 CMS 数据的分析能力，为节约调度成本，同时便于运行人员从容易理解的物理知识角度解释故障信息，基于 SCADA 数据研究风电机组性能预测与状态评估同样值得进一步发展。

目前 CMS 在风力发电机故障诊断领域中有各种各样的故障诊断算法，比如神经网络、专家系统等等，如何选取最适合的算法、又如何提高这些算法的准确度是需要探讨的。并且一些所采用的智能故障诊断算法是需要大量的故障数据充当训练样本的，而随着设备的不断运行会出现各种各样的新类型的故障，如何不断丰富更新诊断数据也是以后需要继续探讨的。选择 CMS 时如果选用了同一家公司的设备，这样可以避免了很多通信问题，但实际情况有可能遇到不同厂家的不同产品，如何把各种不同产品集成在系统也值得研究。

1.6 自动诊断技术应用中存在的关键问题与瓶颈

风电场一般处于较偏远的地区，大型风电机组工作自然环境恶劣，负载变化复杂，导致其机械故障率较高，传统的故障检测方法并不能满足我们的要求，需要设计适合具体环境的故障诊断系统，这对自动诊断技术提出了很高的要求。在其应用中关键要解决变转速、变载荷、低转速部件的监测、误报警以及漏报警等问题。

自动诊断技术应用中存在着以下几点问题：

(1)故障分辨率不高。由于待检测的设备越来越复杂，系统的非线性特性，检测信号与测试信号有一定限制，自动诊断技术对设备进行较为迅速自动诊断时，其可测性与可控性受到影响，并且故障诊断结果伴随着不确定性与模糊性。

(2)对不确定知识的处理能力差。自动诊断系统中经常存在很多不确定性信息，这些信息通常具有不完全性、随机性、模糊性，尤其是风电机组的自动诊断。由于风机工况的复杂性，当出现新的故障和组合故障等不确定性信息时，难以确定故障的类别。现今诊断方面很多关注点便在对不确定信息的处理与表达。尽管一些不确定性理论得以提出和发展应用,但是这个问题还没有合理的解决方法,自动诊断技术在能够有效处理不确定性知识方面仍值得去深入研究探讨。

(3) 自动获取知识能力差。故障智能诊断系统中知识的获取长期以来一直是个瓶颈问题,现在很多的诊断系统在自动获取知识方面存在着不足之处,因此系统性能难以自我提高和完善。尽管在一些诊断系统中有目的地加入机器学习的能力,但实际运行时很难去发现和创造知识,系统的诊断能力局限于知识库中原有的知识。

总之,故障的自动诊断技术虽然在理论和系统开发上有了一定突破,但是将其应用到实际故障诊断中的效果尚不完善,很多成果仍停留在理论研究阶段。在结合现场工况以及清楚了解被诊断对象的基础上,通过不断的研究实践与应用,自动诊断技术必将会有更大的进步。

1.7　本书写作的目的

状态监测是风电机组日常运行维护的重要依据,在电力工业领域它的应用与日俱增。而风电场偏僻的地理位置、恶劣的气候条件以及风力发电机组高昂的备件成本等因素,促进了风电场业主和风机制造商应用和选择 CMS,使得 CMS 的发展越来越迅猛。由于现场实际条件的不确定性,CMS 技术的不断发展与应用难免有不足之处。技术的不成熟,实际情况的复杂性等因素使得这项技术的发展伴随着各种质疑与难题。另一方面,目前风电机组的故障诊断仍然还主要依赖于人工的后期分析和专家经验,因此,风电机组的故障的自动诊断和预测技术仍是一大难题。

本书旨在通过认识风电机组传动链的结构及其典型故障,研究风电机组可预测性维护系统和风电机组的自动故障诊断技术。项目组前期开发了两款 CMS——便携式风机信号采集设备和固定安装的风机信号采集设备,取得了一些经验,特别希望将这些经验进行分享。此外,项目组从定性和定量两个方面对风电机组 CMS 的经济效益进行了评价,并给出了风电机组轴承和齿轮箱故障自动诊断方法的一些成果和案例,希望这些评价和方法案例的介绍,能够给需要者以帮助和指导。

本书对风电企业和风机制造商的关注点进行了详细的分析与总结,旨在了解机器的运行状态、提升机组的可靠性、减少非计划停机次数;预先发现并诊断出故障、防止故障扩大而引起事故和损失;帮助杜绝未预料的紧急停机并优化维修策略,从而降低企业运维费用等,对实际生产带来极其重要指导意义和作用。

参 考 文 献

[1] 2018 年全球新增风电装机容量排名报告[R]. 全球风能理事会, 2019.

[2] 张建华, 高源, 戴春蕾, 等. 风力发电机组传动系统扭振特性分析[J]. 太阳能学报, 2019, 40(5): 1448-1455.

[3] 段震清. 基于大数据分析的风电机组运行状态评估及故障诊断[D]. 太原: 山西大学, 2018.

[4] 陈雪峰, 李继猛, 程航, 等. 风力发电机状态监测和故障诊断技术的研究与进展[J]. 机械工程学报, 2011, 47(9): 45-53.

[5] Lu B, Li Y Y, Wu X, et al. A review of recent advances in wind turbine condition monitoring and fault diagnosis[C]. PEMWA 2009, IEEE, 2009, 6: 1-7.

[6] 朱绍文, 白鸿斌, 李双平. 风力发电预知性维护系统研究[J]. 电气传动, 2014, 28(1): 88-92.

[7] 孙洪波. 基于振动监测系统的风机故障诊断与经济效益分析[D]. 北京: 华北电力大学, 2018.

[8] 龙磊. 风电机组状态监测系统研究[D]. 南京: 东南大学, 2018.

[9] Hamed B, Zhang Y, Henry H. A review on application of monitoring, diagnosis and fault-tolerant control to wind turbines[C]. 2013 Conference on Control and Fault-tolerant System(SysTol), Nice, 2013.

[10] Dai J, Yang W, Gao J, et al. Ageing assessment of a wind turbine over time by interpreting wind farm SCADA data[J]. Renewable Energy, 2018, 116(3): 119-208.

[11] Shen Y, Gao H, Qiu J, et al. Fault detection for nonlinear process with deterministic disturbances: Just-in-time learning based data driven method[J]. IEEE Transactions on Cybernetics, 2017, 47(11): 3649-3657.

[12] 胡阳, 乔依林. 基于置信等效边界模型的风功率数据清洗方法[J]. 电力系统自动化, 2018, 42(15): 18-23.

[13] Taejin K, Gueseok L, Byeng D. PHM experimental design for effective state separation using Jensen-Shannon divergence[J]. Reliability Engineering and System Safety, 2019, 190: 1-16.

[14] 贾子文, 顾煜炯. 基于改进的多块核主元分析的风电机组故障诊断方法[J]. 动力工程学报, 2018, 38(10): 820-828.

[15] 彭龙. 风力发电机齿轮箱状态监测与故障诊断系统的研究[D]. 上海: 上海电机学院, 2016.

[16] 孙鹏, 李剑, 寇晓适, 等. 采用预测模型与模糊理论的风电机组状态参数异常辨识方法[J]. 电力自动化设备, 2017, 37(8): 90-98.

[17] 李伟. 风电机组状态监测与故障诊断系统的设计与实现[D]. 广州: 华南理工大学, 2014.

第2章 风力发电机组工作原理与常见故障

2.1 风电机组基本构成

风力发电机组(简称风电机组),其工作过程是依靠叶片来获取空气动能,再利用风轮的桨叶调节系统获得可控制的稳定旋转机械能,然后再利用发电机和变流系统将其转化为电能输送到电网[1]。风电机组主要分为三类:①双馈式变桨变速机型,是目前大部分企业采用的主流机型;②直驱永磁式变桨变速机型是近几年发展起来的,是未来风电的发展方向之一;③失速定桨定速机型是非主流机型,运行维护方便。考虑到目前风场中主要以双馈式变桨变速机型为主,故本书内容还是主要针对该机型的故障及状态监测方法加以讨论。双馈型风力发电机组结构图如图 2-1 所示。

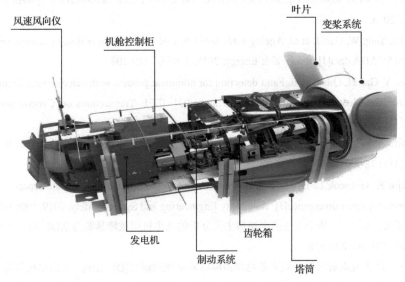

图 2-1 双馈型风力发电机组结构图

双馈型风电机组基本结构和各部分的安装位置如图 2-2 所示,叶片和轮毂安装在机舱外部,机舱内部主要包括有:主轴装置、偏航测风装置、机械辅助装置、齿轮箱、发电机、控制柜和温度补偿系统。机舱安装在圆形钢架上,测风装置和偏航系统协同作用下保持机舱随时对准来风方向。塔架通过基础环与钢筋混凝土形式的基础实现装配。

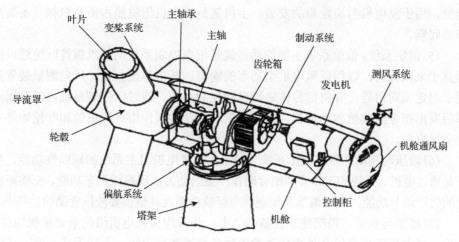

图 2-2　双馈型风电机组机舱结构布置图

主要部件的功能如下:

(1)风轮。风轮由叶片、轮毂及其内部变桨系统组成,其功能是将风能转化为机械能。叶片是转化风能的重要机构,其中桨叶的翼型、结构、数量、制造都决定了其转化的效率和整机运行寿命,叶片在空气中转动易受到阵风形成的弯矩和摆动、塔影效应形成的摆动、制动刹车惯性力作用和变桨距摆动等。另外,叶片在转动中遭到风沙、冰雹、冻雨袭击均会造成叶片不平衡而引起振动。轮毂作为桨叶的重要承载部件,传递并承受桨叶上产生的形式多样的力矩载荷。图 2-3 为风电轮毂的结构框图。

图 2-3　风电轮毂的结构框图

(2)机械传动系统。机械传动系统主要由主轴、齿轮箱、联轴器等构成。其传动过程为:齿轮箱低速端通过主轴直接与轮毂连接,它将叶轮产生的旋转动能传递给齿轮箱或者直接传递给永磁同步发电机,并将其他载荷传递给主机架,齿轮箱再通过多级行星增速齿轮组来传递扭矩和提高转速;一般在齿轮箱和联轴器之间装设机械制动机构实现在异常情况下使机组减速或停止。

(3)发电机。风电机组发电机是利用电磁感应实现机械能与电能的转换,常用的类型是双馈异步和永磁同步两种形式[2]。由于风电机组大多时间内在较低的风速下运行,故要求发电机在负荷相对较低的情况下,仍保持有较高的效率。

(4)主机架。主机架的前端与主轴承外圈相连,并通过偏航轴承将来自传动列的载荷传递到塔筒上。主机架后侧装有发电机支架,内部设置齿轮箱扭矩臂支承装置，用于发电机与齿轮箱的安装，主机架是风电机组机舱内所有机械设备装配基础底座。

(5)偏航系统。偏航系统主要的功能就是根据控制系统的要求保持叶轮迎风面垂直于来风方向，以保证风电机组功率的输出。其工作过程是：风向测量装置是用于测定风向信号，并将信号传递给自动控制系统，通过经控制系统内部逻辑运算后发出指令给偏航驱动装置，进而电机和齿轮共同作用致使机舱和叶轮始终对准来风方向。

(6)液压与制动系统。液压系统一般是实现风电机组主系统的辅助性功能，主要是通过电机、阀块和工作介质组合动作产生的动力实现机械刹车功能、变桨距机构的桨叶调节功能、液压偏航系统制动与释放功能及其他需要液压辅助的功能[3]。

(7)塔架与基础。塔架建立在基础之上，两者均为风电机组的重要承载构件，承受着风电机组自身以及外界传到的各种各样的载荷力矩，不同形式不同方式的扭力、推力、剪力、弯矩、转矩交织在一起作用在风力发电机组的塔架和基础上。塔架一般为钢结构，基础通常为钢筋混凝土结构，为了保证风电机在极端风况下不会发生倾覆，塔架和基础应有足够的强度和刚度。

2.2　风电机组工作原理

风力发电机组的主要功能是将自然风的动能转化成电力系统的电能，以此供给人们使用。在风力发电机组中，主要包括两个传递：能量和信息。如图 2-4 是一种双馈型风力发电机组的工作原理[4]。

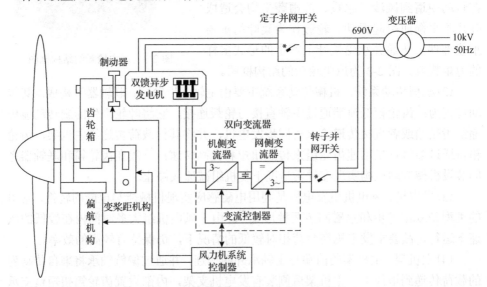

图 2-4　双馈型风力发电机组的工作原理

(1)能量传递过程。当自然风吹向风电机组的叶轮时，会在风轮上产生的或大或小的力矩，此力矩能够驱使风轮发生转动，借此将风能转化为动能，推动风轮转动。主传动系统主要传递风轮的输出功率，随之风电机组的传动系统将动力传递给发电系统，发电机能够把转动的机械能转变为发电机的电能。若是发电机组是并网型的，发电系统输出电流，变压器对输出的电流升压以后，便可输入电网，供给居民使用。

(2)信息传递过程。信息传递过程主要是围绕控制系统进行的，控制系统主要控制机组的启动和运行，在需要时还要控制机组的暂停，在出现恶劣的外部环境和机组零部件突然失效时，就会对机组进行紧急停机。传感器将风力发电机组的风速、风向、发电机的转速、发电功率等物理量转换成电信号，并将此传给控制系统，再由控制系统对这些信息进行比较、加工，及时作出故障决策后，对机组发出控制指令。

对于变桨距机组，当自然风的风速变大，超过机组的额定风速时，控制系统将控制整个系统变桨距，为了控制输出功率，风电机组将改变风轮上叶片的桨距角。另外，在风电机组启动及停止时，也需要控制系统发出指令来改变叶片的桨距角。

对于变速型机组来说，风速是变化不定的，当自然的风速变小，甚至低于额定风速时，控制系统将对发电机的转速进行控制，这样可以确保风力机能够尽可能大限度地捕获和使用风能。当自然风向发生改变，和风轮的轴向有所偏离时，控制系统控制偏航系统，驱动风机偏航系统来对风轮轴的方向进行校正，使风轮始终对准来风方向。

当出现故障检修等情况需要对机组进行紧急停机时，控制系统可通过两种方式来控制机组停机，一方面可以借助变桨距制动，另一方面还可以通过制动转置制动，制动装置安装在传动轴上。

2.3　风电机组主要参数及种类

2.3.1　风电机组的主要参数

风力发电机组最主要的参数是风轮直径(或风轮扫掠面积)和额定功率。

1. 额定功率

我国风能市场的国家政策要求风场建设需获得相关部门的审批许可，使得风场存在一个明确的容量上限或风场目标容量。因此应当首先确定风力发电机组的额定功率，保证最终的装机容量应尽可能接近目标容量：

$$P_r = \frac{目标容量}{安装台数} \tag{2-1}$$

2. 风轮直径

选定额定功率之后，根据风资源状况、地理环境和市场环境等因素，确定机组的适用风区及风轮直径。风轮直径表明机组能够在多大的范围内获取风中蕴含的能量、实际能力的基本标志。

3. 额定转速

选定机组的额定功率和风轮直径后，风轮的额定转速由叶尖额定旋转线速度 V_{tipr} 决定：

$$\Omega = \frac{2V_{tipr}}{D} \tag{2-2}$$

由于噪音的限制，叶尖旋转线速度一般在 65m/s 以下，海上风力发电机组的叶片叶尖旋转线速度已经接近于 80m/s。

4. 最佳叶尖速比

按照式(2-3)、式(2-4)计算最佳叶尖速比[5]：

$$\lambda_{opt} = \frac{V_{tipr}}{U_r} \tag{2-3}$$

$$P_r = \frac{1}{8} C_P \rho U_r{}^3 \pi D^2 \eta_m \eta_e \tag{2-4}$$

其中：U_r 为额定风速；C_P 为风能利用系数；ρ 为空气密度；η_m 为机械效率；η_e 为电气效率。

若式(2-3)、式(2-4)计算的最佳叶尖速比较小，可以适当提高最佳叶尖速比。叶片的实度与最佳叶尖速比和叶片数量之间的关系如式(2-5)所示：

$$\sigma_r = \frac{N_{C_r}}{\pi D} = \frac{8}{9\lambda_{opt} C_1 \sqrt{\frac{4}{9} + \left(\lambda_{opt}\mu + \frac{2}{9\lambda_{opt}\mu}\right)^2}} \tag{2-5}$$

其中：$\mu = \dfrac{r}{R}$；R 为弦长所在半径；σ_r 为半径为 r 处的实度；C_r 为半径 r 处的弦长；C_1 为半径 r 处翼型的升力系数。

5. 叶片数

陆上水平轴风力发电机组的叶片数以 3 叶片居多，海上风力发电机组的噪音限制不再严格，额定转速可以稍大，2 叶片风电机组也可使用。

叶片承载梁和叶根增强材料的重量各占叶片总重约 1/3。若叶根直径相同，改变叶片数量不改变整个风轮的叶根重量；若叶片承载梁的宽度和最佳叶尖速比相同，2 叶片风轮的主梁总重比 3 叶片风轮约轻 5/9；若叶片最佳叶尖速比相同，改变叶片数量不改变风轮其余重量。因此，2 叶片风轮的重量比 3 叶片风轮的重量约轻 5/27。

6. 最小转速

增速齿轮箱的传动比由风轮的额定转速和发电机的额定转速 ω_r 计算，风轮最小转速由发电机最小转速 ω_{min} 和齿轮箱传动比决定。

2.3.2　风电机组的种类

风电机组的种类和形式很多，但由于风力发电机组将风能转变为机械能的主要部件是受风力作用而旋转的风轮，因此，风力发电机组依据风轮的结构及其在气流中的位置大体上可分为两大类：一类为水平轴风力发电机组，如图 2-5 所示；一类为垂直轴风力发电机组，如图 2-6 所示。

图 2-5　水平轴风力发电机　　　　　图 2-6　垂直轴风力发电机

（1）水平轴风力发电机：旋转轴与叶片垂直，一般与地面平行，旋转轴处于水平的风力发电机。水平轴风力发电机相对于垂直轴发电机的优点在于：叶片旋转空间大、转速高，适合于大型风力发电厂。水平轴风力发电机组的发展历史较长，已经完全达到工业化生产，结构简单，效率比垂直轴风力发电机组高。到目前为止,用于发电的风力发电机都为水平轴,还没有商业化的垂直轴的风力发电机组。

(2)垂直轴风力发电机:旋转轴与叶片平行,一般与地面垂直,旋转轴处于垂直的风力发电机。垂直轴风力发电机相对于水平轴发电机的优点在于:发电效率高,对风的转向没有要求,叶片转动空间小,抗风能力强(可抗 12～14 级台风),启动风速小,维修保养简单。垂直轴与水平式的风力发电机对比,有两大优势:①同等风速条件下垂直轴发电效率比水平式的要高,特别是低风速地区;②在高风速地区,垂直轴风力发电机要比水平式的更加安全稳定。另外,国内外大量的案例证明,水平式的风力发电机在城市地区经常不转动,在北方、西北等高风速地区又经常容易出现风机折断、脱落等问题,以及伤及路上行人与车辆等危险事故[6]。

按照风力发电机的输出容量可将风力发电机分为小型、中型、大型、兆瓦级系列。

(1)小型风力发电机是指发电机容量为 0.1～1kW 的风力发电机;

(2)中型风力发电机是指发电机容量为 1～100kW 的风力发电机;

(3)大型风力发电机是指发电机容量为 100～1000kW 的风力发电机;

(4)兆瓦级风力发电机是指发电机容量为 1000kW 以上的风力发电机。

按功率调节方式分类,可分为定桨距时速调节型、变桨距型、主动失速型和独立变桨型风力发电机。

(1)定桨距失速型风机。桨叶与轮毂固定连接,桨叶的迎风角度不随风速而变化。依靠桨叶的气动特性自动失速,即当风速大于额定风速时依靠叶片的失速特性保持输入功率基本恒定。

(2)变桨距型风机。风速低于额定风速时,保证叶片在最佳攻角状态,以获得最大风能;当风速超过额定风速后,变桨系统减小叶片攻角,保证输出功率在额定范围内。

(3)主动失速型风机。风速低于额定风速时,控制系统根据风速分几级控制,控制精度低于变桨距控制;当风速超过额定风速后,变桨系统通过增加叶片攻角,使叶片"失速",限制风轮吸收功率增加。

(4)独立变桨控制风力机。叶片尺寸较大,每个叶片重十几吨甚至几十吨,叶片运行在不同的位置,受力状况也是不同的,叶片对风轮力矩的影响不可忽略。通过对三个叶片进行独立的控制,可以大大减小风力机叶片负载的波动及转矩的波动,进而减小传动机构与齿轮箱的疲劳度,减小塔架的震动,输出功率基本恒定在额定功率附近。

根据风力发电机组的发电机类型分类,可分为异步型风力发电机和同步型风力发电机。

(1)异步发电机按其转子结构不同又可分为:

①笼型异步发电机——转子为笼型。由于结构简单可靠、廉价、易于接入电

网，而在小、中型机组中得到大量的使用。

②绕线式双馈异步发电机——转子为线绕型。定子与电网直接连接输送电能，同时绕线式转子也经过变频器控制向电网输送有功或无功功率。

(2)同步发电机型按其产生旋转磁场的磁极类型又可分为：

①电励磁同步发电机——转子为线绕凸极式磁极，由外接直流电流激磁来产生磁场。

②永磁同步发电机——转子为铁氧体材料制造的永磁体磁极，通常为低速多极式，不用外界激磁，简化了发电机结构，因而具有多种优势。

2.4　风电机组故障分类

风力发电机组经过长时间运行，机械类故障将会不断增加，导致风电场运行维护各项管理和费用增加。风电厂往往建设在边远地区，风电机组设备具有特殊性，齿轮箱和发电机等关键部件出现故障只能依赖外部力量进行维修或更换，每次故障造成的累积停机时间和平均维修时间都比较长。加强风电机组传动链的运行状态监测，尽早发现故障，对于合理安排维修计划，降低设备运行和维修成本有着极其重要的作用和意义。下面我们简要介绍风电机组存在的主要典型故障。

2.4.1　主轴及轴系典型故障

主轴主要受力形式有轴向力、径向力、弯矩、转矩和剪切力，其原因在于它的安装部位是在风轮和齿轮箱之间，它的前端主要是用螺栓来与轮毂进行刚性连接的，主轴的后端连接着齿轮箱低速轴。主轴是一个承力大并且运转较为复杂的部件。因此主轴的主要故障形式是疲劳失效。所以风力发电机组设计主轴时，规定了其疲劳的寿命是 20 年[7]。

风电机组属于旋转机械，其主传动链由轴系组合而成，因为加工、安装等原因轴系都可能会或多或少地存在不对中、不平衡的现象，只要是在允许范围内的补偿余量和公差，是不会导致设备发生严重故障的。然而，随着风电机组的持续运行，轴系长期在异常载荷下工作或者受到瞬时重大冲击应力会产生严重形变，使轴发生严重的不平衡[8]，进而使风电机组发生故障，出现轴弯曲、不平衡、不对中、轴折断等问题，从而影响风电机组运行。

2.4.2　齿轮典型故障

我国风力发电机组故障中齿轮箱的损坏率在机组部件中最高，达到 40%～50%，齿轮箱的拆装较为复杂，出现故障时对整个机组影响很大，维修也较为困难。齿轮运行一段时间后产生的故障，主要与齿轮的热处理质量及运行润滑条件有关，也可能与设计不当或制造误差或装配不良有关。根据齿轮损伤的形貌和损伤过程或机理，故障的形式通常分为齿的断裂、齿面疲劳（点蚀、剥落、龟裂）、齿面磨损或划痕、塑性变形等四类。根据国外抽样统计的结果表明，齿轮的各种损伤发生的概率如下：齿的断裂41%，齿面疲劳31%，齿面磨损10%，齿面划痕10%，其他故障如塑性变形、化学腐蚀、异物嵌入等8%。

齿轮箱轮齿主要故障有折断、点蚀、磨损、胶合及塑性变形等[9-10]。具体描述如下：

（1）轮齿的折断。当微小的齿轮裂痕进一步扩大或者当齿轮受到的载荷冲击过大都会造成轮齿的折断。轮齿的折断从裂痕和形成原因可以分为疲劳折断、过载折断等。当齿轮的轮齿受载时，齿根处具有最大的弯曲应力，在齿根过渡处存在截面突变，当风力发电机的轮齿上受到外力超过了受力极限时，在齿轮箱的轮齿上就会出现细微裂纹并迅速变大，这就造成过载折断，如图2-7所示。

图2-7　轮齿折断故障

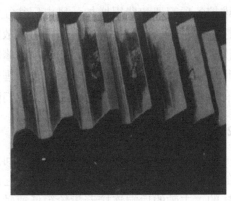

图2-8　齿面疲劳故障

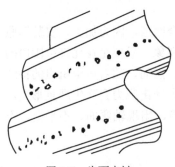

图2-9　齿面点蚀

（2）齿面疲劳。所谓齿面疲劳主要包括齿面点蚀与剥落，如图2-8所示。造成点蚀主要是由工作表面的交变应力引起的微观疲劳裂纹，润滑油进入裂纹后，由于啮合过程可能先封闭入口然后挤压，微观疲劳裂纹内的润滑油在高压下使裂纹扩展，结果小块金属从齿面上脱落，留下一个小坑，形成点蚀，如图2-9所示。如果表面的疲劳裂纹扩展得较深、较远或一系列小坑由于坑间材料失效而连接起来，造成大面积或大块金属脱落，这种现象则称为剥落。剥落与严重点蚀只有程度上的区别而无本上的不同。

（3）齿轮齿面的磨损。齿轮传动中润滑不良、润滑油不洁或热处理质量差等均可造成磨损或划痕，磨损可分为黏着磨损、磨粒磨损、划痕（一种很严重的磨粒磨损)和腐蚀磨损等，如图 2-10 所示。

图 2-10　齿面磨损故障图

①黏着磨损。润滑对黏着磨损影响很大，在低速、重载、高温、齿面粗糙、供油不足或油黏度太低等情况下，油膜易被破坏而发生黏着磨损。如润滑油膜层完整且有相当厚度就不会发生金属间的接触，也就不会发生磨损。润滑油的黏度高，有利于防止黏着磨损的发生。

②磨粒磨损与划痕。当润滑油不洁，含有杂质颗粒及在开式齿轮传动中的外来砂砾或在摩擦过程中产生的金属磨屑，都可以产生磨粒磨损与划痕。一般齿顶、齿根部摩擦比节圆部严重，这是因为齿轮啮合过程中节圆处为滚动接触，而齿顶、齿根处为滑动接触。

③腐蚀磨损。润滑油中的一些化学物质如酸、碱或水等污染物与齿面发生化学反应造成金属的腐蚀而导致齿面损伤称为腐蚀磨损。

④烧伤。尽管烧伤本身不是一种磨损形式，但它是由磨损造成又反过来造成严重的磨损失效和表面变质。烧伤是由过载、超速或不充分的润滑引起的过分摩擦所产生的局部区域过热，这种温度升高足以引起变色和过时效，会使钢的几微米厚的表面层重新淬火，出现白层。损伤的表面容易产生疲劳裂纹。

⑤齿面胶合。大功率软齿面或高速重载的齿轮传动，当润滑条件不良时易产生齿面胶合(咬焊)破坏，即一齿面上的部分材料胶合到另一齿面上而在此齿面上留下坑穴，在后续的啮合传动中，这部分胶合上的多余材料很容易造成其他齿面的擦伤沟痕，形成恶性循环，如图 2-11 所示。

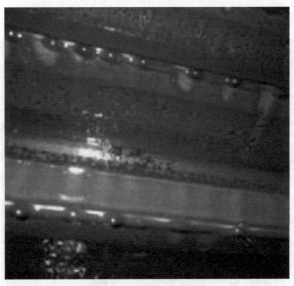

图 2-11　齿面胶合故障图

⑥齿轮的塑性变形。软齿面齿轮传递载荷过大(或在大冲击载荷下)时,易产生齿面塑性变形。在齿面间过大的摩擦力作用下,齿面接触应力会超过材料的抗剪强度,齿面材料进入塑性状态,造成齿面金属的塑性流动,使主动轮节圆附近的齿面形成凹沟,从动轮节圆附近的齿面形成凸棱,从而破坏了正确的齿形。有时可在某些类型从动齿轮的齿面上出现"飞边",严重时挤出的金属充满顶隙,引起剧烈振动,甚至发生断裂,如图 2-12 所示。

图 2-12　齿轮塑性变形故障

2.4.3　发电机典型故障

1) 电气故障

按照发电机的子系统划分，发电机电气类的故障包括定子故障、转子故障和冷却系统故障。

(1) 定子故障：主要有定子绕组过热、绝缘损伤和接地。绝缘故障主要原因是磨损、污染、裂纹、腐蚀等；电磁和机械振动造成定子线棒槽部产生移位、冷却水泄漏等。定子铁心故障主要源自制造安装过程的机械缺陷，引起局部叠片间的短路。

(2) 转子故障：分为转子绕组故障和转子本体故障。绕组故障主要是由绝缘磨损引起的接地、阻间短路，其结果造成转子绕组烧损、发电机失磁、部件磁化等。此外，阻间短路造成磁通量不对称和转子受力不平衡，引起转子振动[11]。接头开焊、热变形和振动也可能导致断线故障，造成电弧放电和电源电流波动。转子本体故障除了典型的机械故障(弯曲、裂纹、套件松动)外，电源中的负序电压引起转子内祸流损耗，导致过热和疲劳裂纹。

(3) 冷却系统故障：主要有定子和转子冷却系统的泄漏和堵塞故障。原因有冷却管道材料缺陷、安装不当、振动、冷却介质含有杂质等。冷却系统故障的结果是冷却效率下降，导致温度升高、结构过热，绝缘烧损。

2) 机械故障

机械故障主要指发电机机械结构产生的故障，包括转子本体及其支撑结构故障、发电机机架及基础连接部分的故障等。

(1) 转子本体故障：转子不平衡、不对中、转子裂纹、套件松动等。

(2) 支撑轴承故障：滚动轴承失效、油膜轴承的油膜失稳等。

(3) 机架和基础：机架开裂、基础松动结构共振等。

2.4.4　滚动轴承典型故障

1. 风力发电机组的轴承分类

(1) 主轴轴承。主轴轴承主要是支撑着主轴，并通过轴承座将风轮作用力传递给底盘，该类轴承通常要求具有较好的调心性能和较高的负荷容量，以补偿由风轮载荷导致的主轴、轴承座及底盘的变形。通常选用圆柱滚子轴承、调心滚子轴承或深沟球轴承。

(2) 齿轮箱轴承。风机齿轮箱轴承的承载压力很大，调心滚子轴承是所有滚动轴承中承载能力最大的轴承，且能够广泛应用于挠曲较大和难以避免同轴误差的支承部位。对齿轮箱轴承的选择，通常行星轮中间轴承选用双列调心滚子轴承或短圆柱滚子轴承;低速中间轴选用单列满滚子轴承、深沟球轴承或圆柱滚子轴承;高速中间轴选用四点接触球轴承或圆柱滚子轴承;高速输出轴选用圆柱滚子轴承。目前单一滚子轴承已经无法满足齿轮箱的承载要求,通常采用四点接触轴承与单列滚子轴承组合方式,可承受更大的轴向力。

(3)偏航轴承。偏航轴承是保证机舱相对塔架可靠运动的关键部件,主要采用滚动体支撑方式。风电机组偏航运动的速度很低,但要求轴承部件有较高的承载能力和可靠性,可同时承受机组的几乎所有部件产生的轴向、径向力和倾翻力矩等载荷[12]。偏航轴承也属于专用轴承,通常选用圆柱滚子轴承或特大型四点接触轴承。

(4)变桨轴承。变桨轴承的主要功能是能够使叶片旋转,提供控制系统所要求的不同桨距角,同时承受来自叶片的复杂载荷。变桨轴承的内圈与风轮的叶片用螺栓连接,外圈与轮毂用螺栓连接,轴承的内、外圈通常作为传动和支撑结构使用。变桨轴承属于专用轴承,通常选用四点接触轴承或双列球轴承。

2. 滚动轴承典型故障

滚动轴承是旋转机械转子系统以及部分往复机械曲轴组件的重要支承部件,种类多,使用量大,并且在中低速及其液压系统无法使用时也多采用滚动轴承。其基本结构包括外圈、内圈、滚动体、保持架等元件,如图 2-13 所示。滚动轴承是机械设备上的易损器件,许多故障是由轴承损坏引起的。严重的轴承故障会导致机器产生剧烈的振动和强大的噪声,降低设备效率,甚至引起设备损坏。在工作过程中,滚动轴承的振动通常分为两大类:其一为与轴承的弹性有关的振动,其二为与轴承滚动表面的状况波纹、伤痕等有关的振动。前者与轴承的异常状态无关,而后者反映了轴承的损伤情况。滚动轴承在运转时,滚动体在内、外圈之间滚动。如果滚动表面损伤,滚动体转过损伤表面时,便产生一种交变的激振力。由于滚动表面的损伤形状是无规则的,所以激振力产生的振动,将是由多种频率成分组成的随机振动。从轴承表面状况产生振动的机理可以看出,轴承表面损伤的形态和轴承的旋转速度,决定了激振力的频率轴承和外壳,决定了激振系统的传递特性[13]。因此,振动系统的最终振动频率,由上述二者共同决定。也就是说,轴承异常所引起的振动频率,由轴承的旋转速度、损伤部分的形状及轴承与外壳振动系统的传递特性所决定。通常,轴承的旋转速度越快,损伤越严重,其振动的频率就越高轴承的尺寸越小,其固有振动频率越高。因此,轴承异常所产生的振动,对所有的轴承都没有一个共同的特定频率。即使对一个特定的轴承,当产生异常时,也不会只发生单一频率的振动。

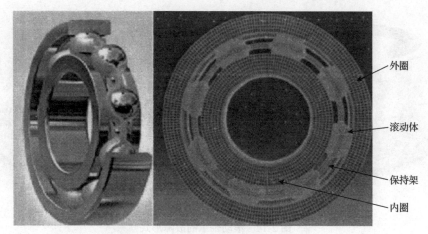

图 2-13　滚动轴承的实物图及结构图

外圈

滚动体

保持架

内圈

根据振动信号的特征可以把滚动轴承在运行过程中出现的故障分为两大类：一类是损伤类故障，包括轴承元件表面点蚀、裂纹、剥落及擦伤等[14]。一类是磨损类故障，包括异物落入造成的磨料磨损以及由润滑不良引起的元件表面直接接触造成的磨损。当轴承出现磨损类故障时，将产生随机性很强、无明显周期的振动信号，可通过分析轴承的振动水平来诊断这类故障。滚动轴承失效的传统模式是局部缺陷，即损伤类故障。在这种失效中，一块相当大的接触表面在运行中脱落，其主要原因是循环接触力作用下轴承金属的疲劳裂纹和剥落。据统计，各种轴承失效中内圈或外圈裂纹占一大部分，余下的部分主要是滚动体裂纹和很少见的保持架破裂，如图 2-14 所示为滚动轴承的故障形式。具体描述如下：

（1）疲劳剥落。在滚动轴承旋转时，滚道和滚动体表面既承受载荷，又相对滚动。由于交变载荷的作用，首先在表面一定深度处形成裂纹，继而扩展到使表层形成剥落坑，最后发展到大片剥落。这种疲劳剥落现象造成了运动时的冲击载荷，使振动和噪声加剧。造成疲劳剥落的主要原因是疲劳应力。

(a) 腐蚀

(b) 胶合故障

(c) 轴承断裂   (d) 剥离

图 2-14　滚动轴承的故障形式

(2) 磨损。轴承滚道、滚动体、保持架、座孔或安装轴承的轴颈，由机械原因及杂质异物的侵入引起表面磨损。磨粒的存在是轴承磨损的基本原因，润滑不良会使磨损加剧。磨损导致轴承游隙增大，表面粗糙，降低机器运行精度，增大振动和噪声，使滚动轴承提早损坏。

(3) 塑性变形。轴承因受到过大冲击载荷、静载荷、落入硬质异物等在滚道表面上形成凹痕或划痕，而且一旦有了压痕，压痕引起的冲击载荷会进一步使临近表面剥落，这样，载荷的累积作用或短时超载就有可能引起轴承塑性变形。

(4) 腐蚀。由风机工作环境的影响及润滑油、水或空气水分引起表面产生化学腐蚀，轴承内部有较大电流通过造成的电腐蚀，以及轴承套圈在座孔上或轴颈上微小相对运动造成的微振腐蚀等造成了轴承零件表面的腐蚀。

(5) 断裂。轴承在工作过程中由载荷过大或疲劳常引起轴承零件破裂。热处理、装配引起的残余应力，运行时的热应力过大也会引起轴承零件的裂纹或破裂。

(6) 胶合。胶合指滚道和滚动体表面由于受热而局部融合在一起的现象。常发生在润滑不良、高速、重载、高温、起动加速度过大等情况下。由于摩擦发热，轴承零件可以在极短时间内达到很高的温度，导致表面灼伤或某处表面上的金属黏附到另一表面上。

(7) 烧伤类失效。由于轴承安装不当，工作时润滑效果不好，这就造成内圈、外圈或滚动体的表面出现软化或者熔化，可能降低滚动轴承的工作精度。

由此可见，滚动轴承在工作过程中会产生各种各样的故障，对设备的健康运转及企业的安全生产都会带来很大的影响，因此进行滚动轴承故障诊断及状态监测技术的研究可以有效减少或避免事故的发生，减少因停机检修造成的经济损失，对提高企业的经济效益及保障社会的安全稳定都具有重要的意义。

2.4.5 叶片典型故障

1. 前缘腐蚀

图 2-15 为风机叶片前缘腐蚀导致的翼型变化。由于翼型发生形变，叶片捕捉的能量就会减少 5% 以上[15]，前缘损坏在早期容易修补。

2. 前缘开裂

如果发现叶片前缘开裂，要尽快修补。如果不及时修补，开裂越变越长，在空气作用下，蒙皮就会出现脱开、开裂，图 2-16 为前缘开裂的风机叶片。

 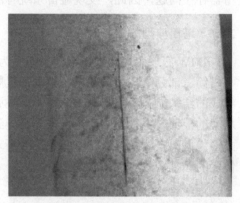

图 2-15　风力发电机叶片的前缘腐蚀　　　　图 2-16　风力发电机叶片的前缘开裂

3. 叶根断裂

叶根断裂必须尽早发现，因为叶根断裂经常引发灾难性失效。从图 2-17 可以看出，这些叶片的叶根已经发生断裂，很难修补。

图 2-17　风力发电机叶片的叶根断裂

4. 表面裂缝

即使很小的裂缝、砂眼也会使水渗入复合材料，严冬时水会结冰导致内芯快速损坏，使得裂缝会蔓延生长，最终导致叶片失效。

5. 雷击损坏

避雷系统损坏会导致叶片遭受雷击。如果导雷器损坏或工作不正常，在雷电交加的时候叶片很容易被击中损坏。已经有证据显示，雷电会多次击中某个风场中的某台机组，而风电场中其他的机组却从来不遭雷击，这是因为这台机组的导雷器存在问题，因此，发现避雷系统有故障并及时维修十分重要。

2.4.6　塔筒典型故障

4MW 级以上风力发电机的塔架多为三节塔筒组成，分别为上塔筒、中塔筒和下塔筒三部分。风力发电机塔架顶部机舱总重量近百吨，这样由塔架和机舱共同组成的结构就为不稳定的平衡结构。在强风的作用下，其振动的幅度相当大，在塔架的根部产生很大的弯矩，很容易导致塔筒的整体断裂，所以塔架主要失效形式多为塔架整体断裂[16-17]，如图 2-18 所示为由塔架的振动幅值过大而导致的塔架倒塌的严重事故实例。

图 2-18　风力发电机塔架失效事故

2.5　结　束　语

本章首先概述了风力发电机组的基本构成和工作原理；之后对风电机组的主要参数及种类进行了详细的介绍；最后对风电机组的故障分类和典型故障进行了深入而细致的描述，为后续章节的风电机组故障监测与诊断研究奠定基础。

参 考 文 献

[1] 周云鹏. MW 级双馈异步风力发电机组动态特性研究[D]. 重庆: 重庆大学, 2016.

[2] 张静, 李柠, 李少远, 等. 基于数据的风电机组发电机健康状况评估[J]. 信息与控制, 2018, 47(6): 694-701.

[3] 王天品, 孔德同, 刘庆超. 风力发电机转速对齿轮箱振动的影响规律研究[J]. 华电技术, 2016, 38(12): 67-69.

[4] 胡浪. 双馈风力发电机的功率控制和调频技术研究[D]. 恩施: 湖北民族学院, 2018.

[5] 贺德馨. 风工程与工业空气动力学[M]. 北京: 国防工业出版社, 2006.

[6] Liu K, Yu M L, Zhu W D. Enhancing wind energy harvesting performance of vertical axis wind turbines with a new hybrid design: A fluid-structure interaction study[J]. Renewable Energy, 2019, 140: 912-927.

[7] 杜静. 风电机组传动系统故障预警与健康管理[J]. 金属铸锻焊技术, 2011, 40(23): 211-212.

[8] 张得科. 风电机组传动链故障诊断及其主要部件的寿命分析[D]. 北京: 华北电力大学, 2013.

[9] Liu W Y, Tang B P, Han J G, et al. The structure healthy condition monitoring and fault diagnosis methods in wind turbines: a review[J]. Renewable and Sustainable Energy Reviews, 2015, 44 (2): 466-472.

[10] Rezaei M M, Behzad M, Moradi H, et al. Modal-based damage identification for the nonlinear model of modern wind turbine blade[J]. Renewable Energy, 2016, 94(1): 391-409.

[11] 刘秀丽. 风电机组传动系统运行状态趋势预测方法研究[D]. 北京: 北京理工大学, 2016.

[12] 杜姗姗, 郭玉飞. 风电偏航轴承外圈沉孔处的有限元分析[J]. 哈尔滨轴承, 2018, 39(2): 8-11.

[13] 胡明辉, 左彦飞, 王浩, 等. 滚动轴承不同损伤程度振动特征实验研究[J]. 现代制造工程, 2019, 34(2): 148-153.

[14] 张娟. 风电机组主轴轴承的动态响应计算方法研究[D]. 兰州: 兰州理工大学, 2016.

[15] 金晓航, 孙毅, 单继宏, 等. 风力发电机组故障诊断与预测技术研究综述[J]. 仪器仪表学报, 2017, 38(5): 1041-1053.

[16] 梁瑞庆, 王浩, 王炽欣. 风电机组塔架桩基础的基桩竖向力计算方法[J]. 电力建设, 2010, 31(6): 80-83.

[17] 傅质馨, 赵敏, 袁越, 等. 基于无线传感网络的海上风电机组状态监测系统构建方法[J]. 电力系统自动化, 2014, 38(7): 23-28.

第3章 风力发电机组可预测性维护系统开发与应用

3.1 CMS应用背景与意义

风电机组长期承受诸多无法预知的恶劣运行条件,对机组设备的安全稳定运行带来严重影响。早期风电机组仅安装晃动开关或采样率较低的振动采集模块,无法及时准确定位故障缺陷部位,当发电机、变速箱及轴承等部件在运行中出现轻微异常、缺陷导致振动增大、超标时不能及时发现和定位异常部位,致使缺陷不断发展扩大导致设备损坏、停机;而且也不能全面掌握风电机组传动链部件的运行状况,合理安排检修计划,造成检修时间长、部件维修费用高和很多不可控制的风险因素[1]。因此,为了及时掌握机组运行状态,提高设备运行可靠性,风电机组安装可预测性维护系统(CMS)已成必然趋势[2]。

3.2 CMS技术要求的特殊性

由于风电机组恶劣的工作环境和传动链结构复杂性,在故障检测中存在变转速、变载荷、低转速部件的监测、误报警及漏报警等难题。传统意义上的状态监测系统很难胜任风电机组状态监测和故障诊断,需要专门开发适用于风电机组的可预测性维护系统(CMS)[3]。目前主要存在的检测技术难题如下:

3.2.1 变转速

风电机组的主控系统会根据外界风速大小,动态调整机组的转速和载荷,机组转速不恒定,转速变化给监测系统带来的问题是使传统的频谱分析方法失效。转速的改变会"抹掉"振动信号中的有用信息,造成谱图模糊,不利于区分故障频率。

如图3-1所示,左图为固定速率下测得的振动信号图形,右图为速率变化在2%时测得的振动信号图,很明显速率变化会使得谱图模糊。目前的一种成熟的解决方案是采用同步采集转速脉冲信号等方法,利用阶次分析技术消除谱图模糊问题,如图3-2所示。

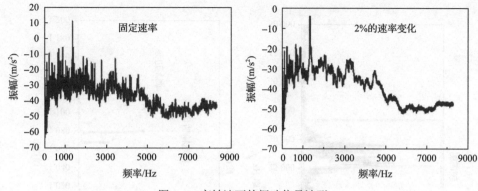

图 3-1　变转速下的振动信号波形

3.2.2　变载荷

风速变化机组载荷随之变化，载荷变化导致振动水平的变化，不同的运行负载下，齿轮箱振动信号的能量分布差异很大，即不同的载荷下信号的振动幅值不同，因此振动信号特征参数之间不再具有纵向可比性，无法判断信号特征参数变化来自机组故障还是载荷变化，必须在相同载荷下比较振动值。如图 3-3 所示，为变载荷下，振动与风速、振动与发电机转速、振动与功率之间的变化曲线。由图可知，风速的变化导致机组出力的变化，出力的变化导致振动水平的变化。显然，必须在相同载荷下，比较振动值才有意义。

针对载荷波动影响振动幅值这一情况，目前采用 5 级功率分级评估方法，以 20%额定功率为阶梯，分别存储不同载荷下的振动数据，将同一分级的振动数据统计分析，并根据不同分级的报警参数进行状态评估。

3.2.3　低转速部件的监测

传统的振动监测方法不适用于风电机组低速重载轴承监测和故障诊断，由于频谱分辨率主要与信号采样长度有关，而低速端主要以低频信号为主，若与高速端采用相同的采样时间和采样率，会导致频谱分辨率不足，无法准确定位故障频率。

针对低速部件振动信号微弱，可以采用诸如 EEMD 分解或高频包络解调技术，将调制在高频载波中的低频故障信息提取出来，然后再进行频谱分析，得到包络谱。这种采用数字包络解调技术，具有更高信噪比，尤其适用于冲击信号监测。如图 3-4 所示，其中图 3-4(a)、(b)为正常和故障信号的频谱图，图 3-4(c)为包络谱图。显然，在包络谱图中，低频故障信息可以被凸显出来，更易于提取。

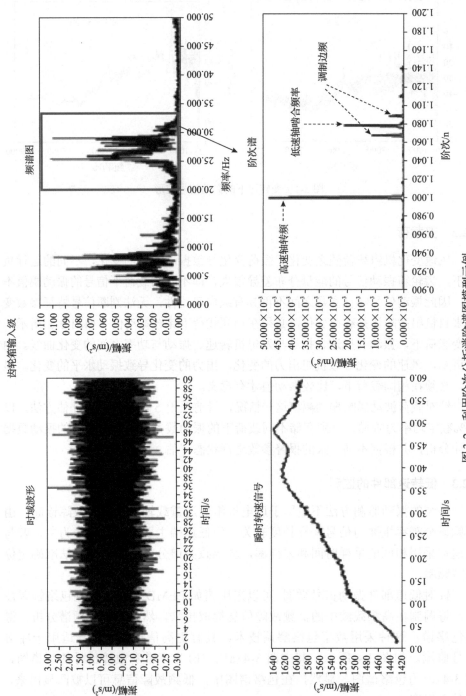

图 3-2 利用阶次分析消除谱图模型示例

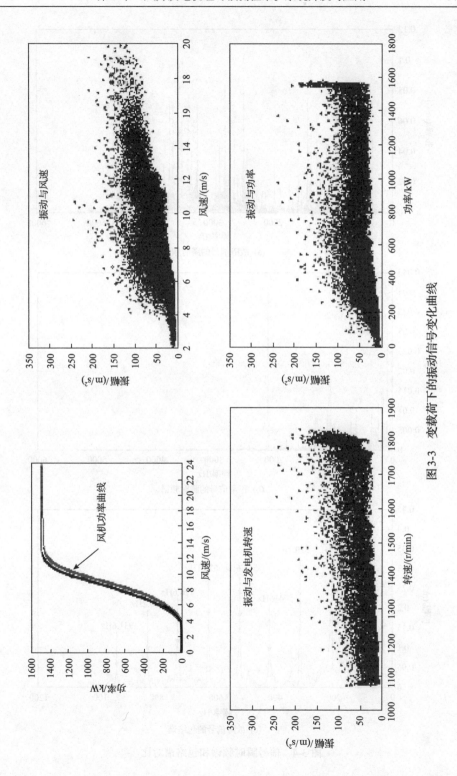

图 3-3　变载荷下的振动信号变化曲线

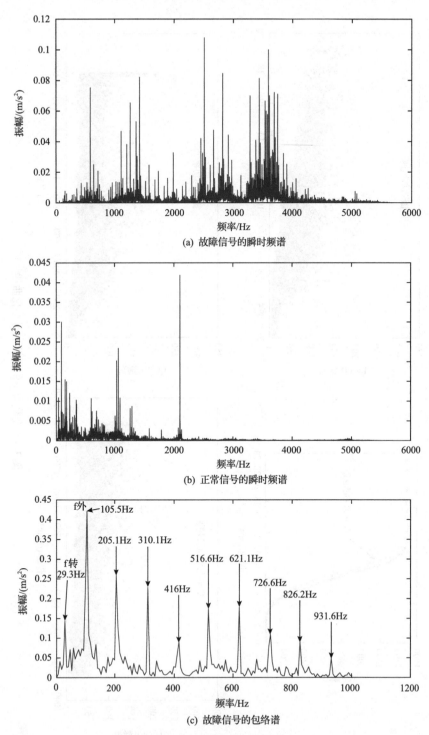

(a) 故障信号的瞬时频谱

(b) 正常信号的瞬时频谱

(c) 故障信号的包络谱

图 3-4　信号瞬时频谱和包络谱对比

针对低速端频谱分辨率不足，我们的系统对高速端、中速端和低速端振动信号采集分别采用不同的采样频率和采样时间。

3.2.4　误报警、漏报警率高

报警事件可以反映机组的健康状况，偶然的报警不能表明机组存在故障，目前一些同类监测系统存在大量的误报警和漏报警问题。此外，振动诊断如果有误报率，有风险，谁来承担？如何确定何时更换部件？这些问题都有待进一步解决。这其中一个显著的问题是：当振动监测厂家或诊断分析部门报告了振动报警，通过分析认为有故障，给出更换建议；然而风电场现场维护部门经过现场检查发现没问题，此时，就会显著增加对 CMS 的不信任。当这种情况出现几次后（正常概率下），就会进一步加剧风场对 CMS 功能的怀疑和不信任。

针对上述问题，我们提出了振动监测＋自动诊断＋现场检查＋维护建议＋设备维修/更换的策略。另外，技术上，针对漏报警，可以采用窄带监测技术，通过采集振动加速度信号，根据机组部位的不同，选择不同频带的能量进行监测，这样可有效提高状态监测的灵敏度。针对误报警，可以通过将状态分级方法进行状态评估，即对不同工况下的振动数据分别统计分析，最大程度上防止虚假报警。

3.3　CMS 的系统开发

CMS 的系统开发过程需要确定所设计 CMS 产品的结构框架，不同的架构负责不同的功能，根据实际需要进行选择。CMS 软硬件的设计是整个系统的核心部分，本节对课题组前期研发的 CMS 软硬件的设计与功能进行介绍，通过开发实例使读者能够更好的对 CMS 产生深刻和全面的理解。之后，我们对风电机组传动链上传感器的选择与测点布置也给出详细地描述，以方便读者应用与实践。

3.3.1　CMS 的系统组成

目前，CMS 从应用角度上主要分为两大类型：一类是便携式 CMS；另一类是固定安装式（又称在体式）CMS。固定安装式 CMS 总体框架是由三级架构组成，分别为数据采集模块，风电场监测平台以及远程诊断中心。而便携式 CMS 系统设计框架则由两级组成，分别是数据采集模块和远程诊断中心，减少了风场监测平台部分，其中便携式数据采集模块，可以将采集到的数据直接保存在本地挂载的 SD 卡或者 flash 中，也可通过 4G 远传，之后在诊断中心进行分析诊断，出具诊断报告，实现对风机的"定期体检"。本章我们主要介绍固定安装式 CMS，便携式 CMS 将在下一章重点介绍。

固定式 CMS 的机载设备（数据采集部分）安装在双馈风机机舱与塔筒内，一般由机载主机、传动链采集子系统、各类传感器和传输网络等组成。机载原理示意图如图 3-5 所示。

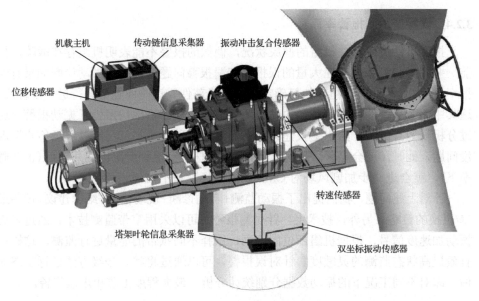

图 3-5　CMS 的机载设备安装示意图

通常，采用固定安装式 CMS 是为了满足当前风力发电机组故障诊断现状的需要。现今国家出台了关于新建风电场必须安装相应的状态监测与维护系统，为了配合新风机的建设就需要开发固定式 CMS。该 CMS 严格按照国家所要求的标准来进行产品设计，并且还需兼顾风场的实际环境、风场维护人员的应用水平以及故障诊断分析对数据特点的实际需求。图 3-6 为固定安装式 CMS 的总体原理框图。

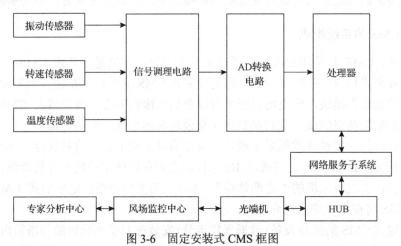

图 3-6　固定安装式 CMS 框图

3.3.2　CMS 的软硬件系统设计

下面重点介绍一下 CMS 的软硬件设计部分。

1. 数据信号调理部分

一般来说，数据信号调理电路主要包括：信号隔离电路、电压调整电路、低通滤波电路、模数转换电路等。图 3-7 给出了信号的整个调理过程所需的电路设计模块框图。

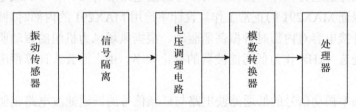

图 3-7　调理电路框图

（1）信号隔离电路设计。由于加速度传感器输出的是低频信号，所以我们要避免信号的衰减，并隔离后级电路的干扰。通过电压跟随电路，增高输入阻抗，降低输出阻抗，起到隔离作用。电压跟随器的显著特点，输入阻抗高，而输出阻抗低。一般来说，输入阻抗可以达到几兆欧姆，而输出阻抗低，通常只有几欧姆，甚至更低。

（2）电压调整电路设计。由于振动传感器输出信号带有一个直流偏置，其输出的电压范围超出了 ADC 的可输入范围，因此还需要对信号进行电压缩放调整处理，经过处理后的信号接入后面的低通滤波电路。

这里采用分压法来转换加速度传感器的输出电压范围，电压缩放调零电路，调节可调电阻使仪用放大器输出电压范围调整为 0～4V。此电路中用到精密仪用放大器 AD620，利用其参考电压的输出调零功能，可进行输出电压的缩放调零。

（3）低通滤波电路设计。通过前期对采集信号的分析可知，风电机组传动链各部分的振动频率不同，其中主轴、塔筒及齿轮箱低速端等部分振动信号频率一般在 0.5～1kHz 较低频率范围内，故在振动信号的预处理电路中需要选用截止频率为 1kHz 的低通滤波器来滤除高次谐波或高频信号带来的干扰和噪声。风电机组的发电机和齿轮箱的高速轴部分，其信号振动频率一般在 1～3kHz 范围内，因此，应选用截止频率 3kHz 低通滤波器对其做低通滤波处理，滤除高频噪声信号。

经过综合比对并且考虑设备自身特性以及 A/D 转换器技术参数，本系统选用了八阶的巴特沃斯型开关电容滤波器 MAX291 作为滤波芯片。该芯片的 3dB 截止频率可以在 0.1～25kHz 范围内进行选择。开关电容滤波器需要靠时钟来完成工作电路的驱动，该时钟的频率是 3dB 时截止频率的 100 倍，通常可选择外部时钟驱动和内部时钟驱动两种驱动方式。在实际工程应用中只需一个外部电容即可完成对 MAX291 内部时钟振荡器的驱动，其电容值和 3dB 截止频率满足以下公式：

$$f_{osc}(kHz) = \frac{10^5}{3C_{osc}(pF)} \quad (3-1)$$

风力发电机组不同部位振动信号不同，所以对低频振动信号和普通频率振动信号的滤波分别进行设计。低频振动信号滤波电路采用+5V 和−5V 双电源供电，可有效地保证 MAX291 的正常工作。设计中选用 MAX291 的内部时钟驱动方式，采用一个外接电容对内部时钟振荡器驱动。根据风场风力机组的振动监测的实际要求，此处选 1kHz 作为低通滤波器的截止频率。由上面公式计算得出滤波电容选为 330pF。

普通频率振动信号的低通滤波电路与低频信号的低通滤波电路相似，只需改变外部电容的容值即可。根据公式可得，普通频率振动信号的低通滤波电路的电容值选为 100pF。

(4) 模数转换电路设计。为了提高采集信息的精度，设计中采用高分辨率 ADC 芯片，对传感器采集回来的模拟信号进行转换。本系统中选择 ADI 公司的 16 位 ADC，该 ADC 芯片内置模拟输入钳位保护、二阶抗混叠滤波器、跟踪保持放大器、16 位电荷再分配逐次逼近型模数转换器。经过对比使用 AD7606 芯片，特点是配置简单，没有内部寄存器，只需要 IO 对其量程范围、过采样参数等进行配置。AD7606 和 CPU 之间的通信接口电平由 V_{DRIVE} 引脚控制，可以使 V_{DRIVE} 接 CPU 的供电电源。AD7606 采样速率由 CPU 提供的脉冲频率控制。采用 BUSY 引脚输出为 AD7606 转换状态指示标志，与 CPU 有外部中断能力的引脚相连，实现中断方式下采样。

(5) 主轴转速测量电路设计。主轴转速的测量方法有很多，如使用光电转速传感器、数字测速的测频法、数字测速的测周法等。但由于主轴的转速较慢，经实际比对数字测速的测周法效果最好。通过接近开关和计数器，记录一定时间内脉冲数目测出转速。由于接近开关的输出电压(约+23V)远远大于主芯片的 GPIO 口输入电压(+3.3V)，故本电路采用 NPN 型三极管对接近开关输出电压进行调节。

2. 网络服务子系统

由 Web 服务器和数据库服务器组成，主要运行监测系统应用程序和数据库程序。本系统中选择了 MySQL 数据库，用于存储、查询采集的监测振动数据。网络服务器能够接收客户端的请求，利用服务器端的程序调用数据库中的数据，然后发送给客户端；数据库主要用来存放用户采集到的数据，并且能够与网络服务器通信，进行数据的交互，数据库中还建有一个故障数据库，监测人员可以将现有的数据和故障库中的数据进行对比，以确定设备是否存在故障。

3. 风场监控平台

数据采集系统对风电场中每台风机的运行状态数据进行实时采集，并通过以太网传送到风场的监控平台，图 3-8 给出了单台风机到风场监控中心的一条数据链路，图中给出了链路上所需的各个环节。风场监控平台是第二级风电场在线分析和数据库系统，其主要作用是对数据采集系统采集到的数据进行在线分析，判断风电场风力发电机当前的工作状态，对故障进行监测并给出监测报警曲线；主要由局域网监测系统和预警系统组成，客户机和服务器如果在同一个局域网中，便属于局域网监测；客户机也可远程登录服务器，则属于远程监测，风场级监测平台主要为风电场的监测人员服务。在便携式 CMS 中这一模块被去掉了，因为，便携式系统直接把数据保存在本地或者通过 4G 网络无线传送到远程诊断中心，无须再重新铺设光缆，造成不必要的花费[4]。

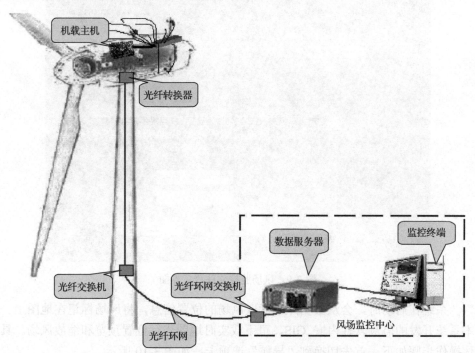

图 3-8　单台风机到风场监控中心的一条数据链路通道

4. 信号采集与监测软件

为更好地适应风场实时监测和对故障诊断分析的需求，本系统在软件部分分别设计开发了两个应用软件：一是适用于风场级实时监测风机状态的监测软件；

二是适用于远程故障诊断中心进行离线故障诊断与分析软件。可出具分析报告与诊断结果，这样更符合各方面的实际需求，可以提高本系统使用的便捷性、提高工作效率[5]。

风场级实时监测风机状态的监控软件运行在风场监控平台，可实现对风场的风电机组实时运行情况进行监测与报警，实时显示各台风电机组的运行状态。为了保证系统的使用安全，系统在使用前首先要对用户身份进行验证，只有合法的用户才可以进入系统操作界面。用户在登录界面的输入框中输入用户名和密码，系统后台会根据用户名和密码识别用户的身份，登录后将进入对应自己权限的操作界面。用户通过选择每台风机可以查看具体的各个通道的振动指标。风场级监控软件登录界面如图 3-9 所示。

图 3-9　风场监控软件登录界面

系统在启动时，会从数据库中读取风场的位置信息，将风场标记在地图上。本系统开发的监测软件内嵌 GIS，可下载实时地图进行位置预览和缩放风场。具体操作步骤如下。首先切换到"导航"选项卡，如图 3-10 所示。

图 3-10　风场监控软件导航配置

　　然后在菜单栏中选择"参数设置"菜单项，在下拉的菜单列表中点击"添加风场"菜单项，就进入了添加风场的界面，同时会在地图中出现一个"新添风场"的标记，我们将新添加的风场标记移动到合适的位置，同时将风场的信息(风场所在地区、风场名称、总装机容量、风机数量和地理位置等)添加完成，点击保存，就完成了风场信息的添加。

　　在点击保存之前，风场的标记位置是可以移动的，当保存风场信息后，风场的信息就会存入数据库，风场的位置也会固定在了地图上，不能再进行移动操作了。

　　进入风场监测界面后，会显示风场中所有风机总体运行状态，通过各个通道下设的指示灯可以清楚地识别出该通道是处于正常、预警还是报警状态，如图 3-11 所示，并通过选择每个通道可以更进一步地观察到该通道的时域振动波形和各种信号处理方法，以便于用户对异常通道进行分析确认。

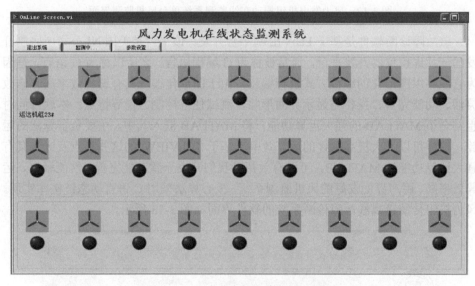

图 3-11　风力发电机在线监测界面图

　　在选中某台风机时会显示该风机各测点的详细信息和每个测点的实时数据，根据数据颜色区分运行状态，数字的颜色表示的意义不同，绿色正常，黄色预警，红色报警。显示界面生动形象便于监控和操作，具体如图 3-12 所示。

　　以上介绍的是应用于风场级的风力发电机组的监测软件，下面将介绍用于诊断分析中心的风电机组传动链离线故障诊断软件，该软件功能是对分析采集回来的风场振动数据进行深入分析和自动诊断，给出相应的参考意见，并为故障诊断专家团队提供有效的信息分析结果。

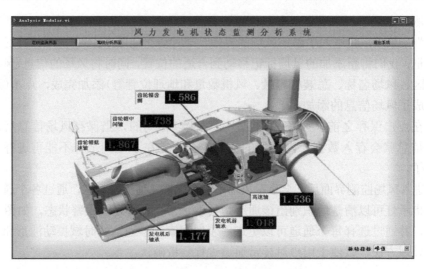

图 3-12　风力发电机组振动在线监测系统单台风机监测界面

该故障诊断软件是基于 LabVIEW 平台开发，该平台是美国 NI 公司所研制开发的一款虚拟仪器开发平台，通常被称为 G 编程语言。之所以称为 G 语言，是因为它能够以图形化的编程方式进行编程。由于图形化编程具有编程效率高、修改灵活、功能完善、操作与显示界面形象，测试任务控制方便等特点。本软件同时也结合了 MATLAB 的强大运算功能，将 MATLAB 嵌入其中，主要负责算法的运算，这样可以大大提高软件的运算效率。基于 LabVIEW 的这些特点及嵌入具有强大运算功能的 MATLAB，可以有效帮助我们开发一款功能完善、性能稳定、运算效率高、用户界面友好的风机监测系统。核心算法采用 C 语言动态链接库实现。风力机组传统链离线故障诊断系统的软件界面如图 3-13 所示。

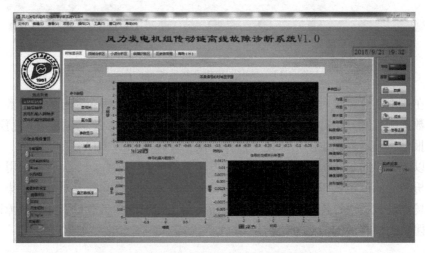

图 3-13　风机传动链故障监测与诊断软件界面

在图 3-13 中，用户可以选择分析模块中多种方法对时域波形进行相应的分析处理，并可以保存处理结果，以便于后续的对比研究。

风机传动链故障诊断软件设计主要分为五大部分：登录界面、数据管理、数据分析、故障识别和帮助。其中，每个大模块下又包含多个子模块，其总体功能框图如图 3-14 所示。

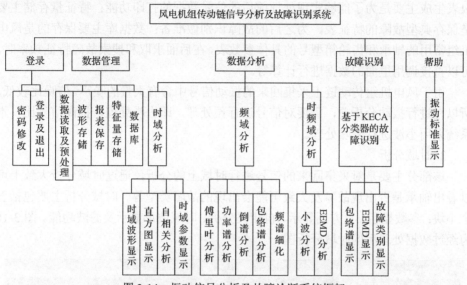

图 3-14　振动信号分析及故障诊断系统框架

1) 登录功能

图 3-15 为风电机组离线故障诊断系统的登录界面。

图 3-15　系统登录界面

2) 数据管理

数据管理部分包含数据打开、波形存储等功能。

本系统主要是对采集回来的振动数据进行分析和故障诊断[6-7]，而本系统分析的数据来源都是文本文件。

波形存储功能主要实现对分析后的波形图进行保存，以便日后使用和分析；报表生成主要是为了能够实现处理前后的信号数据的打印功能；特征量存储主要是保存典型故障的特征表，为之后的故障识别做准备；数据库主要保存的是风电机组常用的轴承和齿轮箱型号的具体参数表，在后面求取和搜索故障特征频率时，可以直接调用里面的数据进行计算等。

由于风电机组传动链上采集回来的振动信号中含有大量的噪声，信噪比较低，所以在进行振动分析前，需要对信号进行预处理，即去噪处理，提高信噪比，本系统采用小波进行降噪处理。

3) 时域分析

该部分主要是对采集回来的信号进行时域上的分析，通过时域分析大致上可以看出轴承是否出现故障及大致可能会出现的故障类型等。时域分析主要包括五个小块：参数显示、直方图显示、自相关分析、时域波形显示及滤波功能。图 3-16 为经过数据处理后的时域分析图。

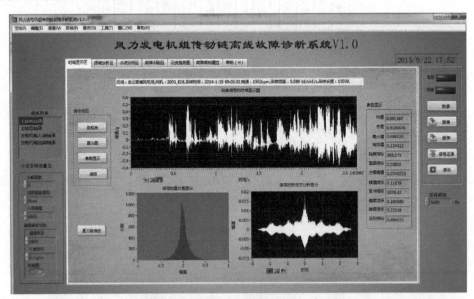

图 3-16　时域分析图

4) 频域分析

频域分析主要是对采集的振动信号进行频域分析，确定信号由哪些频率部分组成，以及频率对应的幅值大小。通过对特征频率及特征频率的幅值进行研究和分析，可以准确地找出传动链上故障发生的类型及故障部位等信息。频域分析包括：傅里叶分析、功率谱、倒频谱、频谱细化等部分。

功率谱或者能量谱因为和信号的幅度谱、频谱有着紧密的关系，并且与自相关函数成为一对傅里叶变换对，所以，在实际工程应用中，用户更加关心信号的功率谱或者能量谱。倒频谱分析也称为频谱的二次分析，其原理是对取过对数的功率谱再进行频谱分析，以获得频谱中的周期成分。倒频谱分析方法能够分析旋转机械的轴承中出现的调制变频带，以此获得故障特征调制频率，进而诊断出相关故障。频谱细化分析，即将频谱图上某一部分频率段沿着频率轴对其进行放大而得到的频谱。包络分析是指先提取信号时域波形的包络线，然后再对提取的包络线进行频谱分析。包络分析可以有效地分析高频的冲击振动。基于风场的真实数据，对数据进行以上功能运行，最终得到各运行结果图。图 3-17 为功率谱图，图 3-18 为倒频谱图。

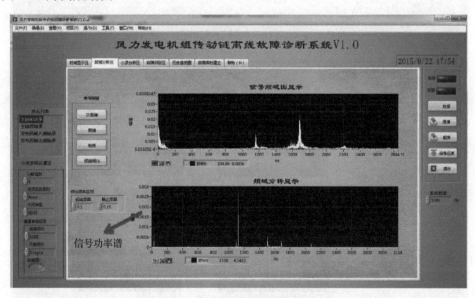

图 3-17 信号频域功率谱分析图

5）时频域分析

小波分析是时频分析的一种，是傅里叶分析发展史上里程碑式的进展。利用小波分析的时频局部特性可以分析非平稳的瞬态信号，而往往机械故障特征频率就分布在这些信号的频带里，从而可以成功的分离并提取这些故障特征，甚至是早期故障的被隐藏在动态信号中的微弱信息利用小波分析方法也能够进行分离，而传统的信号分析方法是不可能做到的。以风电场实际数据为例，应用小波分析的方法对其进行 5 层小波分解，选择 db5 小波基，最终小波分析图如图 3-19 所示。

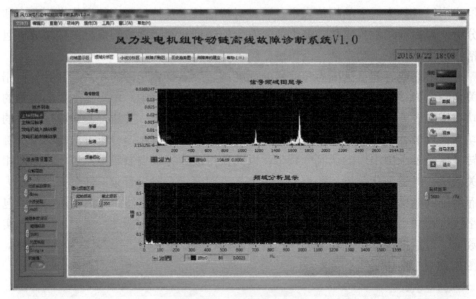

图 3-18　频域倒频谱图

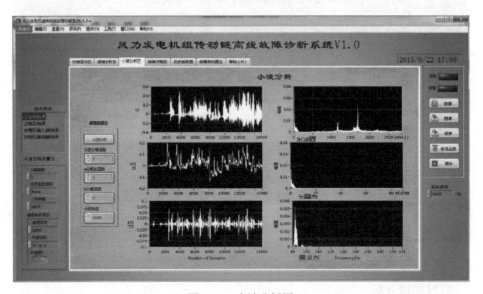

图 3-19　小波分析图

6) 帮助功能

帮助主要功能是调用显示风机的振动标准，作为时域和频域中的分析参考，判断传动链处于工作状态。其中主要包括德国标准 VDI_3834，国际标准 ISO_2372等。本系统采用德国标准 VDI_3834。

7) 故障识别功能

本系统故障识别功能主要是实现风电机组传动链上故障信号的故障类型识别，并通过得出的故障类型，在基于 EEMD 和 Teager 能量算子解调得到的包络频谱上找到故障特征频率对应的幅值，以便进一步确认故障识别的结果。图 3-20 为故障识别流程图。

图 3-20　故障识别流程图

由于 EEMD 算法运算量较大，特别对于数据很大时，需要运行时间较长，所以应用 LabVIEW 编程不太合适，故本程序调用运算能力强大的 MATLAB，通过 LabVIEW 和 MATLAB 混合编程实现。利用 LabVIEW 中的 MATLAB 脚本节点可以很好地实现 LabVIEW 程序和 MATLAB 程序的对接，实现利用 MATLAB 对信号进行 EEMD 分解，然后再对分解 IMFs 求取能量熵。图 3-21 为故障识别功能分析图。

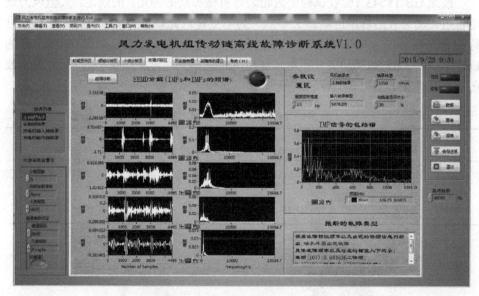

图 3-21　故障识别功能结果图

以上部分为风机传动链故障监测与诊断系统的软件功能介绍部分，抛砖引玉，让读者能够很好地理解风电机组故障监测和诊断的过程。上述系统经过运行测试，可以实现风电机组的健康状态监测和初步诊断，对风场维护人员的风机维护工作具有一定的指导意义。远程监测诊断基于 Web 技术开发，通过将各个风场采集的振动数据借助 Internet 传送到远程监测诊断中心，实现数据的分类存储和实时监测,采集的风场数据经过网络上传到上级服务器,通过故障诊断专家团队的协助,为风场提供定期的诊断报告,真正做到多方信息的有效融合,对风场的维护具有重要的指导作用。

3.3.3 传感器选择与测点布置的经济性研究

传感器的选择与布置决定振动信号的正确性及分析诊断的准确性,下面重点介绍传感器具体的选择、风电机组传动链测点的布置以及实际现场安装情况。

1. 传感器选择

根据风机的结构特点和工作特性,风机的不同部位(测点)需要选择不同的传感器,例如低速轴附近,由于振动频率较低,需要选择低频振动传感器。这里传感器的选择非常重要,传感器性能的好坏直接决定了采集的信号质量及最终的分析结果,因此,必须选择高品质的传感器。此外,不同测点的传感器型号和要求也不相同,需要具体分析。下面简要介绍不同测点传感器选择规律。

按照 GB/T8543《验收试验中齿轮装置机械振动的测定》的规定,大型风力发电机组传动装置的标准应略高于 C 级。为了更好地针对风力发电机的工作状态进行信号采集,经比对,我们的系统选用美国朗斯测试技术有限公司(Lance)的 LC0116 和 LC0119T 型 IEPE 压电式加速度传感器来测量振动状态信号,如图 3-22 所示,具体参数如表 3-1 所示。

表 3-1 LC01 系列传感器技术指标

型号	灵敏度/(mV/g)	量程/g	频率范围/Hz(±10%)	谐振频率/kHz	分辨率/g	抗冲击/g	重量/g	用途
LC0116	10000	0.5	0.05~300	1.2	0.000002	100	160	高分辨率,超小 g 测量
LC0119T	500	10	0.7~9000	29	0.00004	10000	12	轻型,高灵敏度,宽频带

(a) 低频振动加速度传感器　　　　(b) 通频振动加速度传感器

图 3-22 传感器实物图

由表 3-1 可知，测点 1 和测点 2 属于低速轴部分，需要采集低频振动信号，因此我们选择低频加速度传感器。测点 3～测点 8 属于高速轴部分，需要采集高频振动信号，因此我们选择通频加速度传感器。

2. 测点布置

针对 MW 级风电机组传动链的特点，一般情况下，需要在主轴承、齿轮箱、发电机处加装 8 个振动加速度传感器，详细配置如图 3-23 所示，具体安装位置见表 3-2。

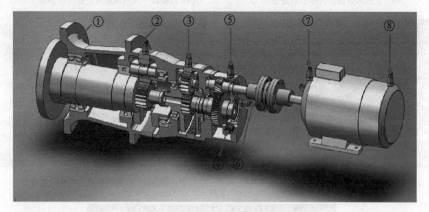

图 3-23 测点布置图

表 3-2 传感器布置方向

传感器编号	安装位置
①	主轴前轴承座垂直径向
②	齿轮箱一级内齿圈垂直径向
③	齿轮箱二级内齿圈垂直径向
④	齿轮箱平行轴轴承座水平径向
⑤	齿轮箱输出端轴承座轴向
⑥	齿轮箱高速轴输出端轴承座垂直径向
⑦	发电机驱动轴承座垂直径向
⑧	发电机输出端轴承座垂直径向

3. 现场设备安装

图 3-24 为本系统的振动传感器在内蒙古某风电场风机上的实物安装图，由图可知，共选用了 8 个振动传感器安装在相应位置。

(a) 主轴承垂直径向传感器安装图

(b) 齿轮箱一级内齿圈垂直径向传感器安装图

(c) 齿轮箱二级内齿圈垂直径向传感器安装图

(d) 齿轮箱平行轴轴承座水平径向安装图

(e) 齿轮箱输出端轴承座轴向、径向垂直传感器安装图

(f) 发电机驱动端径向垂直

(g) 发电机非驱动端径向垂直

图 3-24　振动传感器在风机上的实物安装图

3.4　CMS 的现场应用案例

通常情况下，本系统的诊断分析报告对机组部件故障等级划分为 5 个级别：正常、注意、警告、报警、危险。不同故障级别对应不同的故障处理建议。

对于存在"早期或早中期"故障机组，建议对其加强润滑及排查，以便延长部件使用寿命，密切关注趋势变化；对于存在"中期或中后期"故障机组，建议提前准备备件，制定维护计划；对于存在"后期"故障机组，建议停机检查，并更换故障部件。

下面主要介绍本系统在风电场的实际测试情况。

3.4.1　轴承外齿圈故障案例

内蒙古黄旗某风电场，25 号风机轴承外齿圈出现振动异常，以下为异常波形分析过程。

采用本系统开发的故障诊断算法——基于 EEMD 和 KECA 相结合的策略（具体策略参见第 6 章）进行故障自动诊断。首先基于 EEMD 实现轴承复合特征提取，实现各频带能量参数的自动计算；之后利用 KECA 算法从轴承故障特征向量中剔除掉无用特征，构建 KECA 分类器；最后，应用一种新的监测统计量——CS 统计量实现故障的自动监测与识别。前期通过验证实验，将该诊断模型应用于实验室滚动轴承实验平台，通过实验结果比对，已验证此算法的有效性[8]。

当滚动轴承某一部位出现故障时，在振动信号中频率分布会发生改变，故障振动信号在不同频带内的能量分布也会发生相应变化[9]。而 EEMD 分解是将原始信号分解为不同频带内稳定的模态（IMF）分量，通过计算各 IMF 分量的能量分布，可初步判断滚动轴承运行的状态及区别故障的类型。

之后，利用 KECA 通过核映射将数据从低维空间映射到高维特征空间，解决数据的非线性问题，并在高维特征空间依据核熵的大小对数据进行降维，使降维后的数据分布与原点成一定的角度结构，不同特征信息之间呈现出显著的角度差异，因此，易于分类。

图 3-25 的 (a)、(b) 分别为轴承正常模态、外圈故障模态下振动信号的 EEMD 分解图，从图中可以清晰地看到，正常与故障模态、不同故障模态下的 IMF 信号分量均发生了很大变化，尤其 IMF1～IMF6 变化显著，由于每一个 IMF 都代表一个频带，上述情况表明，当轴承出现故障时，不同频带内的能量分布会发生显著变化，且不同故障能量分布在不同分量上。

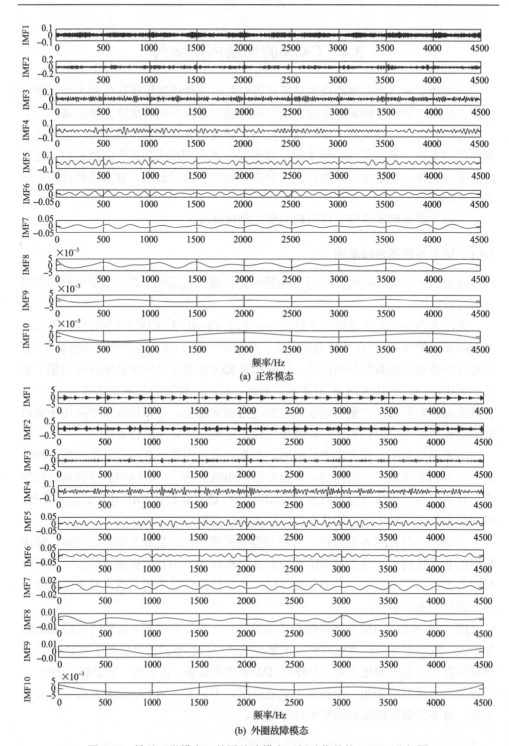

图 3-25 轴承正常模态、外圈故障模态下振动信号的 EEMD 分解图

　　从图 3-26 可以明显看出被分析信号频谱幅值明显大于正常信号的幅值,所以可判断此信号有故障。轴承外圈发生故障时,故障信号的包络信号中同时包含了转动轴转频及其倍频、外圈故障特征频率及其倍频、外圈故障特征频率的转频调制边带等成分。

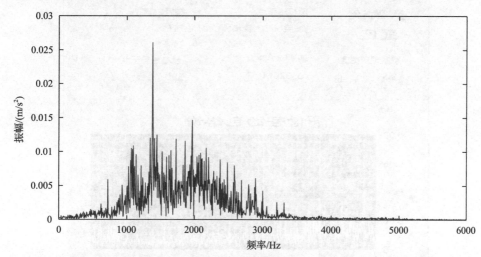

图 3-26　IMF1 分量故障信号的瞬时频谱

　　瞬时频率中主要包含信号的转频,倍频和外圈故障特征频率及其倍频。从图 3-27 中可以清晰地发现包络谱中存在明显转动轴转频(29.3Hz)和外齿圈的特征频率及倍频成分(105.5Hz,205.1Hz,⋯),在瞬时频谱中同样如此,故可以判断外齿圈有故障,判断和实际相符合。

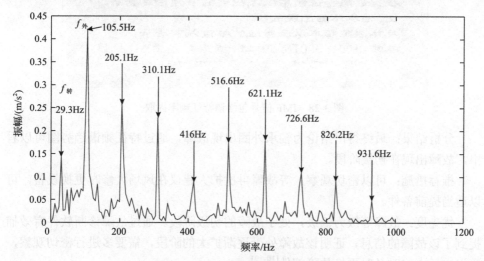

图 3-27　IMF1 分量故障信号的包络谱

　　经过对故障特征频率标出对应的特征幅值，经由软件对 IMF 信号包络谱特征频率自动提取，得到如图 3-28 所示的诊断结果。由图可知，轴承外圈故障特征频率 100.7Hz、倍频 200.14Hz 及 3 倍频 300Hz 出幅值均为特别突出。

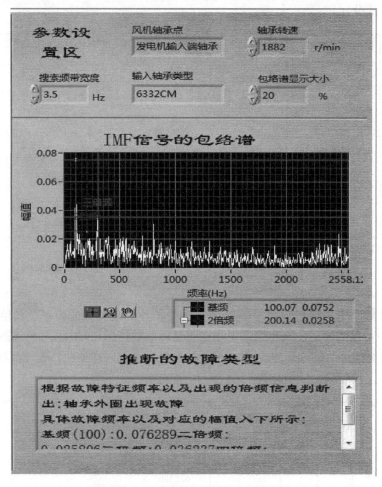

图 3-28　IMF 信号包络谱特征频率提取

　　分析结果：最终得出结论为轴承外圈出现故障，通过特征频谱趋势图可以看出，故障出现在初级阶段。

　　推荐措施：可以密切观察，等故障再次扩大建议在风场大修时更换设备，可以适当提前备件。

　　优先度：故障等级为低级，处于故障的初级阶段。通过故障诊断软件有效捕捉到了该故障的信息，证明该故障处于逐渐扩大的阶段，需要多进行密切观察，等风电场大修时及时更换故障部件[10-12]。

3.4.2　发电机驱动端轴承外圈振动异常

内蒙古黄旗某风电场风机发电机驱动端轴承外圈出现振动异常。通过频率及谐波振动趋势图可知，该波形呈现上升趋势，如图3-29、图3-30所示，趋势图中振动频率超过警告线，并超过报警线，上升趋势明显。而且在幅度谱中相应处也有明显振动及其谐波，如图3-31所示。

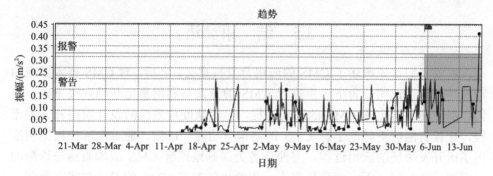

图 3-29　发电机驱动端轴承振动信号特征值趋势图

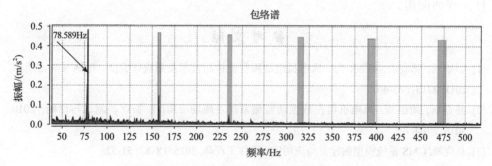

图 3-30　发电机驱动端轴承振动信号包络谱图

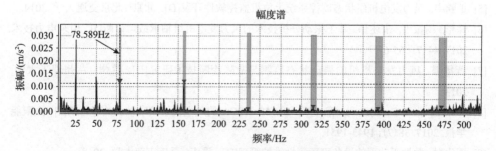

图 3-31　发电机驱动端轴承振动信号谐波幅度谱图

推荐措施：持续观测外圈轴承振动状态，如仍保持高振动值，需要检查发电机轴承状态(温度、噪声状况)，检查对中状态，检查发电机基座。

优先度：低级，最低故障等级，风电机组可以继续运行，故障处于初期阶段，故障诊断软件难以提取故障信息，但需要在下次定检时对报警部件进行检查并把相关结果发送至诊断中心。

通过上面两个应用实例表明，本系统能够较好地捕捉故障信息，对故障的诊断比较及时和准确，对风电场的运行和维护可以提供参考措施，一定程度上可减少风电场因故障恶化而带来的经济损失[13-15]。

3.5　结　束　语

本章我们首先概述了 CMS 的应用背景与意义。之后，对 CMS 技术要求的特殊性进行了说明，为下一步进行 CMS 的开发与利用奠定基础。接下来，我们详细叙述了固定式 CMS 的开发过程，包括软硬件系统的设计思路和开发流程，让读者能够更好地了解 CMS 的结构与功能。最后，通过实际应用案例给出了所开发系统的应用过程，方便读者更深刻地理解 CMS 故障监测与诊断的机理和应用步骤。下一章我们将进一步给出便携式 CMS 的设计与状态监测、性能评估应用。

参 考 文 献

[1] 彭华东, 陈晓清, 任明, 等. 风电机组故障智能诊断技术及系统研究[J]. 电网与清洁能源, 2011, 27(2): 45-49.

[2] 盛迎新, 周继威. 风电机组在线振动监测系统及现场应用[J]. 振动、测试与诊断, 2010, 30(6): 704-706.

[3] 林晓峰. CMS 系统模型的建立与应用[J]. 软件工程师, 2015, 18(8): 51-52.

[4] 郭鑫. 风力发电机组在线监控系统研究[D]. 扬州: 扬州大学, 2013.

[5] 王鹏宇. 风力发电机组状态监控系统上位机监控软件开发[D]. 北京: 北京交通大学, 2014.

[6] 鞠彬, 杨振山, 朱述伟. 基于振动分析技术的风力发电机组轴承故障诊断[J]. 山东电力技术, 2017, 44(7): 65-67.

[7] 董华强. 风力发电机组的振动状态监测与故障诊断技术研究[D]. 兰州: 兰州理工大学, 2013.

[8] 齐咏生, 张二宁, 高胜利, 等. 基于 EEMD-KECA 的风电机组滚动轴承故障诊断[J]. 太阳能学报, 2017, 38(7): 1943-1951.

[9] 邓生财. 数据驱动下的设备可预测性维护管理[D]. 重庆: 重庆工商大学, 2018.

[10] 江鸿泽. 风电机组传动机构监测诊断系统研究与应用[D]. 保定: 华北电力大学, 2016.

[11] 林杨. 基于现有风电远控系统采集数据的大数据分析及应用[D]. 北京: 华北电力大学, 2017.

[12] Entezami M, Hillmansen S, Weston P, et al. Fault detection and diagnosis within a wind turbine mechanical braking system using condition monitoring[J]. Renewable Energy, 2012, 47(11): 175-182.

[13] 申烛, 周继威, 张宝全, 等. 风力发电机组振动状态监测导则[S]. 北京: 国家能源局, 2011.

[14] 李宁, 王李管, 贾明滔, 等. 基于信息融合理论的风机故障诊断[C]. 中南大学学报(自然科学版), 2013, 44(7): 2861-2866.

[15] Kaiser J F. On a simple algorithm to calculate the energy of a signal[J]. Proceedings of IEEE International Conference on Acoustics, Speech and Signal Processing, Albuquerque, 1990.

第4章 基于便携式CMS的系统设计与风机状态评价

4.1 便携式 CMS 的存在意义与价值

上一章我们详细介绍了固定式 CMS 的设计、开发与应用。然而当前的情况是，在早期投建的许多风电机组中，并没有配套安装 CMS，导致该机组在投运一段时间后，会出现故障率和停机率偏高的问题。若此时为其安装一套固定式 CMS，则成本过高，这个矛盾在老旧风电场尤为突出。

从技术升级角度来说，对于老旧风场安装一套固定式 CMS 比较困难，前期施工未安装相关配套设施，而安装风电机组 CMS 需要进行基础设施建设，将导致成本大幅增加，并影响风电场正常运行。另外，前期投入运行的风电机组数量庞大，若给每台风力发电机安装实时监测系统，不但施工周期长，技术升级速度缓慢，且使风场运行的成本费用大幅增加。举例来说，通过对内蒙古地区风电企业调研可知，安装风电机组 CMS 的实际情况——例如在灰腾梁地区共有 6 家风电场，总装机 652 台，安装 CMS 的共 256 台，占比 39.2%。巴彦淖尔乌力吉地区共调研 4 家风电场，总装机 176 台，安装 CMS 的共 42 台，占比 23.9%。包头达茂地区调研了 5 家风电场，总装机 366 台，安装 CMS 共 0 台。乌兰察布辉腾锡勒地区调研了 7 家风电场，总共装机 1043 台，安装 CMS 的共 103 台，占比仅 9.87%。

由调研情况可知，如今风电企业对便携式 CMS 的需求很大，这是因为便携式 CMS 的最大优点在于：不需要每台风机都安装，做到随时采集、随时安装，不需其他基础设施和配套设备，可以大大加快老旧风电场技术升级。另一优势在于：便携式 CMS 的成本与固定式 CMS 相比，其价格比较低廉，风电企业能够承受，一个风电场只要准备若干套便携式风电机组故障数据采集系统，就可以完成对风电场内每台风力发电机组运行状态数据的采集，这些数据可以用来评估风电机组的健康状态，预测出可能发生的故障。此外，利用采集的数据给风电场内的每台风电机出具健康诊断报告，就如同人们定期去医院做体检一样获得体检报告，我们根据风电机组的定期健康报告进行安排检修工作，合理制定维护时间表，提高风电企业的发电率。

综上，针对此问题，本章给出一套便携式 CMS 的解决方案，实现对老旧风电场快速完成技术升级，且投入成本低。该便携系统可定期对风力发电机组进行运行状态监测，出具健康状况报告，合理安排风电企业的运行维护工作。

4.2　便携式 CMS 的总体方案设计

便携式 CMS 的关键部件为故障数据采集系统,它与固定式 CMS 相比,减少了向远端传输的模块,做到安装和采集方便快捷。便携式 CMS 主要包含数据采集调理板、本地控制平台及离线专家故障诊断系统三部分,总体设计框图如图 4-1 所示。数据采集系统的主要工作是对传感器信号进行调理,并通过 A/D 转换电路进行模数转换,通过并行传输方式,将转换好的数据传送到本地控制平台;本地控制平台主要功能是实现对数据采集进行控制、时域数据和频域数据采集的切换控制、数据的本地存储控制,以及上位显示波形等;离线专家故障诊断系统主要就是对采集回来的数据通过相关软件和算法得出故障诊断报告和对风电机组的运行维护安排建议。

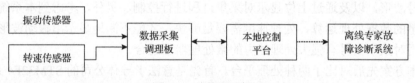

图 4-1　总体设计框图

本章主要介绍数据调理采集板硬件设计和本地控制开发平台上的软件设计两部分工作,并将这两部分结合组成便携式 CMS,能够完成数据采集和波形绘制显示等基础的功能。数据调理采集板针对风力发电机组传动链上机械振动信号和高速轴转速信号进行信号采集与调理,信号经过预处理之后进入 A/D 转换电路进行模数转换,然后通过并行传输方式从 EMIFA 数据总线传送到本地控制平台。在本地控制平台需要完成对数据采集的控制,包括时域数据采集和频域数据采集的切换,数据存储,对采集回来的数据进行绘制,并形成波形在屏幕上实时显示。

4.2.1　数据采集调理板方案设计

数据采集调理板作为故障诊断的前端系统,其数据的精度将影响到故障诊断的结果,所以,本方案选用高分辨率 A/D 转换芯片。与此同时,由于风力发电机组传动链结构复杂,包括主轴、齿轮箱,发电机等机械部件,需要在多个关键位置安装传感器,采集多个位置的振动信号,因此,本课题选用了 8 通道的 A/D 转换芯片,完成对多个测试点的振动信号采集。通过接近开关传感器,进行高速轴转速的测量。数据采集系统主要包括三个部分:传感器信号调理部分,信号转换部分,数据传输部分。

振动传感器采集振动信号并转换成电信号,通过信号调理电路,将电信号调理成 A/D 转换芯片适合的信号,经 A/D 转换电路,将模拟信号转换成数字信号,最后通过数据总线，并行传输方式把数据传送到本地控制平台。在本地控制平台上，把传输过来的数据进行波形的绘制并显示，在显示界面上通过切换方式，实现数据更新显示或时域、频域切换等操作。

数据采集调理板的主要功能就是信号预处理功能，由于传感器采集到的模拟信号会有直流偏置作用，电压过高无法直接适用于 A/D 转换电路。此外，在模拟信号中还有高频噪声，这些因素会导致数据的不准确，因此设计调理电路将信号的电压降到合理范围并且通过滤波电路把高频噪声滤除，增加准确度。

4.2.2　本地控制平台选择方案

在控制平台的选择上，首先考虑的是本系统需要完成的任务，以及能完成这些任务需要用到哪些功能，同时还要考虑开发周期等一系列问题。本系统需要完成的基本任务有上位显示，所以需要挂载一个显示屏，可以实时观察采集到的振动信号波形，以及通过上位显示对采集过程进行控制。另外，考虑到本系统要进行大量的数据处理运算，处理速度需要足够快，才能不断地显示出振动波形，因此选用对数字信号有强大处理能力的微处理器更适合。

本方案先后对比了两种处理平台。首先是意法半导体公司的 STM32F4 系列，该系列采用 ARM Cortex-M4 核心，与该公司的 F2 系列兼容，而且外设接口多，开发起来较方便。其主频理论上最高可达 168MHz，当挂载多个外设同时工作且需要处理大量数据时，容易发生卡顿、外设不能及时响应等问题。这是由于采用了嵌入式实时操作系统(uCOS-II)，其内核是抢占式，即先响应高优先级任务，而且高优先级任务可以剥夺正在运行的低优先级任务的 CPU 资源。这个特点的好处在于实时性好，缺点在于不能支持时间片轮转法，无法进行多进程，只能进行多任务。在进行小数据量处理需要及时响应的系统时，STM32 优势明显，但是大数据量处理时就会由嵌入式操作系统的工作机制导致响应时间过长，或者由于中断嵌套发生响应冲突等问题。本方案需要挂载一个显示屏的同时还需不断接收大量数据并进行处理，更新的数据要绘制出波形显示，如果采用意法公司的 STM32F4 系列处理平台，其嵌入式实时操作系统明显不适合完成这些功能。

第二种方案是采用 TI 公司出品的 OMAP-L138 低功率应用处理器，该处理器以 ARM926EJ-S 和 DSP C674x 为基础。选用此处理平台主要是考虑到嵌入式技术的主流发展趋势方向是多核异构的处理平台，可以把多个处理芯片的优点集合在一起，适合多种应用场合。TI 公司的此款产品是该方向的代表产品之一，其主要用在工业控制、数据采集、医疗、音视频嵌入式设备等领域，价格比以往的达芬奇架构的产品要低很多，同时可以满足许多客户的需求。

该处理平台又有两个子系统，一个是 ARM 子系统，另一个是 DSP 子系统。通常把 ARM 子系统作为主处理器完成控制工作，把 DSP 作为从处理器完成复杂算法运算和大量数据运算等工作。两核协同工作，可以增加嵌入式设备的数据处理能力，同时增强了用户的使用体验[1]。

本次开发的便携式 CMS 最终选用 OMAP-L138 作为处理器平台，利用其 DSP 端进行风电机组传动链振动数据的处理，在 ARM 端主要进行外设的挂载、控制、上位机的屏幕显示，振动信号波形绘制，数据的存储等。

4.3　便携式 CMS 的软硬件开发

4.3.1　系统硬件设计

1. 振动信号调理电路设计

在实际运行环境中，考虑到便携式的特点及周围外部环境恶劣复杂，传感器采集到的信号会受到干扰并且夹杂着许多无用信号，因此传感器输出的监测信号不能直接用于 A/D 转换，需要信号预处理电路进行信号调理，4.3.1 节将介绍振动传感器信号的调理电路。

第 3 章介绍了 CMS 一般选用两种加速度振动传感器，分别低频振动传感器和通频振动传感器。这两种都是 IEPE 型压电加速度传感器，具有抗干扰能力强，安装方便等优点。同时，由于 IEPE 型压电加速度传感器的自身特性，它的输出信号会带有 8~12V 直流偏置电压，这会直接导致输出电压远远超过 A/D 转换芯片的最大可承受电压，需要进行一系列的信号预处理使信号转换成 A/D 可输入信号。

美国朗斯公司的 IEPE 型压电加速度传感器系列需要提供 24V，4mA 恒流源供电，因此首先介绍加速度传感器恒流源电路设计。本方案采用 LM317 可调正稳压器芯片，输出电压范围是 1.2~37V，负载电流最大为 1.5A，使用非常简单，只需两个外接电阻就可设置输出电压[2]，电路原理图如图 4-2 所示。此外它的线性调整率和负载调整率也比标准的固定稳压器好。其输出电流计算公式如下所示：

$$I_{\text{out}} = \left(\frac{V_{\text{ref}}}{R_1}\right) + I_{\text{Adj}} = \frac{1.25\text{V}}{R_1} \tag{4-1}$$

其中，I_{out} 是输出电流，根据公式(4-1)计算可得，R_1 取 315Ω（300Ω 与 15Ω 两个电阻串联），输出电流 3.968mA，能够实现恒流源的电流要求。由于是对传感器的供电电源设计，所以这里的两个电阻选用 5ppm①（温漂系数），精度控制在±1%的电阻，让元器件产生的偏差降到最低，确保传感器信号的准确度。

――――――――――

① 1ppm=10^{-6}。

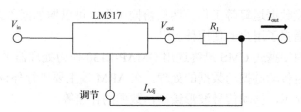

图 4-2　振动传感器恒流源电路设计

　　下面对 IEPE 型加速度传感器的输出特性进行调理，传感器的输出信号会带 8～12V 的直流偏置电压，由第 3 章介绍可知，两种型号传感器的量程不同，此处按照通频振动传感器的量程进行信号调理电路的设计，由于另一种低频传感器的调理电路设计于此雷同，这里不再赘述。通频振动传感器的量程为±50g，灵敏度为 100mV/g，再加上 8～12V 直流偏置电压，该振动传感器的输出端电压范围将会是 3～17V[3]。

　　本次设计利用分压法，将直流偏置电压调整到 0～5V 范围内。传统做法是通过滑动变阻器，调节电阻起到电压的调节，优点是可以随时调节电阻，得到合适的分压。但是此方法对于便携式 CMS 来说将会十分复杂，由于滑动变阻器是机械装置，会受到周围温度变化、振动或者安装时人为不经意的触动的影响，都会导致滑动变阻器接触的位置发生改变，从而使得阻值改变。然而便携式数据采集装置的工作特性恰恰是经常需要安装拆卸，随身携带时也会造成不小的振动，使用的环境也会经常变化，环境温度也变化频繁，这些因素导致传统分压方法在便携式数据采集系统上不是很适合。因此本次设计采用固定阻值方式进行电压分压。采用此方法的好处是不需要花很长的时间去进行阻值校准，环境温度变化和振动对分压效果的影响较小。本课题设计采用 24.9kΩ 和 75kΩ 电阻进行分压，这两个电阻选用 5ppm，精度为±1%的电阻，温度影响较小，保证分压精度。

　　本次设计采用固定式分压，将传感器输出电压范围(3～17V)降至原值的 1/4，即 0.75～4.25V，保证其在 ADC 的输入范围(0～5V)之内。采用固定阻值分压，这时由于元件的偏差和传感器自身的特性，其偏差校正需要在后期软件中进行校正，再给一个标准的信号输入，通过采集回的数据与标准信号进行对比，可以得到偏差系数，在该通道上的数据加入这个偏差系数，可以一定程度上消除偏差，这种方式只须在出厂时进行一次偏差校准就可以，大大减少工作量和由于人为调整带来的误差影响。

　　接下来还需要滤除夹杂在信号里的高频噪声。本课题选用 8 阶巴特沃斯型开关电容数字滤波器，由于开关电容滤波器的工作特性，对高频奇次谐波信号滤除能力较弱，会有高频的奇次谐波混叠到低通频带中，所以信号首先通过有源二阶滤波电路来进行抗混叠滤波处理，滤除高频奇次谐波[4]。该滤波电路的设计大大减少奇次高频谐波的影响，提高信号的准确性，减小后期在分析数据时的误差。

有源二阶滤波电路如图 4-3 所示，这里有源二阶滤波电路使用的是 MAX291 芯片中独立的运算放大器，配置其拐点频率为 10kHz，根据手册可知，拐点频率一般是滤波器截止频率的 3～7 倍，由此可知，10kHz 的拐点频率适合本系统的需求。此处的二阶滤波电路并未用到其他元器件，而是巧妙利用了 MAX291 芯片内置的独立放大器，构成的有源二阶滤波电路，既可以减少高频噪声还可以减少元器件数量，降低成本。在图中，通过改变电阻和电容的参数可以改变拐点频率的大小。

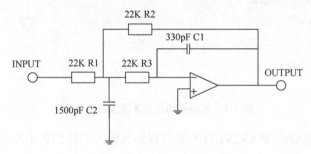

图 4-3　有源二阶滤波电路

经过有源二阶滤波电路后，信号输入 8 阶巴特沃斯型开关电容滤波器，根据风力发电机组传动链机械振动的特点，主轴前端转速低，这个位置点的振动信号处在低频带，而在齿轮箱和发电机高速轴部分，其振动信号的频率一般处在 1～3kHz 的范围，针对这个情况，本次设计给出了两个滤波电路，截止频率分别为 1kHz 和 3kHz。

本次设计采用 MAX291 ESA 芯片。该芯片为军用级芯片，工作温度范围在 –40℃到 85℃，MAX291 的 3dB 截止频率区间是 0.1～25kHz。开关电容滤波器需要靠时钟来完成工作电路的驱动，该时钟的频率是 3dB 时截止频率的 100 倍，有两种方式用来驱动，一种是外部时钟驱动另一种是内部时钟驱动[5]。本设计中采用内部驱动方式，利用一个外部电容达到对 MAX291 内部时钟振荡器的驱动作用，其电容值和 3dB 截止频率满足以下公式：

$$f_{\text{osc}}(\text{kHz}) = \frac{10^5}{3C_{\text{osc}}(\text{pF})} \tag{4-2}$$

由上可知，滤波电路针对两种加速度传感器的需要设计两个电路。首先介绍低频振动信号滤波电路，如图 4-4 所示，采用±5V 对 MAX291 进行双电源供电，此供电方式比起单电源供电来说可以减少总谐波失真降低噪声干扰。采用内部时钟振荡器驱动，如图采用外接电容 C6 对内部时钟振荡器的截止频率进行设置。

根据风力发电机组来传动链主轴前轴低速端来说，设计 1kHz 作为此低通滤波器的截止频率，通过式(4-2)计算得出 C6 为 330pF。8 引脚连接前面有源二阶滤波电路传送过来的信号，5 引脚接 A/D 转换电路模拟信号输入通道之一。

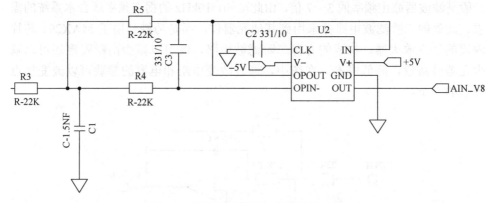

图 4-4　低频振动信号 8 阶滤波器电路

此外，通过查询 MAX291 技术手册得知其输入阻抗的大小与时钟频率相关，其公式为

$$Z = 1 / (f_{CLK}C) \tag{4-3}$$

由式(4-3)可知，MAX291 的开关电容是固定的，输入阻抗的大小和时钟频率成反比例关系。表 4-1 给出了各个时钟频率下 MAX291 的输入阻抗大小。本课题的时钟频率为 1kHz 和 3kHz，均小于 10kHz，因此 MAX291 的输入阻抗比 44.6MΩ 要更大，所以此处无须在 MAX291 滤波电路之前加入跟随电路。

表 4-1　不同时钟频率下 MAX291（C=2.24pF）的输入阻抗大小

时钟频率	10kHz	100kHz	1000kHz
阻抗值	44.6MΩ	4.46MΩ	0.446kΩ

高频振动信号的低通滤波电路与低频振动信号的滤波电路相似，唯一的不同是高频滤波电路的截止频率为 3kHz，根据式(4-2)可得 C6 电容值为 100pF，图 4-5 为高频振动信号滤波器电路图。

2. 转速信号调理电路设计

高速轴转速较快，可以采用测速方案较多，本次设计采用数字测速的测周法。在高速轴安装非接触式开关作为目标传感器获取转速数据。高速轴转速测量电路如图 4-6 所示。接近开关工作特性：无物体靠近情况下接近开关输出高电平，有物体接近情况下接近开关输出低电平。结合图 4-6 说明该电路的工作原理：无物体接近时，传感器输出高电平使 Q1 导通，ZS 引脚的电压是 0V，当有物体接近时，传感器输出低电平使 Q1 截止，ZS 引脚电压从 0V 变为+3.3V。在接线处，1 接线柱连接直流电源+24V，2 管脚连接传感器输出引脚，3 管脚接地。

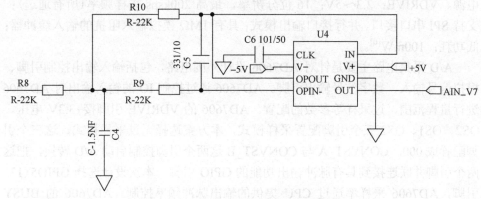

图 4-5 高频振动信号 8 阶滤波器电路

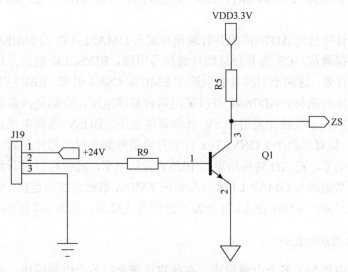

图 4-6 高速轴测速电路

3. A/D 电路设计

便携式风力发电机组传动链故障数据采集调理系统，需要在传动链上安装 8 个振动信号监测点，因此在 A/D 的选择上需要能支持 8 个采样通道，同时考虑到采样精度问题，精度越高故障诊断正确率才能有所保证，因此 A/D 的采样数据位数也是一个重要的参数。

最终本方案选择 ADI 公司出品的 AD7606 系列,该系列有 8/6/4 采样通道可选择,采样分辨率为 16 位,各器件均内置模拟输入钳位保护、二阶抗混叠滤波器、跟踪保持放大器、16 位电荷再分配逐次逼近型模数转换器(ADC)。其技术特性有:8/6/4 路同步采样输入;±10V、±5V 双极性模拟输入范围;5V 单模拟电源、VDRIVE:2.3~5V;16 位分辨率,最高 200ksps 采样频率(所有通道);支持 SPI 串口接口、并行接口输出模式;具有 1MΩ 模拟输入阻抗的输入缓冲器;低功耗:100mW[6]。

A/D 采集电路主要是针对 AD7606 设计外围电路,包括输入输出控制引脚、模拟信号输入、数字信号输出引脚。AD7606 通过控制 IO 的输入输出对 AD7606 进行量程范围、过采样等参数的配置。AD7606 的 VDRIVE 引脚接+3.3V 电压。OS2、OS1、OS2 三个引脚配置采样模式,本方案选择无过采样模式,这三个引脚配置成 000。CONVST_A 与 CONVST_B 这两个引脚控制启动 A/D 转换,把这两个引脚并联连接到具有脉冲输出功能的 GPIO 引脚,本次设计选择 GPIO5(13)引脚,AD7606 采样率通过 CPU 提供的输出脉冲频率控制。AD7606 的 BUSY 引脚是转换状态标志引脚,和有外部中断能力的 GPIO 引脚相连,RST 是硬件复位引脚。

本次设计中选用 AD7606 的并行输出模式与 OMAPL-138 的 EMIFA 数据总线相连进行数据通信。CS 为并行总线片选信号引脚,RD/SCLK 输出并行总线读信号,低电平有效,这两个引脚并联后连接 EMIFA_CSN2 引脚。REF SELECT 引脚配置基准电压的选择,AD7606 可以采用两种基准电压,分别是内部基准电压和外部基准电压,本次设计采用+2.5V 外部基准电压。BUSY 为高电平是代表"正在转换中",只有当两个 CONVST_x 有上升沿信号到来时,芯片开始 AD 转换,BUSY 置高电平,在 AD 转换结束后 BUSY 置低电平,此时可以进行数据传输。信号调理板数据线与 OMAP-L138 开发板的 EMIFA 数据总线相连接,实现数据传输功能。AD7606 与 OMAP-L138 开发平台硬件连接图,如图 4-7 所示。

4. 电源模块的设计

本系统中用到了多个电源模块,在此将详细介绍各个电源模块。本系统要设计+24V、±5V、+2.5V、VDD3.3V、AVCC7606 六个电源模块,分别为传感器、MAX291、AD7606 等模块进行供电。

其中+24V、4mA 恒流源在前面的振动传感器信号调理模块已介绍,这里介绍+24V 转+5V 电源模块。如图 4-8 所示,该电路主要用到 XL2596S 是降压型电源管理芯片,具有较好的线性和负载调节特性,具有短路保护和过热保护功能,可以宽电压输入(+7~+40V),输出最大的驱动电流为 3A。

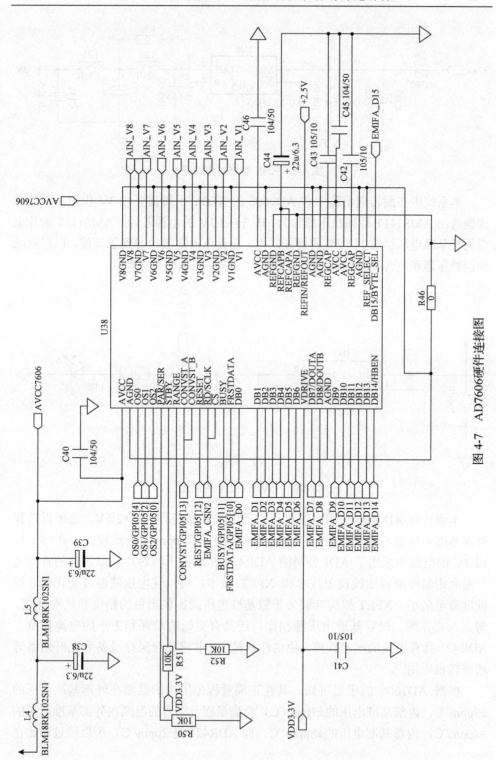

图 4-7 AD7606 硬件连接图

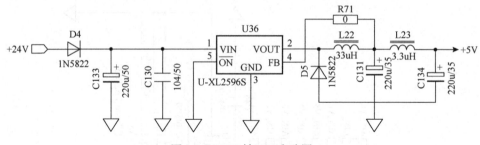

图 4-8   +24V 转+5V 电路图

本系统中在测转速电路中和 AD7606 的 STBY 引脚需要+3.3V 供电,因此本课题选用 AMS1117 系列稳压器作为+5V 转+3.3V 的电源芯片。AMS1117 的片上微调把基准电压调整到 1.5%的误差以内,而且电流限制也得到了调整,以尽量减少因稳压器和电源电路超载而造成的压力。电路图如图 4-9 所示。

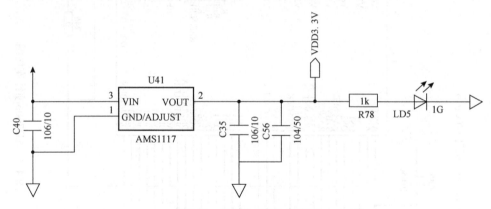

图 4-9   +5V 转+3.3V 电路图

本设计在 AD7606 外围电路设计中采用了外部基准电压+2.5V,之所以选择外部基准电压是考虑到如果 AD7606 的内部电压其 ppm/℃会比较大。在+5V 转+2.5V 的电路中采用了 ADI 公司的 ADR421 基准电压源芯片,该芯片的特点之一是利用温度漂移曲线校正技术和 XFET 技术,可以使电压随温度变化的非线性度降至最小。XFET 架构能够为带隙基准电压源提供出色的精度和热滞性能。与嵌入式齐纳二极管基准电压源相比,还具有更低的功耗和更小的电源裕量。ADR421 具有出色的噪声性能、稳定性和精度,非常适合医疗设备和光纤网络等精密转换应用[7]。

根据 AD7606 的手册可知,其在正满量程范围内的温漂在外部基准电压的±2ppm/℃,内部基准电压的±7ppm/℃,负满量程范围内的温漂在外部基准电压的±4ppm/℃,内部基准电压的±8ppm/℃,而 ADR421 是 2ppm/℃,所以经过对比在精确度上还是选择外部基准电压。同时，AD7606 在全速工作时容易发热，这时候的 ppm 会更大，而 AD421 精确度较高，更加适合便携式风力发电机组传动链机械故障数据采集系统。如图 4-10 为+5V 转+2.5V 转换电路。

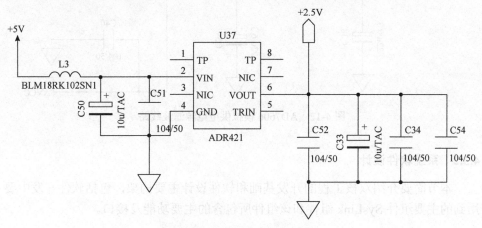

图 4-10　+5V 转+2.5V 电路图

本课题在 MAX291 滤波电路使用的是双电源供电，因此还需设计一个–5V 电源。在电源芯片的选择上本课题选用 YND5-24D05，该芯片输出电压精度高，在±1%，抗干扰能力强，温度系数±0.02%/℃，电路设计简单，适合便携式设备[8]。电路图如图 4-11 所示。

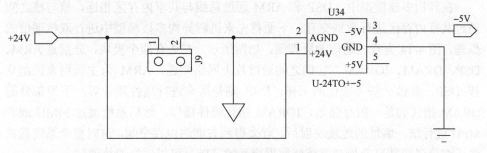

图 4-11　+24V 转–5V 电路

本系统还有一个特殊电源模块 AVCC7606，该模块是给 AD7606 提供滤波+5V 模拟供电电源，共有 4 个模拟电源引脚，引入模拟电源主要是对电源进行去噪滤波设计，该电源模块的作用是去除模拟电源中的噪声。另外，在靠近 AVCC 引脚处还需增加 100nF 的去耦电容。该滤波电路是由 BLM18RK102SN1 贴片电感和贴片电容组成的。该电源模块电路图如图 4-12 所示。

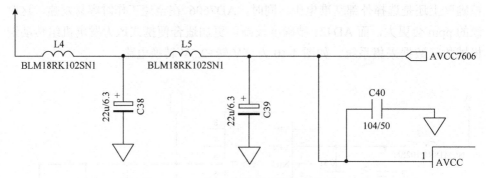

图 4-12　AD7606 模拟供电电源滤波线路

4.3.2　系统软件设计

本节简要介绍双核工程的开发基础和软件设计主要构架，包括软件开发中要用到的主要组件 SysLink 组件和该组件所包含的主要功能及接口。

1. 双核工程开发基础

在进行双核工程设计之前我们要先了解 OMAP-L138 DSP/ARM 异构双核处理器的工作特性，图 4-13 所示为 OMAP-L138 功能框图，可以将这个框图分为三个主要部分，第一部分是 ARM 和 DSP 处理器，第二部分是共享 RAM，第三部分是外设[9]。

在异构多核模型中，DSP 和 ARM 通过总线与共享内存区相连，核与核之间通过共享内存区进行数据交互。下面首先来讲解异构多核模型中进行双核通信的原理，图 4-14 为双核通信的原理图，如图所示，左边有四个模块，分别是 ARM、DSP、DRAM、IORAM，它们之间通过片上网络相连，ARM 为主核用来控制从核 DSP，并做一些一般化的工作，DSP 则是用来进行高性能计算，下半部分的 DRAM 指代的是一般存储器，IORAM 指代硬件接口，然后系统通过 MMU 或者 MPU 进行统一编址的地址映射后，就会得到右侧的内存空间，这时整个系统就具备了双核资源共享及处理器核间数据交互的基础，可以进行双核通信。

2. 双核工程 SysLink 组件

多核系统一般由通用处理器和数字信号处理器构成，也就是所谓的异构多核。对于异构多核而言，核结构的不同会导致多核间的通信和协作运行难度更大。为此，TI 公司提供了专门的 SysLink 组件来解决上述问题。下面将介绍 SysLink 架构、特性和相关的 API。

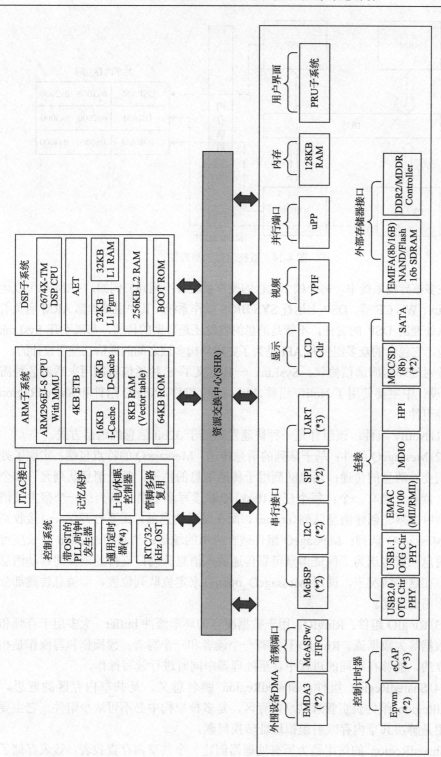

图 4-13 OMAP-L138功能框图

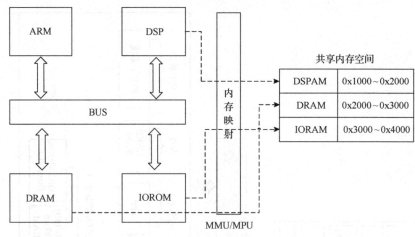

图 4-14　双核通信的原理图

　　在多核异构系统中，每个核上运行的操作系统各不相同，例如，ARM 上可以运行 Linux、Win CE 等，DSP 上运行 SYS/BIOS 操作系统，其中主处理器 ARM 肩负着控制从处理器 DSP 的责任，不管是消息的收发还是数据的传递，都离不开 SysLink 工具包，它包含的众多组件和 API 是为了完成异构多核之间的通信功能所设计的。

　　针对处理器间通信协议，SysLink 一共定义了 8 种通信机制用来适应各种需求，本设计中主要使用了 Notify 组件，MessageQ 组件，RingIO 组件和 SharedRegion 这四种组件。

　　（1）Notify 组件：该组件是一种快速发送低于 32bit 信息的通信方式。

　　（2）MessageQ 组件：基于队列的消息传递。MessageQ 的特点包括：实现了处理期间变长消息的传递；消息队列用于传递消息的传递；每个消息队列允许多个写者，读者只能有一个；每个任务（task）能够读写多个消息队列；一个宿主读消息队列时必须先创建消息队列（create），而在发送消息前，需要打开（open）接收消息的 MessageQ 队列；MessageQ 组件适合应用的场景：消息超过 32bit 且长度可变；消息频繁传送为了保证消息可靠传递放入消息队列；支持处理器间移动消息队列，在这种情况下，调用 MessageQ_open（）来定位队列位置，而消息传递部分代码不需要改动。

　　（3）RingIO 组件：RingIO：用于数据缓存的环形缓冲 buffer，大多用于音频和视频数据等大数据流。RingIO 只能有一个读者和一个写者；读操作和写操作是相对独立的，能够在不同的进程中甚至处理器中同时进行读写操作。

　　（4）SharedRegion 组件：SharedRegion 顾名思义，是共享内存区的意思。SharedRegion 组件负责管理共享内存区，是多核架构中必不可缺少组件，它主要的作用是解决共享内存映射虚拟地址转换问题。

　　SharedRegion 的作用是为所有处理器创建一个共享内存查找表，该表存储了处理器和共享内存区的设置信息。在运行时，查找表和共享内存区指针共同被用于地址的转换操作；SharedRegion 的个数是通过 ShareRegion.numEntries 静态配置，也可以在运行时动态配置增减共享内存入口数，配置完后需要更新所有共享内存查找表。为了提高运行效率，建议共享内存入口数不要过多，减少地址转换时间。

3. 双核程序总体运行流程

本节主要分析所涉及的双核工程软件总体设计，图 4-15 为双核工程软件总体设计框图，两个处理器分别为 ARM 和 DSP，本设计将 ARM 作为主处理器，DSP 为从处理器，在共享内存区划分出两个存储区域，一个是 64KB 的消息队列区，另一个是 9MB 的环形缓存区（RingBuffer）。这样消息和数据的传递互不干扰，通过 SysLink 组件 MessageQ 和 RingIO 分别来传递双核之间的消息和数据，本设计在进行数据传递组件时采用了单向传递，数据流只能从 DSP 端向 ARM 端发送。这样通过 SysLink 组件和共享内存区的设置，就可以完成本次设计双核工程所需的消息双向收发，数据单向传送。

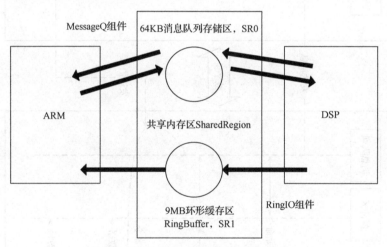

图 4-15　双核工程软件总体设计框图

本设计双核工程流程框图如图 4-16 所示。DSP 端程序第一个工作是启动消息循环（MessageLoop）线程，以上操作在 DSP 子目录下的 main_dsp.c 文件中完成。在 main_dsp.c 中 Task_create(message_loop_fun, &taskParams, &eb) 函数启动一个 Messageloop 线程，在 message_loop_fun() 函数中完成 Ipc 的初始化操作，然后实例化一个 messageloop 对象，接着调用 message_loop_start() 函数，这时这个线程才算完全启动并且在该线程下进入 wait_cmd 操作。在 message_loop_start() 函数中，程序会在 while 循环里不断地从 IpcMessageQ 组件里面读取消息进行处理，如果没有消息就会阻塞在这里，继续等待 ARM 端消息到来，只有当收到 stop 消息时退出。

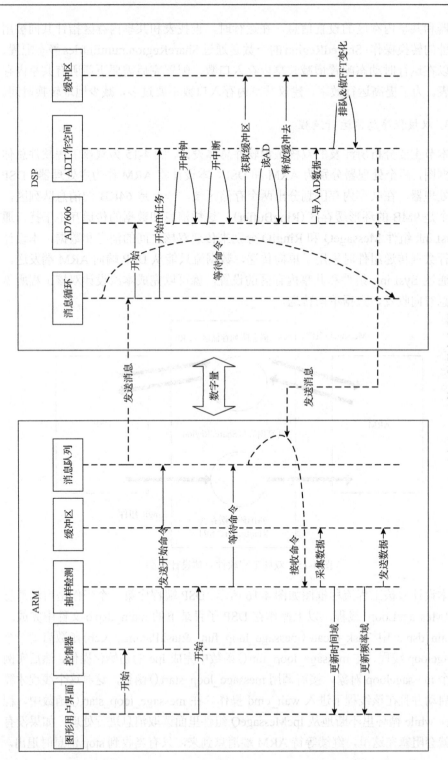

图 4-16　双核工程程序流程图

　　当 DSP 端进入等待状态时，ARM 端便可以向 DSP 端发送命令，接下来给出 ARM 端发送给 DSP 端命令的流程。首先是 GUI 线程的启动完成 ARM 端基本初始化工作，包括界面的显示，ARM 端各个模块的初始化如流程图所示，包括 controler、SampleReceiver、RingBuffer、MessageQueue 这几个模块。从 ARM 端子目录下的 main.cpp 开始，主函数在完成命令行的参数处理后就显示一个窗体，程序逻辑的实现都在这个窗体类中（MainWindow()）。窗体类头文件类定义中本课题设计了三个 public 方法，重载了 show（显示）方法，在 show 方法里会发送命令给 DSP。然后又定义了三个信号槽，分别是 update_time_domain()、update_fre_domain()、tab_changed()。其中 tab_changed() 信号槽是界面上的时域和频域标签页切换时的事件槽，负责进行时频域波形的切换。update_time_domain()、update_fre_domain() 是为了以线程安全的方式更新时域和频域的波形。介绍完窗体类的设计接下来介绍主窗体构造函数的设计。它首先完成了 SysLink、MessageQ、RingBuffer、SampleReceiver、Controler 子程序模块的初始化及显示界面的基本布局，然后再连接定义好的信号槽，下一步流程就是在窗体类 show 里调用 Controler 子程序的 start 函数和 SampleReceiver 子程序的 start 函数。在 Controler 子程序的 start 函数里面把采样率（rate）和 trigger 一起压入消息队列，消息队列会把消息送入 IPC MessageQ 组件，通过组件把消息放入共享内存区，这样 DSP 端就能从共享内存区里面获取消息队列，实现消息在双核之间的收发。

　　现在 ARM 端已经发送了 start 命令，DSP 端的 messageloop 程序接收到消息并开始消息处理函数，在处理函数中首先进行消息判断，判断为开始命令后开始调用 ipc_ring_buffer 子程序，ad7606 驱动子程序，ad_workshop 子程序进行初始化处理，并在 ad7606 驱动子程序中注册了数据处理函数，当定时器定时到所设置的 trigger 时间后会调用数据处理函数并启动 AD7606 开始数据采样。

　　AD 采样过程主要是在 ad7606 驱动子程序中完成，该子程序中 GPIO 引脚的配置。在 ad7606 驱动子程序中调用 ad7606_start() 函数时就会启动一个时钟函数 clock_start()，这个函数会不断产生转换信号触发中断，在中断处理函数里面进行 AD 数据转换，并且在采样到足够的数据后会调用回调函数 callback() 进行数据处理，回调函数注册的处理函数是调用 ad_workshop 子程序里的 ad_workshop_import() 函数，在 ad_workshop_import() 函数中判断系统当前是否需要对数据进行 FFT 运算处理，如果需要对数据进行 FFT 运算处理，就会把数据先放到一个队列里面去，FFT 线程就会不断地从这个队列里面取出数据进行处理，FFT 线程的启动是在 ad_workshop 子程序数据初始化的时候完成。当数据处理完后会向 ARM 端发送 MSG_CMD_FFT_DATA 消息，该消息的含义是频域数据已经处理好。如果当前系统不需要进行 FFT 运算处理，就直接向 ARM 端发送 MSG_CMD_RAW_DATA 消息。

　　在 ARM 端接收这两个消息的线程是 SampleReceiver，该线程在 GUI 启动对各个子程序模块初始化的时候便已经启动，线程启动后在 sample_receiver.cpp 子程序的 run() 函数中线程会阻塞在 MessageQ 的 pop() 函数里此函数内部调用 IPC MessageQ 的 get() 函数，其作用时不断读取消息队列，直到 ARM 端传来消息。在接收到消息后程序会根据消息的命令字段判断将要读取的是时域还是频域的数据。并且发射对应的信号，然后再窗函数中的信号槽中完成时域或者频域波形的更新。

　　到这里双核系统的程序流程已经大体完成了，从中可以得知本设计的双核工程需要在 ARM 端执行两个线程，一个是 GUI 线程用于接收用户操作以及进行 AD 时域和频域数据的显示。另一个线程负责从 DSP 端接收 AD 数据。为了完成这两个线程需要设计以下几个子程序模块，分别是 Controler、SampleReceiver、RingBuffer、MessageQueue，这些子程序模块分别用来完成 ARM 端的控制，从共享内存区获取采样数据，建立双核之间消息和数据通信协议。DSP 端需要执行三个线程，一个是用于等待接收 ARM 端的控制消息，一个用于驱动 AD7606 芯片，一个用于数据的 FFT 运算处理。为了完成这三个线程的工作，需要设计 MessageLoop、AD7606、Adworkshop、ringbuffer 这几个子程序模块，它们分别用来完成 DSP 端控制 AD7606 进行数据采集转换工作，对采集数据进行 FFT 运算处理，接收 ARM 端控制信号和共享内存数据写入操作。

4.4　基于便携式 CMS 的风电机组状态评价

　　当采集到风电机组状态数据后，需要基于便携式 CMS 的本地控制平台对数据进行进一步的分析，已初步判定风电机组运行的基本状态[10]。这里，基于便携式 CMS 的初步分析主要包括时域指标分析、频域频谱特征分析和振动趋势分析等。下面具体介绍一下这些分析指标[11]。

4.4.1　状态评价的时域指标介绍

　　1. 平均值

平均值描述信号的稳定分量，又称直流分量。

$$平均值 \ \overline{X} = \frac{1}{N}\sum_{i=1}^{N} x_i(t) \tag{4-4}$$

　　一般平均值用于使用涡流传感器的故障诊断系统中，把一个涡流传感器安装于轴瓦的底部(或顶部)，其初始安装间隙构成了初始信号平均值——初始直流电压分量,在风电机组运转过程中,由于轴心位置的变动,产生轴心位置的振动信号。这个振动信号的平均值即轴心位置平均值。经过一段时间后,轴心位置平均值与初始信号平均值的差值,说明了轴瓦的磨损量。

2. 均方值、有效值

均方值与有效值用于描述振动信号的能量。

$$均方值 X_{rms}^2 = \frac{1}{N} \sum_{i=1}^{N} x_i^2(t) \tag{4-5}$$

有效值 X_{rms} 又称方均根值,是机械故障诊断系统中用于判别运转状态是否正常的重要指标。因为有效值 X_{rms} 描述振动信号的能量,稳定性、重复性好,所以当这项指标超出正常值(故障判定限)较多时,可以肯定旋转机械存在故障隐患或故障。

若有效值 X_{rms} 的物理参数是速度(mm/s),就成为用于判定旋转机械状态等级的振动烈度指标。

3. 峰值、峰值指标

通常峰值 X_p 是指振动波形的单峰最大值。由于它是一个时不稳参数,不同的时刻变动很大。因此,在旋转机械故障诊断系统中采取如下方式以提高峰值指标的稳定性:在一个信号样本的总长中,找出绝对值最大的 10 个数,用这 10 个数的算术平均值作为峰值 X_p。

$$峰值指标 I_p = \frac{X_p}{X_{rms}} \tag{4-6}$$

峰值指标 I_p 和脉冲指标 C_f 都是用来检测信号中是否存在冲击的统计指标。

4. 脉冲指标

$$脉冲指标 C_f = \frac{X_p}{\bar{x}} \tag{4-7}$$

由于峰值 X_p 的稳定性不好,对冲击的敏感度也较差,因此在故障诊断系统中脉冲指标逐步应用减少,被峭度指标所取代。

5. 裕度指标

裕度指标 C_e 用于检测旋转机械设备的磨损情况。

$$\text{裕度指标 } C_e = \frac{X_{rms}}{\bar{x}} \tag{4-8}$$

在不存在摩擦碰撞的情况下，即歪度指标变化不大的条件下，以加速度为测量传感器的系统，其平均值反映了测量系统的温飘、时飘等参数变化。

若歪度指标变化不大，有效值 X_{rms} 与平均值的比值增大，说明由于磨损导致间隙增大，因而振动的能量指标——有效值 X_{rms} 比平均值增加快，其裕度指标 C_e 也增大了。

6. 歪度指标

歪度指标 C_w 反映振动信号的非对称性。

$$\text{歪度指标 } C_w = \frac{\frac{1}{N}\sum_{i=1}^{N}(\mid x_i \mid - \bar{x})^3}{X_{rms}^3} \tag{4-9}$$

除有急回特性的转动设备外，由于存在着某一方向的摩擦或碰撞，造成振动波形的不对称，使歪度指标 C_w 增大。

7. 峭度指标

峭度指标 C_q 反映振动信号中的冲击特征。

$$\text{峭度指标 } C_q = \frac{\frac{1}{N}\sum_{i=1}^{N}(\mid x_i \mid - \bar{x})^4}{X_{rms}^4} \tag{4-10}$$

峭度指标 C_q，对信号中的冲击特征很敏感，正常情况下其值应该在 3 左右，如果这个值接近 4 或超过 4，则说明旋转机械的运动状况中存在冲击性振动。一般情况下是间隙过大、滑动副表面存在破碎等原因。

以上的各种时域统计特征指标，在故障诊断中不能孤立地看，需要相互印证。同时，还要注意和历史数据进行比较，根据趋势曲线作出判别。

在风电机组运行中，往往有这样的情况，当发现风电机组的情况不好，某项或多项特征指标上升，但风电机组不能停产检修，只能让风电机组带病运行。当这些指标从峰值跌落时，往往预示某个零件已经损坏，若这些指标(含其他指标)再次上升，则预示大的风电机组故障将要发生。

4.4.2　状态评价的频域特征描述

4.4.1 节的时域统计特征指标只能反映旋转机械设备的总体运转状态是否正

常，因而在设备故障诊断系统中常用于故障监测、趋势预报。想要知道故障的部位及类型就需要做进一步的分析。在这方面频谱分析是一个重要的、常用的分析方法[12]。

1. 频域分析与时域信号的关系

风电机组等机械设备在运行中发出的振动信号来自多个振动源，有机械运动状态所产生的，也有工艺参数、流体介质、承载结构等因素产生的，这些信号在传输通道中叠加，被传感器转换成单一的电信号。要识别运动状态，就必须把相关信号从中分离出来，傅里叶变换提供了重要的数学依据。

图 4-17 描述了信号时域与频域的关系。信号由多个正弦波组成，频率比为 $1:3:5:7\cdots$，振幅比为 $1:\dfrac{1}{3}:\dfrac{1}{5}:\dfrac{1}{7}\cdots$，信号之间无相位差。在时间域观察这些信号——横坐标轴是时间 t，就如这些信号叠加起来，其合成结果投影到时域平面上，于是看到了方波信号。

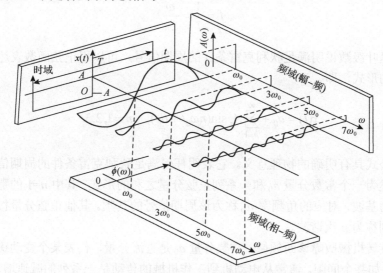

图 4-17　信号的时频关系

需要注意的是，如果在频率比、振幅比、相位差这三个方面有任何一个不满足以上条件，其叠加的波形便不是方波。即使所有信号都是周期信号，只有当各信号的频率比是整数，其叠加合成信号才表现出周期性特征，否则看不到周期特征。这就是明知设备的状态信号都是强迫周期信号，却很少在波形上看到周期性特征的原因。

傅里叶变换提供了从另一个角度观察信号的数学工具——把信号投影到横坐标轴是频率 f 的频域。在这个观察面上，可以看到信号由哪些正余弦波组成：图像以两部分组成即幅-频图、相-频图。幅-频图中，棒线在频率轴上的位置表示该信号分量的频，棒线的长度表示该信号分量的振幅。在相-频图中，棒线的长度表示该信号分量的初相位。这两个频域的图像在专业的领域称为频谱图。

在频谱图中，可以看到哪些是设备运行状态的振动成分（与基准频率——输入轴的旋转频率有固定的数学关系的频率成分），它们之中，谁对振动占主导作用，谁与过去相比有较大振幅值变化，等等，这些状态信息是设备诊断的基础。

2. 周期信号与非周期信号的频谱

最简单的周期信号是正弦信号。

$$x(t) = A\sin(\omega t + \theta) = A\sin(2\pi f t + \theta) \tag{4-11}$$

如果正弦信号的周期为 T，则周期 T 与频率 f、角频率 Q 之间的关系为

$$f = \frac{1}{T} = \frac{\omega}{2\pi} \tag{4-12}$$

傅里叶级数说明满足狄利克雷条件的周期信号，可以用正弦函数表达成傅里叶级数的形式，即

$$x(t) = a_0 + \sum_{n=1}^{\infty} A_n \sin(n\omega_0 t + \theta_n), \quad n = 1, 2, 3, \cdots \tag{4-13}$$

此公式具有明确的物理意义。它表明任何满足狄利克雷条件的周期信号，均可以表述为一个常数分量 a_0 和一系列正弦分量之和的形式。其中 $n=1$ 的那个正弦分量称为基波，对应的角频率 ω_0 称为该周期信号的基频。其他正弦分量按 n 的数值，分别称为 n 次谐波。

在旋转机械故障诊断领域，常数分量 a_0 是直流分量，代表某个变动缓慢的物理因素，如某个间隙。通常从电动机到工作机械的传动是一系列的减速增力过程，因此通常将电动机输入的转动频率称为基频。基频和它的 n 次谐波在旋转机械故障诊断领域都有明确的故障缺陷意义。

通常，周期信号的频谱具有下列特征：

(1)离散性即周期信号的频谱图中的谱线是离散的。

(2)谐波性即周期信号的谱线只发生在基频 ω_0 的整数倍角频率上。

(3)收敛性周期信号的高次谐波的幅值具有随谐波次数 n 增加而衰减的趋势。

非周期信号分为准周期信号和瞬变信号。准周期信号是由一系列正弦信号叠加组成的，但各正弦信号的频率比不是有理数，因而叠加结果的周期性不明显。

脉冲函数、阶跃函数、指数函数、矩形窗函数这些工程中常用的工具都是典型的瞬变信号。

3. 截断、泄露与窗函数

在故障诊断的信号分析中需要对信号采样，而真实的振动信号的时间历程是无限长的，采样就是对无限长的信号进行截取，也就是对 $x(t)$ 信号乘以窗函数 $\omega(t)$。当 $\omega(t)=0$ 时，乘积的结果 $y(t)=0$；当 $\omega(t)=1$ 时，乘积的结果 $y(t)=x(t)$。根据傅里叶变换的特性，在时域内，2 个信号的乘积，对应于这 2 个信号在频域的卷积。

$$x(t)\omega(t) \Rightarrow x(f) * w(f) \tag{4-14}$$

由于 $\omega(t)$ 在频谱中是连续无限的函数，它与 $x(t)$ 信号在频域的卷积，必然造成 $x(t)$ 信号的能量分散到 $\omega(t)$ 的谱线上，这就是所谓的谱泄漏。换句话说，就是频域卷积的结果，将使得在频谱图中出现不属于 $x(t)$ 信号的谱线，它们是 $\omega(t)$ 的谱线。这些 $\omega(t)$ 的谱线中以 $\omega(t)$ 的第一旁瓣影响最大。为了减少谱泄漏，工程上采用两种措施。

(1) 加大矩形窗的时间长度，即增大采样的样本点数。也就是使 $\omega(f)$ 的主瓣尽量地高而窄，能量最大限度地集中于主瓣，将旁瓣尽量压缩，同时主瓣愈窄愈好。

(2) 采用旁瓣较低的函数作为采样窗函数，如汉宁窗、海明窗等。这类窗函数与矩形窗的显著区别在于：矩形窗在开始与终止处是突变的，从 0 一下跳到 1。而这类窗函数是渐变的，按函数式从 0 缓慢地上升，直到中间点才上升到最大，然后再缓慢下降到终点 0。

除矩形窗函数之外的窗函数存在以下不足：

①初相位信息消失。所以采用它们的频谱分析软件没有相频谱图。

②谱图中的振幅相对实际信号该频率成分的振幅存在着失真。失真度的大小与所取的修正值相关。

4.4.3　状态的判定与趋势分析

1. 状态趋势分析在故障监测预警中的作用

设备诊断的实质就是设备运行状态识别[13]。在工业现场有两类设备诊断模式在应用。一类是在线故障监测诊断系统，它依靠复杂的测试分析系统对重要设备进行 24h 的连续监测分析。由于费用高，因此在流程工业(冶金、化工等)中用于一旦发生事故，其直接损失(主要是设备损坏的修复费用等、包括连锁反应造成的其他设备损坏)和间接损失(原料、燃料损失及停产损失)都很大的重大、关键设备的故障诊断。另一类是采用便携式仪器,对设备进行定期的巡检,记录所测定的参数,根据时间历程的数据进行故障判断、劣化趋势分析。这类模式称为点巡检制度,又称定人员、定时间、定测点参数、定测点部位、定测量仪器的五定作业制度。大型风电机组原则上需要应用在线故障监测与诊断,但对于老旧风电场我们可以采用便携式 CMS 进行定期的巡检。

这两类设备诊断模式都在使用过程中产生大量的具有时间序列特征的数据,是设备状态劣化趋势分析的基础。趋势分析属于预测技术,对于设备劣化趋势分析属于设备趋势管理的内容,也是状态预知维修方式与其他维修方式相比具有显著而独特的方面,其目标是从过去和现在的已知情况出发,利用一定技术手段,去分析设备的正常、异常和故障三种状态,推测故障的发展过程,有利维修决策和过程控制。

设备劣化趋势分析的作用有:

(1)检查设备状态是否处于控制范围以内。

(2)观测设备状态的变化趋向或现实状况。

(3)预测设备状态发展到危险水平的时间。

(4)早期发现设备异常,及时采取对策。

(5)及时找出有问题的设备。

设备劣化趋势分析的数据类型可以是状态信号分析中的各项时域指标,也可以是频谱分析中的某一特征频率的振幅,或者是执行点巡检制度所获得的记录数据。

2. 趋势分析应用方法

即便是趋势管理图中的总体测量值都位于注意范围之内,也必须经常注意有无任何特殊的趋势[14]。因为设备如在正常状态下,其测点值是中间多两端少,在标准线 $\bar{x}$ 的上下均等,并且是随机分布。因此,在采用了理论性的统计方法之后,对数据的不规则性的检查很有必要,在现场如能对以下五项内容进行检验,将会取得好的效果。

(1)测点值的连接链是否够长。

(2)测点值是否偏向标准值($\bar{x}$)的一侧。

(3)测点值是否多分布于注意线($\pm\bar{x}$)的近旁。

(4)测点值是否具有一定的倾向性。

(5)测点值是否具有一定的周期性。

链是由连续出现在标准值的某一侧的测点值所构成的。链的长度为连续出现在标准值一侧测点值的个数。

丰田利夫的报告中曾指出[15]：

(1)当测定值跑出上下管理线外时，此时因为已经有了设备存在异常的证据，所以可以很好地判定异常。

(2)当测定值处在上下管理线内时，此时可以说并无设备处于异常的证据，但也未必能保证设备是绝对正常的。因而有必要探索在数据上还有无特殊缺陷或倾向。这也正是每个设备管理人员可以表现他的技能之处。

(3)当利用"链"进行判断时可以有以下几种情况：

①测点值是否在标准值中心线的一侧连续出现，其判定式是：

当测点值的链在 5 点以上时，需要注意；

当测点值的链在 7 点以上视为异常。

②测点值是否在偏向标准值中心线的一侧有数值偏多现象，其判定式是：

在连续的 11 点中有 10 点以上偏向标准值中心线的一侧时，视为异常；

在连续的 20 点中有 16 点以上偏向标准值中心线的一侧时，视为异常。

③测点值的链是否表示出时而上升，时而下降的倾向，其判定式是：

在连续的 5 个点以上升降时，需要注意；

在连续的 7 个点以上升降时，视为异常。

④测点值的链是否具有周期性变化，其判定式是需要注意周期长度和振幅变化。

4.5　便携式 CMS 的应用案例

接下来介绍几组基于便携式 CMS 的应用案例,包括几种非常典型的风机故障以及案例分析，通过这些案例可以体现出便携式 CMS 的有效性。

4.5.1　发电机轴承故障

1.5MW 风电机组采用便携式 CMS，经过一段时间的监测发现发电机振动呈上升趋势，经分析确认发电机轴承内圈损伤并持续跟踪。

采取的措施：联系风场提前准备好故障部件的备件，并结合机组状态给业主提出维修建议和更换时间，通过密切的跟踪观察，最终在轴承故障后期的时候停机更换，仅用时 4h，大大降低停机时间，提高机组可利用率。

图 4-18 为齿轮箱高速轴垂直径向阶次谱。从阶次谱图中可以看出，在 2000Hz 以下存在发电机轴承内圈故障频率及其倍频成分，且故障频率周边存在发电机转子频率边频带。更换后轴承损伤照片如图 4-19 所示。

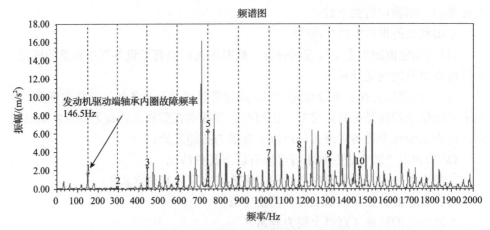

图 4-18　发电机驱动端垂直径向阶次谱

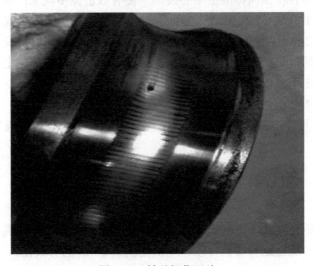

图 4-19　轴承损伤照片

4.5.2　齿轮箱齿轮损伤

1.5MW 机组采用便携式 CMS，通过一段时间监测，分析发现机组齿轮箱存在不同程度的损伤异常。

采取措施：结合机组运行状态，给业主提出维修建议，并长期采取密切跟踪观察，当故障等级升为危险等级时，派人到达现场，通过齿轮箱观察孔发现，机组齿轮箱存在损伤，建议进行更换，风场人员决定择期对其进行更换，选择小风季更换及预知性维修，可有效节约成本，提高发电量。

图 4-20 为齿轮箱二级内齿圈垂直径向时域图。从图中可以看出，时域波形（180～250Hz）出现了周期性冲击，对应齿轮箱二级平行大齿轮转频。

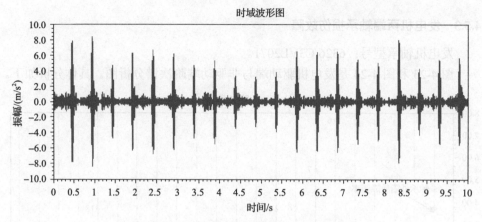

图 4-20　齿轮箱二级内齿圈垂直径向时域图

图 4-21 为齿轮箱二级内齿圈垂直径向频谱图。通过频谱分析，发现调制齿轮箱二级平行轴大齿轮轴转频频带，通过检查发现，二级平行轴大齿轮齿面存在大面积剥落异常，齿面损伤如图 4-22 所示。

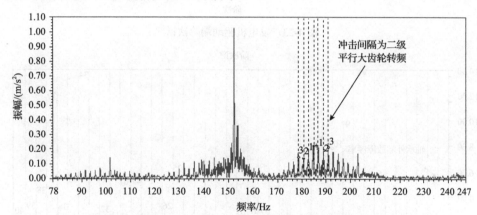

图 4-21　齿轮箱二级内齿圈垂直径向频谱图

图 4-22　二级平行轴大齿轮齿面损伤照片

4.5.3　发电机两端轴承损伤故障

发电机轴承型号：6326/C3VL2071。

图 4-23 和图 4-24 是发电机驱动端与非驱动端阶次谱分析图。具体分析如下。

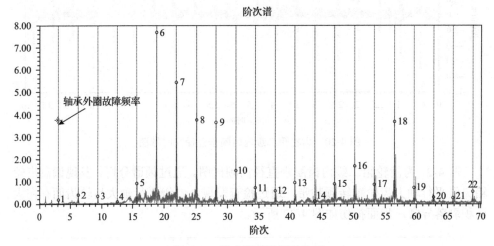

图 4-23　发电机驱动端阶次谱

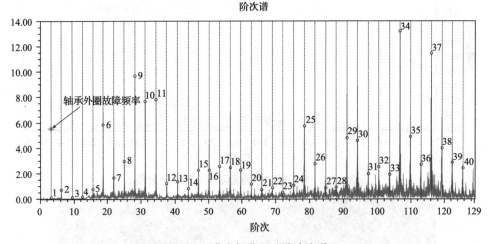

图 4-24　发电机非驱动端阶次谱

频谱分析：发电机驱动端、非驱动端振动幅值高，阶次谱中出现轴承外圈故障频率。

诊断结论：发电机驱动端、非驱动端轴承存在中后期损伤。

处理建议：建议检查确认发电机驱动端轴承损伤情况，及时更换，日常加强发电机两端轴承润滑，关注发电机温度、噪声变化。

现场检查处理：风电场维护人员现场进行故障确认，发电机两端轴承噪声较大，轴承温度较高，随后合理安排维修计划，进行了发电机轴承更换，设备恢复正常运行。避免了因轴承故障处理不及时导致发电机整体损伤更换，降低了维护成本，缩短了维修时间，提高机组可利用率，充分保障机组健康运行。

根据诊断结果风场维护人员更换了发电机轴承。之后，我们绘制了发电机两端振动有效值趋势图，图 4-25 和图 4-26 分别为发电机驱动端和非驱动端的振动有效值趋势图。如图 4-25 和图 4-26 所示，更换发电机轴承后振动趋势明显下降。更换前振动值在红色报警线以上波动，更换后振动值恢复正常水平。图 4-27 和图 4-28 为更换下的发电机轴承内圈和轴承外圈实物图。

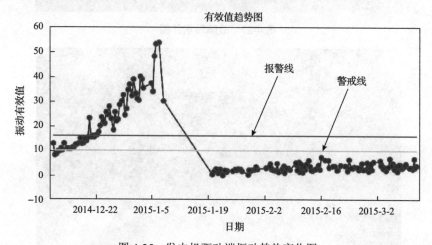

图 4-25　发电机驱动端振动趋势变化图

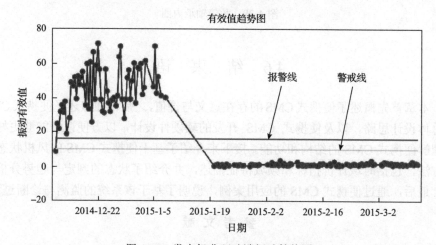

图 4-26　发电机非驱动端振动趋势图

图 4-27　故障轴承外圈

图 4-28　故障轴承内圈

4.6　结　束　语

　　本章首先概述了便携式 CMS 的存在意义与价值,之后详细叙述了便携式 CMS 的总体设计思路, 以及便携式 CMS 开发的软硬件设计, 以方便读者能够更好地了理解便携式 CMS 的结构和功能。接下来介绍了基于便携式 CMS 的风机状态评价方法, 包括时域评价指标和频域特征描述, 并介绍了状态的判定与趋势分析方法。最后, 通过便携式 CMS 的应用案例, 说明了基于该系统的监测与诊断过程。

参 考 文 献

[1] 万柳, 郭玉东. 嵌入式 RTOS 中就绪任务查找算法和优先级反转的解决方案[J]. 计算机应用,
　　2003, 23(6): 49-51.

[2] 王翠珍, 唐金元. 可调直流稳压电源电路的设计[J]. 中国测试技术, 2006, 32(5): 113-115.

[3] 符瑜慧, 李雪松, 杨红, 等. 振动试验中加速度传感器的选择[J]. 环境技术, 2009, 27(3): 44-46.

[4] 张焱, 任勇峰, 姚宗. 抗混叠滤波设计在数据采集系统中的应用[J]. 计算机测量与控制, 2015, 23(1): 243-246.

[5] 冯乙引. 开关电容滤波器 MAX291/292/295/296 的特性与应用[J]. 集成电路应用, 1996, 13(5): 18-20.

[6] Analog Devices. AD7606/AD7606-6/AD7606-4, 8-/6-/4-Channel DAS with 16-Bit, Bipolar Input, Simultaneous Sampling ADC[Z]. 2010.

[7] Analog Devices. ADR421 Manual Datasheet[Z]. 2013.

[8] YIHONGTAI. YND5-24D05 Datasheet[Z]. 2012.

[9] Texas Instruments. OMAP-L138 Technical Reference Manual[Z]. 2012.

[10] 武丽君, 刘衍选, 蔡晓峰. 风力发电机组在线振动监测系统的应用研究[J]. 科技和产业, 2014, 14(7): 150-152.

[11] 张键. 机械故障诊断技术[M]. 北京: 机械工业出版社, 2008.

[12] 田锐. 轴承振动信号的去趋势分析和故障特征提取方法研究[J]. 机械设计与制造, 2018, 28(12): 100-104.

[13] 朱繁泷. 基于振动信号的旋转机械运行状态趋势分析与故障诊断[D]. 赣州: 江西理工大学, 2014.

[14] 张磊. 滚动轴承的振动检测及故障诊断系统研制[D]. 沈阳: 沈阳理工大学, 2018.

[15] 黄昭毅. 在宝钢诊断技术研讨会上丰田利夫报告要点[J]. 设备管理与维修, 2002, (1): 48-49.

第5章　风电机组可预测性维护的经济效益评价

5.1　CMS 经济效益评价的重要意义

可预测性维护系统(CMS)的经济效益评价对于风力发电业主的决策有很重要的意义，根据实际的经济效益，具体安装 CMS 的选择很大程度影响风机机组运行及故障的监测与维护，直接影响风电企业的经济效益[1]。为此，本书将从三个方面重点阐述可预测性维护对风电机组的重要意义：首先，深入分析国内对 CMS 应用经济性存在的主要疑虑；其次，以国外安联保险公司为例，介绍了其对 CMS 安装方案的建议；最后，引出评价 CMS 经济效益的难点。

5.1.1　对 CMS 应用的经济性国内普遍存在的疑虑

由于不确定的因素太多，特别是 CMS 有效性和能带来多大经济效益的问题，都使得是否全面应用 CMS 仍然是一个艰难的抉择。此外，针对已有风机的运维，在何时使用 CMS，选用何种 CMS 等问题上也存在诸多质疑。对于风力发电业主来说这些问题尤其突出，因为诸如相对较长的后勤运输保障时间以及多变的天气条件都会对经济收益产生极大影响，使得 CMS 的效益很难直观体现出来。例如，在欧洲大多数容量在 2MW 以上的风机都会装有状态监控系统，相反在美国，在对待风机是否装配 CMS 上却很犹豫。在国内，相比于风电装机容量的飞速发展，风电系统的状态监测与自动运维技术则存在较严重的滞后。目前，国内多数风机日常运维采用外包形式，实现风机的日常巡检和故障检修；一方面该方式简单易行，初期成本投入相对较小；而另一方面由于外包公司对于风机传动链故障多采用人工的方式实现巡检，因此监测结果滞后性大，易受主观因素影响，综合效率低[2]。

目前，一个不争的事实已摆在我们面前——随着风电机组容量日趋增大趋势上已表明：

(1)更高的风机设备资产投入；

(2)更高的停机损失；

(3)更高的故障率。

并且，随着更多风机装置在近海岸以及陆地上偏远地区(特别是我国西北地区风机多处于偏远地区)的趋势将导致：

(1)更高的监控设备投入；

(2)更长的访问时间。

所有这些因素都增加了基于状态性能的维修成本。然而，对于电机组的项目开发商和运营商，在选择是否在每台风机设备上标配 CMS 和选择哪家 CMS 设备的方案上，仍是一个复杂和具有挑战性的任务。

5.1.2　德国安联保险公司给出的选择和建议

如表 5-1 所示，是德国安联保险公司给出的关于兆瓦级风电机组和近海岸风电机组在 CMS 方面应用不同传感器方案对比，从表中可以清晰的看出，风机不同部位上安联保险公司都给出推荐的选择方案和建议。由此我们也可从侧面了解到，保险公司经过慎重的考虑给出了安装 CMS 的选择方案，是针对风机大额保险的风险评估结果得出的，从而也间接证明了风机选择 CMS 的必要性。

表 5-1　总结来自德国安联保险公司推荐的选择

部件		AZT 投保需求	CMS 的延展范围						
		振动	振动	位移	应变/倾斜	油粒计数	油液质量	温度	电气参数
桨叶	\	通过传动链低频端振动监测间接监测	推荐	可用	可用	\	\	\	\
变桨轴承	\	\	\	可用	\	\	\	\	\
主轴承	\	强制	\	推荐	\	如使用润滑油推荐	如使用润滑油可用	推荐	\
含有齿轮和轴承的齿轮箱	低速	强制	\	可用	\	推荐	可用	对轴承推荐	\
	中速	强制	\	-	\				\
	高速	强制	\	-	\				\
发电机轴承	高速	强制	\	\	\	\	\	\	\
	直驱	强制	\	空气间隙监测推荐	\	\	\	推荐	\
发电机绕组	高速	\	\	\	\	\	\	分散的温度测点可用	推荐
	直驱	\	\	\	\	\	\	分散的温度测点推荐	推荐
塔筒和塔基		通过传动链低频端振动监测间接监测	推荐	可用	可用	\	\	\	\
电驱动	变桨	\	\	\	\	\	\	\	可用
	偏航	\	\	\	\	\	\	\	可用

5.1.3　CMS 经济效益评价的难点

当综合所有因素，最终决定要在风力发电机组上安装 CMS 时，接下来一个更为关键的问题是：针对一个特定的风场和不同级别的风机以及对风机安全性的程度选择，安装哪种 CMS 可获得效益最大化，也即问题转化为"如何评价 CMS 的经济效益"。更直白一点的说，就是该系统和服务的成本效益在风机寿命中是否超过 CMS 安装和实时监测服务的费用。因为，风电机组采用 CMS 需要投入一定的资金，而风电运营商(业主)会将该项投入的费用和由此而节省的运维费用相比较，最终判断是否 CMS 本身的费用只占总费用的很小一块[3-4]。

　　为了更透彻地说明这个问题，下面我们以风电权威机构 Fraunhofer IWES 提供 CMS 投入成本与节省费用一般性的比例关系为例进行解释。如图 5-1 所示，为 Fraunhofer IWES 提供的 CMS 总投入相比于节省的运行维护费用比例关系图。从图中我们也可以清晰地看出，随着风电运行时间的增加，CMS 投入费用(含服务费用)所占的百分比会逐步降低，具有显著地投资回报率。

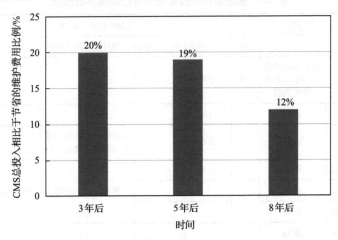

图 5-1　CMS 总投入相比于节省的维护费用比例关系图

　　然而，得出以上结论的前提条件是：状态维护的有效性是假设零部件状态可以被 CMS 完美监测与识别。事实上，如果从整个系统角度而不是某个部件的个体来看，忽略状态监测系统自身性能因素导致的误判、错判，认为 CMS 完美监测是不可能成立的。CMS 可以预测系统中不同零部件的某些固定故障模式，但是无法预测所有的潜在故障模式；此外，较多的(也可能是大量的，这取决于 CMS 及监控公司的分析与诊断水平)误报警也总是不可避免存在的。因此，在量化附加价值以及定义维护策略时，将 CMS 的有效性或实际性能纳入考虑范围是非常有必要的。

　　通过以上分析，我们可以大体看出，配备 CMS 的风电机组的确可以给我们带来一定的经济效益。然而，具体能带来多少经济价值，以及如何选择 CMS、何时安装 CMS 可以带来效益最大化等问题，一直是萦绕在决策者们脑海中最为头疼的问题。为此，本书对 CMS 的经济效益进行了深入的研究，接下来，将从定性和定量两个角度来客观的回答这个问题，为决策者们梳理思路，提供最有价值的参考。

5.2　CMS 经济效益的定性评价方法研究

为了直观地反映出安装 CMS 产生的经济效益问题，本节我们将从定性角度给出分析和结论。

首先，通过一个欧洲风机的实例来直观反映安装 CMS 后给公司具体带来了什么经济效益（该实例来源于风电权威机构 Fraunhofer IWES）。该案例是针对一个 2MW 风机齿轮箱的高速输出轴的轴承内齿圈有故障的案例。假设在风机上安装 CMS 的情况下，当风机的齿轮箱中轴承出现故障时，可以及时的发现故障，并且根据故障的程度，及时的做出相应的安排以及维修策略的部署，从而不会导致齿轮箱的损坏；相反的，当在风机上没有安装 CMS 的情况下，无法发现齿轮箱上轴承的早期故障，最终由于轴承损坏严重引起齿轮箱整体报废，不得不更换齿轮箱[5]。计算中用到的所有输入数据都总结在图 5-2 中。

从图 5-2 中可以看出，在风电机组没有状态监控系统时，一旦齿轮箱的轴承发生故障，则会相应地导致整个齿轮箱损坏（将会损失 160000 欧元），而如果风机传动链中安装了故障监测系统，则可以及时发现轴承故障，只需要更换一个轴承就行（只需花费 6500 欧元）。从上面结果可以看出，每次发生这样的故障，我们都可潜在的节省 153500 欧元。另外，维修费用的增加，和考虑故障停机带来的收入损失，一般情况，我们认为更换一个齿轮箱需要 150h，而对比更换一个齿轮箱高速轴的轴承来说大约只需要 30h。因为风机 25% 的利用率和上网电价 0.0893 欧元/kW·h，这些折算成损失可得出：在没有安装状态监控系统时为 6700 欧元，在装有监控系统时为 1300 欧元。因此，这样间接地又可以节省 5400 欧元。再将维修费用和收入的损失考虑进来，对于在传动链上装有 CMS 的风机来说，每次故障潜在的节省了 158900 欧元。这个花费远远地超过了假设一台风机 CMS 设备需要花费 14500 欧元的价格（其中包括 8000 欧元设备投资和 6500 欧元的五年监控服务费）。以上只是直观的分析，实际经济效益中还要加入保险公司出的钱，以及购买 CMS 的费用等，这样计算出来的结果更加接近实际情况，图 5-2 的下半部分综合实际情况，加入保险公司赔偿费用以及 CMS 所带来的费用综合分析，最终从图中分析可以得到，安装 CMS 时风机齿轮箱在轴承出现故障时候可以节省约 71150 欧元（所有案例数据来源于 Fraunhofer IWES，并不代表当前的国内价格水平）。

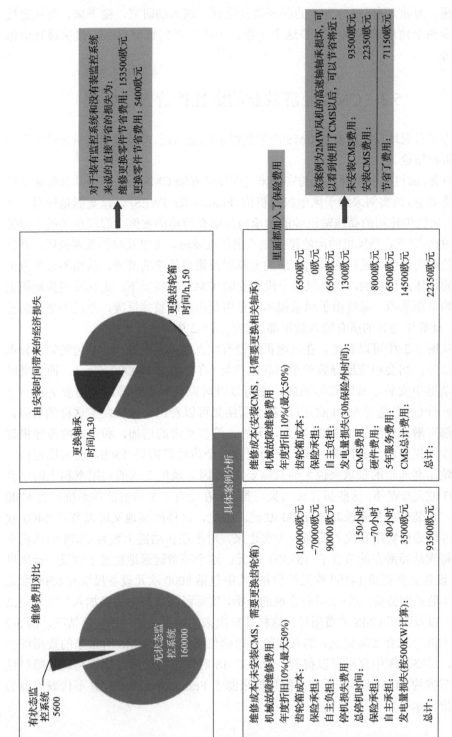

图 5-2　故障案例中的CMS经济效益分析与统计结果

通过上面案例的分析,可以直观的看出在风电机组上安装 CMS 能够给公司带来直接的经济效益。实际上,风电机组安装 CMS 后带来的不仅仅只是上面分析的简单效益,还可以基于 CMS 判断出风机传动链上各部分部件的健康状态,衍生出更多的经济效益。例如,对风电系统运维周期进行调控和有针对性设置优先级,将能够以最优的成本对维护时间、人员和备品备件做出计划,便于统筹安排多台风机的部件更换,以降低总体吊车使用费用和准备时间,降低风电机组生命周期成本,增加风电机组发电收益,这对于降低风电运维成本都具有重要的意义和价值。为了进一步体现引入 CMS 后对公司产生的经济效益以及对于生产给出的指导性意见,下面将从以下几个方面对其进行深入剖析:

(1)运行维护;

(2)缺陷管理;

(3)备品备件管理;

(4)大修技改项目申报。

5.2.1　CMS 在"运行维护"方面体现的经济效益

风力发电机组是集电气、机械、空气动力学等各学科于一体的综合产品,各部分紧密联系,息息相关。风电机组维护的好坏直接影响到发电量的多少和经济效益的高低。风力机本身性能的好坏,也要通过维护检修来保持,维护工作可以及时有效的发现故障隐患,采取相应的措施来减少故障的发生,提高风电机组运行效率。当前,风机维护一般可分为定期检修和日常排故维护两种方式。其中,日常排故维护是对风机重要部件进行排故检查,例如,有无连接螺栓松动,控制柜内有无烟味,电缆线有无位移,夹板是否松动,扭缆传感器拉环是否磨损破裂,偏航齿的润滑是否干枯变质,偏航齿轮箱、液压油及齿轮箱油位是否正常,液压站的表计压力是否正常,转动部件与旋转部件之间有无磨损,各油管接头有无渗漏,齿轮油及液压油的滤清器的指示是否在正常位置等。这些工作需要风场人员每天都要进行细致的检查,耗费大量的人力资源,而且需要每天攀爬风机机舱,加大了人员的危险系数,一旦出现事故给公司带来更大损失。定期的维护保养可以让设备保持最佳期的状态,并延长风机的使用寿命,定期检修维护工作的主要内容有:风机联接件之间的螺栓力矩检查,各传动部件之间的润滑和各项功能测试。其中,定期维护的功能测试主要有过速测试,紧急停机测试,液压系统各元件定值测试,振动开关测试,扭缆开关测试。还可以对控制器的极限定值进行一些常规测试,定期检修维护许多时候还需要对风机停机进行检测,对于状态良好的风电机组来说定期的检测功能以及拆机检测是一种不必要的行为,拆机检测不仅可能会使风电机组的可靠运行降低,停机也使得风场收益下降,并且,对于风机传动链内部出现早期故障也不一定能检测出来,当再次进行定期检测前可能早期故障已经发展严重并对风机其他部件造成损伤。例如：齿轮箱的轴承故障，如果不能及时检测出来可能会造成风机齿轮箱的整体报废。从前述分析中可以看出单单的更换一个轴承只需要很少一部分资金，而更换齿轮箱则花费的代价是其 20 倍以上的价格，有时可能会更多。另外，天气变化无常，时时刻刻都在变化，风速的突然变化对风机各部件的运行状态也会产生很大影响，有时要求必须立刻停机，这就要求我们实时掌握风机各部件运行状态，而以上两种方案恰恰都不能满足。

综上所述，日常维护和定期检修对风机来说不仅在人力资配置上花费很大、不需要的拆机可能给风机造成更多的不利——可靠性差、不能实时监控等。对于现代竞争激烈的情况来说，对风电机组稳定、高效和安全的生产提出了更高的要求。因此，我们必须找到一种高效的、可靠的、经济的维护方式，对风力发电机组的各部件运行状态达到实时的可靠掌握，而且尽可能不需要人员参与。幸运的是，随着科学技术的迅速发展，传感器技术、信号提取技术、信号传输技术等等都得到了空前的提高，这使得对风电机组进行实时可靠监控成为可能。因此，风电机组 CMS 得以出现，并在发达的欧美国家得到了应用。从上面的定性分析的第一个例子中可以看出，安装 CMS 的确可以对风电企业带来更好的经济效益，下面从运行维护的角度给出例证，展现出 CMS 还可以对风电机组的运维提供指导，使得公司通过 CMS 实时反馈回来的信息，对风机的运行维护做出合理安排，从而更为高效合理的安排风场维护人员，并对出现早期故障的风机进行重点监控和维护等。

1. 案例 1-陆上风电机组运维案例

同一风场，同一类型两台 Vestas 2MW 风机，风机 A（未安装 CMS），风机 B（已安装了 CMS）；损坏类型：同为发电机轴承损坏；计算电价：0.6 元/kW·h；对比结果如表 5-2 所示。

表 5-2　安装 CMS 对运行维护产生收益（损失）费用对比

	风电机组 A	风电机组 B
损坏发现日期	2008 年 6 月 2 日	2010 年 12 月 8 日
损坏排除（更换）起始日期	2008 年 6 月 5 日	2011 年 3 月 24 日
因突发故障紧急停机时间	72 小时	0 小时
因紧急停机产生的发电损失	13,860¥（23.1MWh）	0¥（0MWh）
确认故障所需时间	3 小时	0.5 小时（故障已定位）
维修方式	被动更换单端轴承	主动更换双端轴承
维修时间	25 小时，无法选择时段	46 小时，选择风弱时段
维修产生的发电损失	4.800¥（8.0MWh）	3.060¥（5.1MWh）
总停机时间	97 小时	46 小时
总收益损失	（32.1MWh）19.260¥	（5.5MWh）3.300¥（18%）

由表 5-2 可知，安装 CMS 的风机通过调整"运行维护"策略后所产生的维修费用仅占没有安装 CMS 风电机组"运行维护"费用的 18%，有效的降低了运维成本。由此可见，安装 CMS 后，可以提前获知发生轴承故障，提前主动采取相应运维措施，从而降低损失，并对风机的下一步运行维护做出合理安排。这里需要特别强调的一点是 CMS 的有效性是至关重要的，它是实现维修成本降低的基础与保证。

2. 案例 2-海上风电机组运维案例

南澳某风电场位于广东省汕头市南澳岛，地处台湾海峡西南端，风力资源十分丰富[6-7]。本次案例机组型号为 NEG Micon NM750/44，风机是上风向失速调节风机，带有主动偏航。NM750/44 为定速定桨风机，功率调节方式为失速调节，切入风速 4m/s，额定风速 16m/s，切出风速 25m/s；风轮直径 44m，风轮额定转速 18r/min；齿轮箱为 Winergy 生产，型号 PEAC4300.5，采用一级行星两级平行轴结构，传动比为 1:56.321；发电机采用 ELIN 发电机，为感应式三相异步发电机。齿轮箱与发电机通过复合联轴器连接。本次案例分析来自该风场 NTL05 号风电机组的 CMS 数据，相关参数如表 5-3 所示。

表 5-3　相关参数

参数环境 Parameter Settings				
通道	分析频率/Hz	数据长度	传感器型号	灵敏度/(mV/g)
8 通道同步采集	5000	8192	PCB_608A11 CTC_AC135-1A	100 500

1) 风机振动峰值数据分析

如图 5-3 所示为 NTL05 号风机振动峰值曲线，这里峰值是指振动波峰到基准位置之间的距离。峰值表征了设备是否具有振动冲击。由图中可知，该机组传动链中齿轮箱输入轴和电机后轴承的振动峰值相对较大，且机组并网运转过程中由于风速及风向波动，各测点振动峰值随之波动，需继续做进一步分析。

2) 风机振动有效值数据分析

有效值是指振动量的均方根(RMS)值。由图 5-4 所示，该机组传动链中齿轮箱输入轴和电机后轴承振动有效值极为剧烈，超过了 VDI3834 标准中的振动报警线，其余测点的振动有效值波动不明显，均在正常运行指标范围内，需继续做进一步分析。

3) 振动数据时频分析

a. 测点 1-主轴前轴承径向

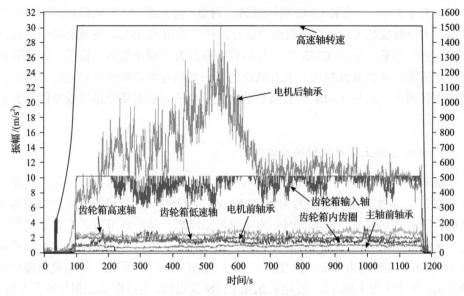

图 5-3　风机振动峰值曲线

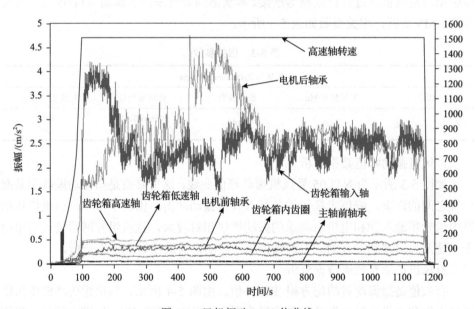

图 5-4　风机振动 RMS 值曲线

图 5-5 为测点 1(主轴前轴承径向测点)在转速 1502.52r/min 时对应的振动加速度的时域波形和频谱。时域波形出现了明显的周期性冲击分量,频域中能量主要集中在 880Hz 附近,继续对该信号做速度频谱和包络谱分析,如图 5-6 所示。

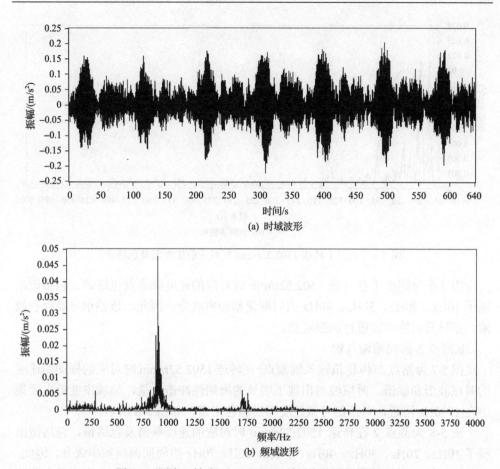

图 5-5　测点 1 转速 1502.52r/min 时对应的时频域信号

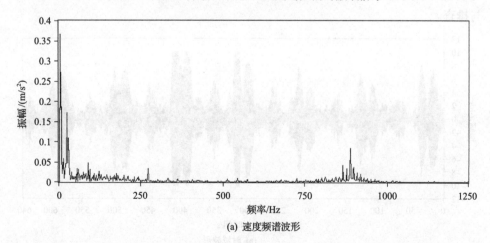

(a) 速度频谱波形

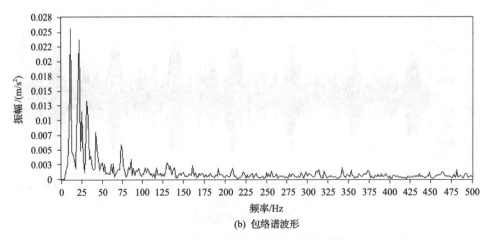

(b) 包络谱波形

图 5-6　测点 1 转速 1502.52r/min 时对应的速度谱及包络谱

图 5-6 为测点 1 在转速 1502.52r/min 时对应的速度频谱及包络谱。包络谱出现了 10Hz、20Hz、30Hz、40Hz 的周期调制频率成分。因此，该轴承可能存在故障，在日常运维中需进行加强观测。

b.测点 2-齿轮箱输入轴

图 5-7 为测点 2(齿轮箱输入轴测点)在转速 1502.52r/min 时对应的振动加速度的时域波形和频谱。时域波形出现了明显的周期性冲击分量，频域中能量主要集中在 1740Hz 附近，对该信号做速度频谱和包络谱，如图 5-8 所示。

图 5-8 为测点 2 在转速 1502.52r/min 时对应的速度频谱及包络谱。包络谱出现了 10Hz、20Hz、30Hz、40Hz、50Hz、60H、70Hz 的周期调制频率成分。因此，与该输入轴关联的轴承部件可能存在严重的故障，在运维过程中应进行重点监测与排查。

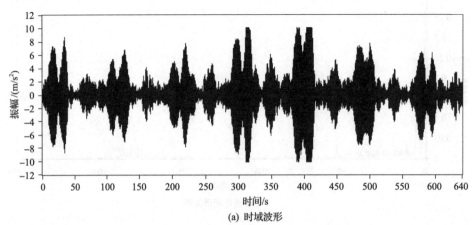

(a) 时域波形

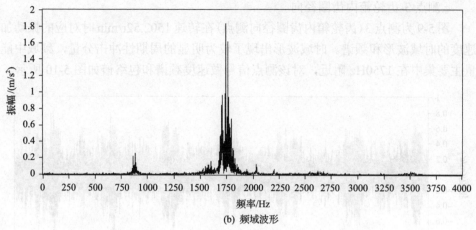

(b) 频域波形

图 5-7　测点 2 转速 1502.52r/min 时对应的时频域信号

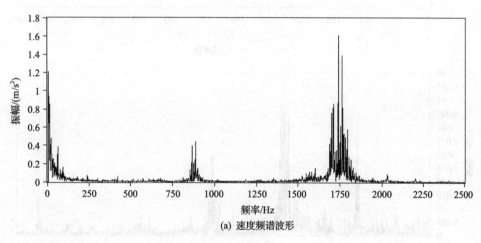

(a) 速度频谱波形

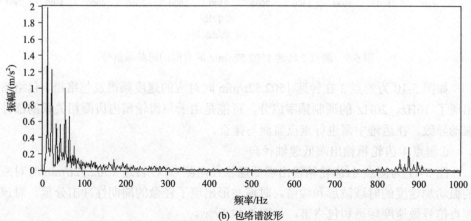

(b) 包络谱波形

图 5-8　测点 2 转速 1502.52r/min 时对应的速度谱及包络谱

c.测点 3-齿轮箱内齿圈径向

图 5-9 为测点 3（齿轮箱内齿圈径向测点）在转速 1502.52r/min 时对应的振动加速度的时域波形和频谱。时域波形出现了较为明显的周期性冲击分量，频域中能量主要集中在 1750Hz 附近，对该测点信号做速度频谱和包络谱如图 5-10 所示。

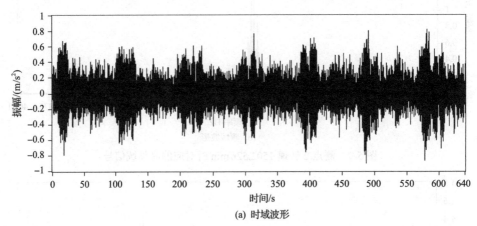

(a) 时域波形

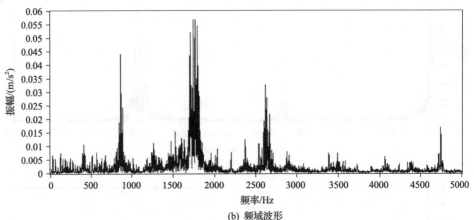

(b) 频域波形

图 5-9　测点 3 转速 1502.52r/min 时对应的时频域信号

如图 5-10 为测点 3 在转速 1502.52r/min 时对应的速度频谱及包络谱。包络谱出现了 10Hz、20Hz 的调制频率成分，可能是由于与齿轮箱内齿圈相关联的部件振动导致，在运维中需进行重点监测与排查。

d.测点 4-齿轮箱输出端低速轴径向

图 5-11 为测点 4（齿轮箱输出端低速轴径向测点）在转速 1502.52r/min 时对应的振动加速度的时域波形和频谱。时域波形出现了轻微的周期性冲击分量，对该测点信号做速度频谱和包络谱，如图 5-12 所示。

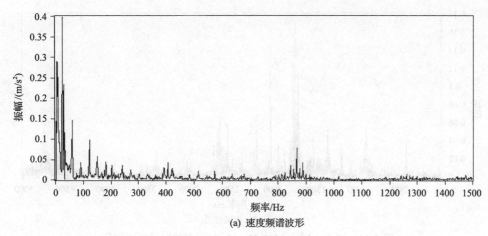

(a) 速度频谱波形

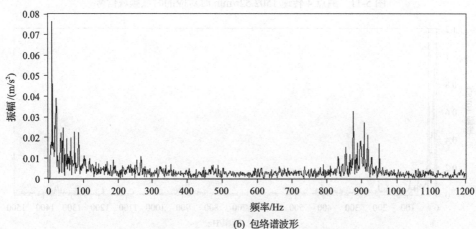

(b) 包络谱波形

图 5-10   测点 3 转速 1502.52r/min 时对应的速度频谱及包络谱

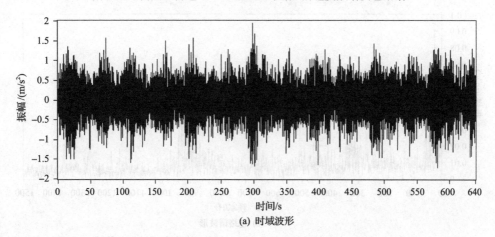

(a) 时域波形

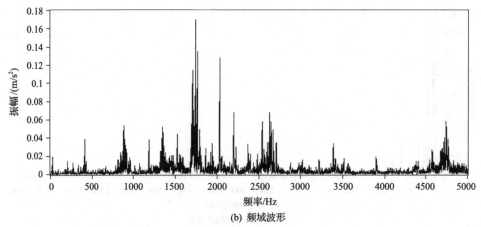

(b) 频域波形

图 5-11 测点 4 转速 1502.52r/min 时对应的时域频域信号

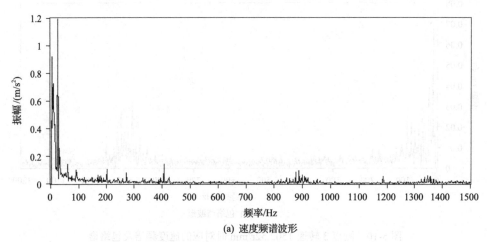

(a) 速度频谱波形

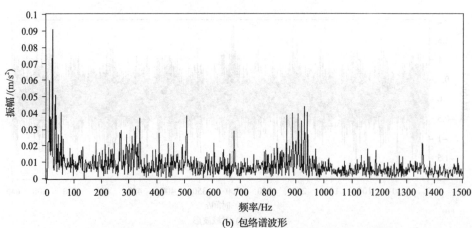

(b) 包络谱波形

图 5-12 测点 4 转速 1502.52r/min 时对应的速度频谱及包络谱

图 5-12 为测点 4 在转速 1502.52r/min 时对应的速度频谱及包络谱。包络谱出现了 10Hz、20Hz、30Hz 的调制频率成分，可能是由于与齿轮箱输出端低速轴相关联的部件振动导致的，日常运维中暂时不予考虑。

e.测点 5-齿轮箱输出端高速轴径向

图 5-13 为测点 5(齿轮箱输出端高速轴径向测点)在转速 1502.52r/min 时对应的振动加速度的时域波形和频谱。图谱无明显异常，对该测点信号做速度频谱和包络谱如图 5-14 所示。

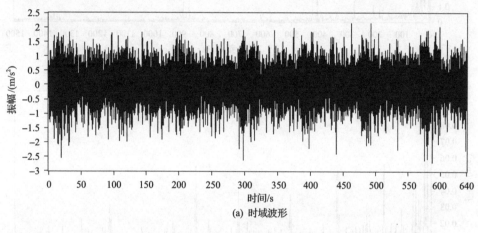

(a) 时域波形

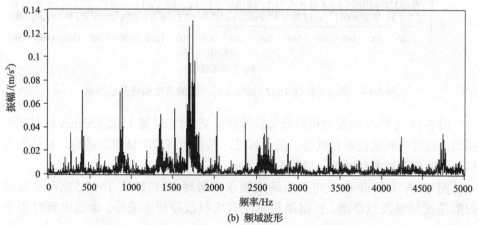

(b) 频域波形

图 5-13　测点 5 转速 1502.52r/min 时对应的时域频域信号

图 5-14 为测点 5 在转速 1502.52r/min 时对应的速度频谱及包络谱。包络谱出现了 11Hz、21Hz、334Hz 频率成分。图谱无明显异常，运维中暂时不予考虑。

f.测点 6-发电机驱动端轴承径向

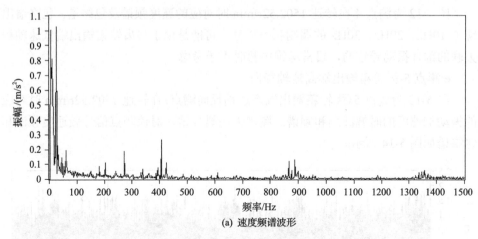

(a) 速度频谱波形

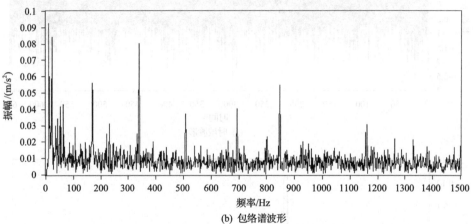

(b) 包络谱波形

图 5-14　测点 5 转速 1502.52r/min 时对应的速度频谱及包络谱

　　图 5-15 为测点 6(发电机驱动端轴承径向测点)在转速 1502.52r/min 时对应的振动加速度的时域波形和频谱。图上可见，频谱上有较明显调制峰群，对该测点信号做速度频谱和包络谱，如图 5-16 所示。

　　图 5-16 为测点 6(发电机驱动端轴承径向测点)在转速 1502.52r/min 时对应的速度频谱及包络谱。包络谱显示没有明显故障频率成分，运维中暂时不予考虑。

　　g.测点 7-发电机非驱动端轴承(后轴承)径向

　　图 5-17 为测点 7(发电机非驱动端轴承径向测点)在转速 1502.52r/min 时对应的振动加速度的时域波形和频谱。从图中可见，频谱能量主要集中在 2600Hz 附近，对该信号做速度频谱及包络谱如图 5-18 所示。

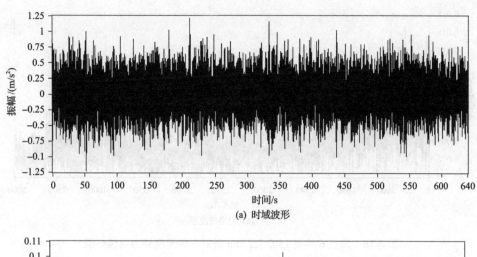

(a) 时域波形

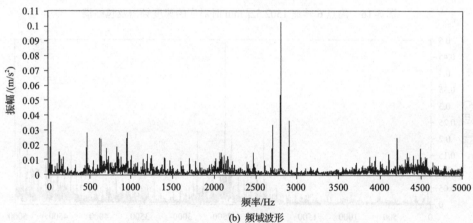

(b) 频域波形

图 5-15　测点 6 转速 1502.52r/min 时对应的时域频域信号

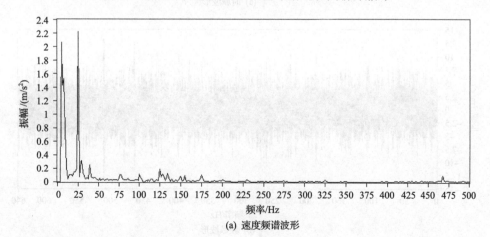

(a) 速度频谱波形

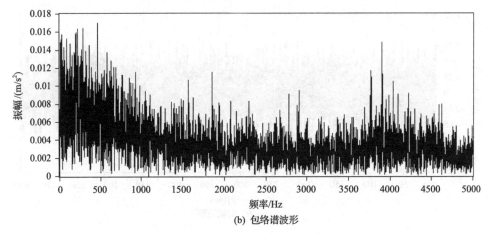

(b) 包络谱波形

图 5-16　测点 6 转速 1502.52r/min 时对应的速度频谱及包络谱

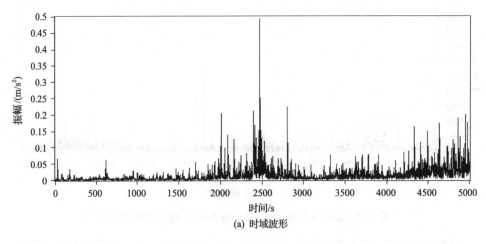

(a) 时域波形

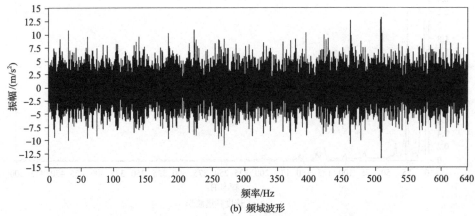

(b) 频域波形

图 5-17　测点 7 转速 1502.52r/min 时对应的时域频域信号

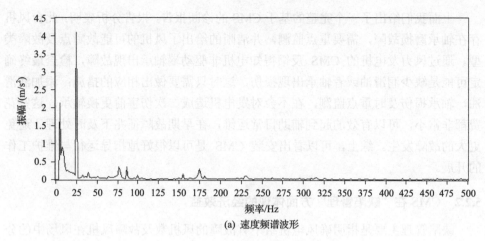

(a) 速度频谱波形

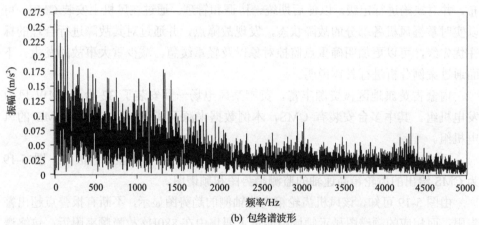

(b) 包络谱波形

图 5-18　测点 7 转速 1502.52r/min 时对应的速度频谱及包络谱

　　图 5-18 为测点 7 在转速 1502.52r/min 时对应的速度频谱及包络谱。加速度振动为 2.58g，超出 VDI3834 标准中的振动报警线；速度频谱中主要成分为高速轴转频成分，包络谱中存在故障频率成分，但不明显。

　　4) 监测结果与经济效益分析

　　对该风电机组传动链中的主轴、齿轮箱、发电机采用 CMS 进行振动监测，监测结果表明，该机组主轴振动正常，齿轮箱输入轴振动超标，电机非驱动端测点振动超标。振动分析结果表明：二级平行大齿轮有磨损征兆；电机非驱动端轴承保持架有碰磨征兆。

　　对日常"运行维护"给出建议：①检查齿轮箱油样，用内窥镜确认二级平行大齿轮是否有磨损；②检查电机非驱动端轴承润滑情况，确认轴承磨损程度，加强电机润滑。

上面我们给出了一个完整的基于 CMS 的诊断报告,报告分析表明:此台风机存在轴承磨损故障,需要重点监测,并清晰的给出了风机的可能故障点及故障类型。通过风力发电机的 CMS 反馈得知电机非驱动端轴承出现故障,检查最终确定可能是缺少润滑油或者轴承出现损伤,这时只需要做出相应的措施:添加润滑油,轴承损伤及时重点监测,在不会对发电机造成二次伤害前更换轴承。这些花费都非常小,可以有效的起到辅助日常运维,在早期故障征兆下及时处理,避免更大的故障发生。综上,可以看出安装 CMS 是可以很好地指导运行与维护工作的开展。

5.2.2 CMS 在"缺陷管理"方面体现的经济效益

缺陷管理主要是指明确风电机组中有故障的风机数及故障风机在风场中的分布,并对缺陷进行定级,以便后期统一协调和管理。通过在风机上安装 CMS,可以实时掌握风机各部分的故障状态,发现故障点,并通过对其故障进行合理的标注优先级,可以更加明确重点监控对象以及轻重缓急,减少重大事故的发生。下面通过案例分析进行具体说明。

内蒙古黄旗地区风资源丰富,黄旗某风电场一期安装了 32 台 1.5MW 风力发电机组,其中多台安装有 CMS,本例数据来源于其中一台安装有 CMS 的风电机组。

通过 CMS 监测到该风电机组的发电机齿轮箱出现了明显报警故障。图 5-19 为 CMS 给出的齿轮箱高速轴的监测趋势图和频谱图。

由图 5-19 可知,该风机齿轮箱高速轴侧的趋势图显示,不断有报警点超出警告限;而相应的频谱图显示频域中能量主要集中在 880Hz 故障频率附近;包络谱出现了 25Hz、50Hz、75Hz、100Hz 的周期调制频率成分,上述监测图均表明有一定的故障发生。通过监测结果分析可判定该故障为高速轴处啮合齿轮对应齿处存在假性布氏压痕情况,其直接原因可能是来自风机停转时高速轴齿轮啮合处由于受力不均产生的微振、摩擦等机械运动,间接原因可能由如下原因产生:例如润滑液低于零下 30~40 度后黏稠化导致润滑不足,或因风机设计原因对轴向载荷估计不足等。考虑到该故障并不严重,不需要停机维修,只需进一步观察。因此,将其加入到缺陷管理列表,采取相应推荐措施如下:①目前趋势平稳无恶化趋势,无须采取紧急措施,将其加入缺陷管理观察列表;②有条件时(如风机定检)对齿轮箱高速轴处啮合齿轮进行窥镜检查;③给出此故障标注优先度为中,风电机组可继续运行,但需要在下一次定检时对报警部件进行检查并把相关结果发送至监测中心。

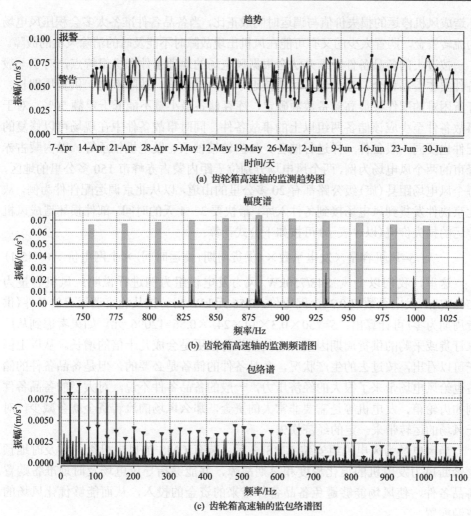

(a) 齿轮箱高速轴的监测趋势图

(b) 齿轮箱高速轴的监测频谱图

(c) 齿轮箱高速轴的监包络谱图

图 5-19 CMS 系统对一台风机齿轮箱的监测趋势和频谱图

这里我们引入了"缺陷管理"机制，即根据上述分析对此台风机进行缺陷标签化，加入观察列表，重点监测，必要时进行现场确认。同时调整该风机停机和出力时间比，在不影响整体风场出力的情况下，防止该风机过度疲劳，延长该部件寿命。本例中，通过 CMS 平台，可以有效地引入"缺陷管理"机制，适时提高风场运维的效率，节约资源。

5.2.3 CMS 在"备品备件储备"方面体现的经济效益

在风力发电场建成投产后，保证风电机组在出现故障时能够及时消除，缩短机组停运时间，实现设备安全、经济运行，风机备品备件的购置对于风电场来说是至关重要的，风电场的地理位置和交通条件直接影响设备配件的调运时间，而部件损坏造成风机停运的损失价值与调运时间成正比，当备品备件准备太多会积压风电场的流转资金，购置太少的又有可能在风机出现故障时不能及时的消除风机的故障。

按过去的备品备件管理办法会根据风电场的地理条件和机组特点，对于一般备件要本着品种全，数量储备尽量接近于最大储备量。故障率高、供货周期长、订货困难的配件按最高储备数额确定，库存储备最小量不能低于定额 50%，对于事故备件至少应该储备两组以上的事故备件，同时事故备件中在现场可以修复的配件也要同一般备件一样进行储备，如齿轮箱轴承、发电机轴承等。以内蒙古赤峰市的两个风电场为例，两个风电场分别位于距内蒙古赤峰市 150 多公里的地区，每个风电场距县(旗)级公路都有 20 多公里的山道，以从北京调运配件件为例，从北京快件发货到风电场接到备件入库，最快要 3～4 天的时间。部件损坏造成风机停运的损失价值(以 S 表示)可按如下公式计算：

$$S=风机容量×发电系数×(供货周期+调运时间)×上网电价 \qquad (5-1)$$

这里，我们以金风 S48/750kW 风力发电机组为例进行说明：风机容量为 750kW/h，发电系数取 0.3(上网电价：0.56 元/kW·h)，按从北京调运己储备件(供货周期为零)可计算出：$S=750×0.3×(4×24)×0.56=12096$ 元。如果考虑到从厂家订货或采购的供货周期因素，它的损失价值更是会成几十倍的增长。从以上例子可以看出，按过去的生产状况，备品备件的储备是必要的，但是备品备件的储备也给风电场带来了很大的经济压力，一般的备品备件不说，对大型的备品备件例如齿轮箱、发电机等是需要非常大的资金，那么风场的流转资金就会减少，对于风场的运转带来一定的经济损失。

当风电场为风电机组安装 CMS 之后，装有 CMS 的风电机组能够及时地预测诊断风力发电机的退化程度和早期故障，并能够指导风电场及时地准备购置备品备件，使风场能够避免备品备件带来的资金的投入，从而能够优化风场的资源配置。

事例 1：内蒙古某风电场 S1-47 号风机于 15 年 09 月 27 日 11：30 分发生发电机前轴承温度高报警，停机检查后发现轴承损坏，假设此时风电场没有备件可以更换，由于该轴承是瑞典进口，如果按正常渠道订货购进最少得 20 天时间，这样由于它的损坏造成风机停运的损失价值通过前面的公式可以计算出为

$$S=750×0.3×20×24×0.56=60480 元$$

式中，发电系数按全年平均计算取 0.3，如果按该机组发电机轴承损坏的时间周期统计，发电系数应该为 0.5，那么它的损失价值为

$$S=750×0.5×20×24×0.56=100800 元$$

可以看出损失价值是巨大的。

但是，由于该风机安装了 CMS，在几个月前就发现该风机发电机前端轴承有

明显故障，经过一段时间的监测发现发电机该部位有明显恶化趋势。因此，依据CMS的诊断结果提前购置发电机轴承一套，共用了 2 小时就使风机恢复正常运行，风机停运了 2 小时，风机停运的损失价值为

$$S=750 \times 0.3 \times 2 \times 0.56=252 \text{ 元}$$

可以看出停机损失减少了几十倍。

事例 2：内蒙古某风电场二期项目，采用 33 台国外品牌 1.5MW 机组，2009年投入运行，2012 年质保交接。因该项目前期由国外厂家开展维护工作，客户出于加深机组故障了解程度需求，联系北京某科创公司提供 33 台机组 CMS，该系统及故障诊断服务给客户带来了较好的经济收益，具体参见表 5-4。

表 5-4　故障诊断结果经济性评价(33 台机组案例)

诊断结果	处理结果	结果分析	未开展故障诊断	开展故障诊断
4 台齿轮箱预警，3 台机组齿轮箱轴承报警	出质保期较短，客户依据检测报告与厂家开展商务谈判，寻求解决方案	①齿轮箱故障具有相似性，存在批次缺陷可能性，通过商务交流，获得了较好的补偿处理方案；②涉及客户商业机密，不能共享处理方案	无法获取任何补偿	获取较大额度补偿方案
	提前准备齿轮箱备件	①齿轮箱备件筹备周期达 20+天(依据金风 750 机组 30 余台次齿轮箱故障处理周期统计)，故障机组平均停机时间达 30+天；②突发性备件采购，合同谈判周期较长，致使备件经济性及验收等工作开展较匆忙。该客户可采用竞标等模式开展采购工作	①停机损失：30×24×30%(可利用风能比例)×1500×0.5×3=48.6 万元②齿轮箱备件费用 150×3=450 万元	①无停机损失②齿轮箱备件 140×3=420 万元
	集中更换机组齿轮箱	①不考虑停机造成的发电量损失，齿轮箱更换费用达 15 万/台(包含人员、吊车租赁)；②内蒙古等环境恶劣地区，冬季温度、道路等因素，致使齿轮箱无法完成更换(如内蒙古达理风电场出现冬季齿轮箱崩齿，停机至来年开春处理现象)	①吊装费用：15×3=45 万元②冬季突发故障损失：90(停机天数)×24×1(1 台故障)×1500×40%×0.5=64.8 万元	①小风季节集中更换，整体吊装费用：35 万元②无冬季突发故障损失可能
	齿轮箱维修	①最佳齿轮箱维修时间选择；②维修费用谈判	①易出现维修价值偏低以及过维修现象②维修费用 100×3=300 万元	①最佳维修时机②维修费用 70×3=210 万/台
6 台机组对中欠佳	重新对中	①对中差致使联轴器损伤；②对中差致使发电机轴承损伤，轴向窜动	①联轴器损伤损失：6×3 万=18 万②发电机轴承损伤：6×4 万=24 万元	提前预知异常，无损失
1 台发电机轴电流现象	①加装碳刷；②更换绝缘型轴承	持续发展会使轴承故障恶化，电机扫膛烧毁	①电机备件费用：70 万元②吊装费用：15 万元	提前发现故障，改造费用损失：10 万元
开展监测及故障诊断直接经济效益合计		①1035.4(未开展故障诊断)−675(开展故障诊断)=360.4 万元②厂家质保外补偿方案≥500 万元		

从以上案例可以看出，CMS 的运行可使风电机组的运行进行优化配比，减少维修费用及备品备件占有的风电场资金比例。尤其在不允许立即停机情况下，机组负荷可适当降低，获得希望的出力，直至运行到小风季节进行批量化的维修。避免产生不希望的停机[8-9]。

5.2.4　CMS 在"大修技改项目申报"方面体现的经济效益

风力发电机组设备价格昂贵，以现在国内比较流行的 2MW 风机为例，国产风电机组价格大约在 800 万～1000 万，国外进口风机价格更贵，价格大约都在 1300 万～1500 万，而且风机的传动链部分也是风机最重要和价格最昂贵的部分，特别其中的齿轮箱、发电机、叶片及主轴价格都少则几万，多则几十万，对于风电公司来说是一笔不小的开支，一般风电公司每年都会组织公司各部门进行下一年度的大修技改项目申报，其实就是对下一年风机运维费用的估计和预算，而各部门要想获得准确的预算，就必须对这些价格昂贵的部件的运行状态和未来趋势有一个清晰的预判。而 CMS 正是获得这一有价值信息的重要工具和手段，它能比较准确地给出重要部件的目前运行状态和未来变化趋势。

从风电场日常运行的角度来说，如果不能提前预测并加入预算，在来年出现故障必须更换时将不得不临时申请，这样对总公司正常资金运作将产生不利因素，耽误工期。因此，对总公司来说，非常希望了解下一年度将会有哪些设备可能需要更换和维修，及时上报公司，以便公司给予预算安排和优化备品备件存储。

5.2.5　经济效益定性分析小结

风电机组是生产设备，其可利用率直接影响到其投资回收期和电网中电能的可靠性。风电机组的维护和生产费用可通过服务和维护费用、备件费用和后勤费用(运输和安装设备，例如吊车)计算得出，但是也需要将由于机组停机造成的收益损失计算在内。

风电机组引入 CMS 后，该系统应持续为风电运营商提供机组的状态监测与诊断数据。在机组运行期间可尽早识别出现的机械和电气损坏，以及有针对性地为维修和维护制订停机计划并进行准备工作，延长机组在电网上的运行时间并避免间接损失。基于 CMS 进行运维策略的调整，能够使风电运维成本得到有效降低，提高公司效益及在同行中的竞争力[10]。

5.3　CMS 经济效益的定量评价方法研究

通过上面的定性分析,理论上我们已经证明在风力发电机组上安装 CMS 的确比不安装 CMS 有更好的经济效益,在决定选择安装 CMS 时必须综合考虑,以保证投入和产出的平衡,使风电场的综合经济效益最大化。为了更加深入反映出安装 CMS 产生的经济效益问题,本节我们将从定量角度进行分析。

5.3.1　引入 *P-F* 理论模型

引入 CMS,如何对其带来的经济效益进行评价,一直是一个令人头疼的问题,目前仍没有找到一个达成共识的定量衡量方法。为解决该问题,本章另辟蹊径,通过引入不同故障模式的 *P-F* 模型,实现对 CMS 的经济效益定量评估,提出一种系统性能模型化分析的全新想法。该想法是通过对风力发电机组齿轮箱的实例研究得出的。我们首先建立一个随机模拟齿轮箱模型,其次在该模型上使用一个非完美的状态监测系统 CMS,最后通过 CMS 的附加经济价值进行量化研究。通过案例的研究证明,相比于现有的维护策略使用 CMS 会产生更多经济收益。不过,我们也发现收益的多少极大程度上取决于 CMS 自身的性能与准确度。

在决定状态监测的附加价值时,我们将 CMS 的自身性能纳入考虑范围,例如,CMS 发现一个故障模式的能力及在故障的什么阶段 CMS 可以发现等,因为 CMS 针对各个故障模式上的性能并非是完善的。这些决定了对零部件潜在故障进行反应的时间点,进而决定了通过预先计划维护措施以规避风电机组长时间紧急停机及避免矫正性维护的可能性。另外,使用 CMS 的另一个作用是,通过发现初期的损坏防止在其他零部件上产生继发性损坏。同样这个作用也是同 CMS 自身发现潜在故障的能力密切相关的。CMS 越早发现恶化的蔓延,继发性的损坏越早可以被抑制。这里,我们引入 P-F 曲线和 P-F 区间模型,由于它可以有效地描述一个零部件的恶化过程及基于状态维护任务的实际性能。接下来,根据生命周期成本(life cycle cost, LCC)的计算方法,我们通过对一台风力发电机组齿轮箱的案例研究来表明相关 CMS 的附加价值是如何计算得出的。

图 5-20 为一个零部件随着时间逐步损坏的 *P-F* 曲线。当一个零部件开始进入运行后,它会逐渐开始磨损恶化直至无法实现其最基本的设计功能。该部件彻底损坏丧失功能的时间点我们定义为功能故障点“*F*”,一个零部件只能运行至该时间点。而该部件损坏开始发生后最早可以发现损坏恶化特征的时间点我们定义为潜在故障点“*P*”。*P* 点和 *F* 点之间的时间间隔称为 *P-F* 区间。

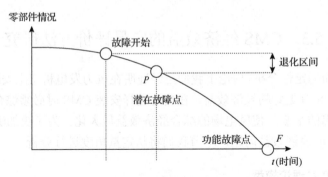

图 5-20　部件随时间逐步损坏的 *P-F* 曲线

　　基于状态的维护主要机理就是在 *P-F* 区间内使用状态测量手段(CMS)来发现故障，这种测量可以是持续性的或者是有固定间隔的。如果状态维护的策略是以固定的时间间隔进行状态监测，则 *P-F* 曲线是决定检查间隔的基准依据。更重要的是，最优的维护措施和时间点是由 *P-F* 曲线所描述的恶化过程所决定的。除此之外，*P-F* 曲线还可以清晰地表达出投资 CMS 可能带来的收益。CMS 越早发现问题，零部件损坏恶化的情况越早可以得到缓解。

5.3.2　CMS 性能建模

　　一个 CMS 的性能通常由两个互相关的参数决定，其中：γ 为可发现率(%)，代表某个故障被 CMS 发现的可能性；η 为效率(%)，代表在 *P-F* 曲线上 CMS 发现故障的时间点。

　　两个参数是相互关联的，由于零部件在不断的恶化，使得可发现率 γ 随着时间的增长会逐渐增大，如图 5-21 和图 5-22 所示。

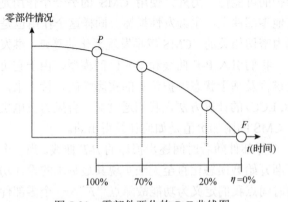

图 5-21　零部件恶化的 *P-F* 曲线图

　　在图 5-22 中给出了一个 γ 和 η 的线性关系的例子。效率 η=100%表示 *P-F* 曲线上的能够最早发现恶化状况的时间点。这个等同于 *P-F* 曲线上的 *P* 点。η=0%

表示 *P-F* 曲线上导致系统出现功能故障的时间点，即 *F* 点。在该时间点零部件已无法实现任何功能。举例说明，有一台 CMS 其性能对应于 γ_1=20%及 η=70%（见图 5-22）。表明这台 CMS 在离 *F* 点剩余 *P-F* 区间 70%的时间点上可以发现平均 20%的故障（故障的初期）。而当 CMS 性能点落在 η=0%和 γ_3=90%的点上时，则代表即使在零部件已完全失去功能的时候也只能发现平均 90%的故障。从另外一个角度来说，就是指至少需要 10%的矫正性措施，因为该 CMS 无法发现这 10%的故障。因此，通过上述方法可以对非完美运行的 CMS 进行建模。

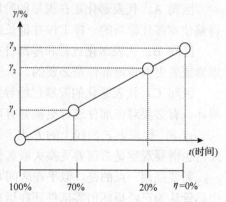

图 5-22　相关参数 γ 和 η 的线性关系

　　事实上，CMS 的性能参数关系只能依据由专业知识推导出来的单独的点（γ 和 η）进行建模，这个模型是对于之前所述方法的离散化运用。该方法描述了"最坏情况"，γ 定义了在 η 点有多少故障被发现，而 1−γ 定义了由矫正性措施修复的故障数量（如只在 *F* 点才发现的故障）。接下来我们的案例研究最终目的是回答如下问题：对齿轮箱生产商来说，CMS 产生经济价值的最低性能要求是什么，调整的方法是否有效。显然，在 γ 和 η 之间的性能关系完全已知的情况下，对上述案例的研究需要进行进一步扩展。

5.3.3　对损坏恶化的过程和维修措施进行进一步建模

　　一个故障模式在 *P-F* 曲线上从 *P* 点向 *F* 点逐渐演变。为了将故障模式的恶化过程同针对性的维修或者维护措施联系起来，通常 *P-F* 曲线被人工划分为 4 个恶化类别，如图 5-23 所示。本例中我们也将 *P-F* 曲线分为 4 个区间，这样可以很好地和风机齿轮箱零部件的 *P-F* 曲线的损坏发展对应起来。每个恶化类别对应不同的维修措施。

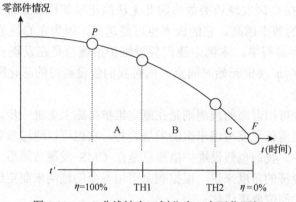

图 5-23　*P-F* 曲线被人工划分为 4 个恶化区间

区间 A：代表恶化还在很早的阶段而零部件损坏还很轻微。可以通过微小的调整使零部件像新的一样工作并延长工作寿命。

区间 B：代表恶化过程和零部件损坏程度较大，但还未引起继发性的损坏，维修或者更换特定部件是必要的。

区间 C：代表恶化的发展已经导致零部件的完全损坏，有可能会产生继发性损坏。有必要对该部件进行更换并有可能需要更换相关联零部件。

点 F：代表 P-F 曲线上的 F 点，可能产生继发性损坏。需要更换当前部件，此时也需要观察是否需要更换关联部件。

需要强调一点的是，似乎在区间 C 和 F 点发现问题没有太大区别。但区间 C 中尽管认为已经损坏但零部件还在运行。在区间 C 发现问题的好处是仍有一定时间对维护措施进行计划，从而减少停机时间，尽管从维修措施上来讲区间 C 和 F 点是类似的。

P-F 曲线上的区域一般被两个阈值 TH1 和 TH2 分开。为了能更好地综合考虑这些阈值的大小，设置了一个虚拟的时间线 t'，如图 5-23 所示。这条虚拟的时间线代表了按百分比计算从 P-F 曲线上的某个点还剩余多少时间到 F 点。事实上，这也代表了设备剩余可用寿命。通过这种方法区域 A 代表在 P-F 曲线上 t' 大于等于 TH1 时的零部件恶化，区域 B 代表了 TH1 和 TH2 之间，区域 C 代表了 TH2 和 0 之间，而点 F 则代表功能故障即 $t'=0$，每类阈值适用于特定的故障模式。

设置阈值的好处是效率 η 同样可以在这条时间线 t' 上标记出来。在之前提到过，最大的效率 $\eta=100\%$ 对应的点是 P 点。该点则正好对应 $t'=100\%$。同样对于 F 点来说 t' 和 η 恰好又都是 0%。因此 CMS 效率值和阈值可以相互比较和关联。但需要注意的是，这两个概念实质上是相互独立的。效率 η 是 CMS 的属性，而阈值 TH1 和 TH2 所考虑的是故障模式的属性。只是为了方便，我们才用同一条坐标轴进行标示。举例说明，故障模式的两个阈值 TH1=90% 和 TH2=10%。一个 CMS 的效率是 $\eta=95\%$，可以在区域 A 就发现该类故障。而另外一台 CMS 的效率是 5%，只能在 C 区发现该类故障因此无法阻止零部件发生最大损坏。需要强调一点，CMS 的效率越高，它的成本也可能越高，因为在 C 区发现问题比在 A 区发现问题要容易得多。本例中我们假设维护措施总是在发现问题后马上进行实施，即由效率 η 决定起始时间点。同时我们假设测得的恶化区域与实际的恶化区域完全吻合。

此外，剩余可用寿命的预测则是在制定维护措施上更进一步，它不光需要考虑恶化参数的当前值更要考虑未来的发展趋势，它也可以通过参数 t' 反映出来。在后续的案例中，我们也假设维护措施总是在 CMS 发现故障后立即得到实施。但实际上从更经济的角度来讲，根据剩余可用寿命的预测来制定维护措施比根据状态监测参数的阈值要更优化。

5.3.4　对继发性损坏构建模型

继发性损坏可以作为量化 CMS 经济价值过程的一个重要参数，而且 CMS 的性能决定了其防止继发性损坏能力，因此，在建模中我们必须要对它加以考虑，且应尽量使用简化的方式考虑。阈值 TH2 决定了一个零部件的恶化过程开始影响其他零部件的时间点，这个阈值对于每个零部件都是不同的。高效率的 CMS 有能力在 P-F 曲线中的 A 或 B 区域就发现故障并阻止继发性的损坏，从而保证系统更长的使用寿命，节省维护费用和停机时间。

5.3.5　案例研究

齿轮箱通常是风力发电机组最重要的部件，它占用了大致 15%～20%的维护费用和停机时间。齿轮箱的重要性使它成为风电机组上最需要使用 CMS 的部件之一，因为这样可以最大化 CMS 的附加价值[11]。本例中主要针对内蒙古地区的陆上风机进行研究，由于该处风机可以获得齿轮箱的历史运行数据。此外，案例中使用的大部分数据有一定的保密性，所以在之后的案例中我们未给出具体的数字，以归一化后的结果显示。

为了更好地评估 CMS 的经济价值，案例中对两种维护策略进行了对比。策略 1 是目前齿轮箱生产商使用的维护策略，主要是采用定时段维护(定检)和矫正性维修(紧急停机)。而策略 2 则考虑了采用 CMS 来完成基于状态的维护，使持续性的监测成为可能。这里，为了充分表明上述理论的可靠性，我们使用了一个针对生命周期成本的蒙特卡罗模型用于建模，考虑到 CMS 性能参数对于 CMS 经济价值评价的重要性，5.3.3 节和 5.3.4 节中提到的 CMS 性能和继发性损坏的模型也可用于建模中。

接下来，将按照以下的步骤展开研究：

(1)运用基于成本的故障模式和效能分析选出齿轮箱最重要的故障模式。

(2)将可靠性曲线对应到之前获取的故障模式中，在模拟模型中对故障行为进行建模。

(3)最后导出一个生命周期成本架构以决定两种维护策略下的维护成本。

通过这种方式可以对运用 CMS 产生的附加价值进行评估；同时通过敏感度分析判断 CMS 性能参数的影响。

1. 基于成本的故障模式和效能分析

基于成本的故障模式和效能分析(failure mode and effect analysis, FMEA)是用于决定设备(这里指齿轮箱)最关键故障模式的方法之一。风险优先数(risk priority number, RPN)可能是目前世界上最广泛运用于判断最严重的故障模式的方法。但同时这种方法也因为各种原因广受争议，主要原因是"客观决定参数"的难度非常大。因此，一个基于成本的 FMEA 方法被运用于决定齿轮箱的关键故障模式。

在该方法中风险或关键度以所谓故障成本的概念进行估算，即故障可能性和相关联成本的乘积。预估成本公式(5-2)得出

$$预估故障成本=\sum_{l}^{n} p_i \times c_i \qquad (5-2)$$

其中，p_i是故障模式i的出现率，c_i是故障模式i相关联的维护成本，n是所有故障模式的总数。在公式(5-2)中故障出现率可由在定义时间段内实际现场故障数量代替。p_i和c_i是基于所有同类齿轮箱的历史数据得出。故障成本由劳动力成本、材料成本和停机成本组成。用成本的概念表述故障频率和它的严重性，这被公认为是一种可行的方法。因为成本是可测量的，而且它又相对容易理解并和故障的严重性息息相关。

表5-5列举了齿轮箱公司公布的常见齿轮箱故障模式。根据基于成本的FEMA可以对最关键的故障模式进行Pareto分级。这13个故障模式的Pareto分级依照80-20原则，意即20%的故障占用80%的总估计故障成本。从图5-24可以得出结论：前6个故障模式占用了80%的总预估故障成本，所以将这6个模式保留在随机模拟模型中。

表 5-5　齿轮箱故障模式

序号	齿轮箱故障类型	序号	齿轮箱故障类型
1	高速轴轴承损坏	8	低速轴的轴承损坏
2	中间级轴损坏	9	中间级轴的轴承损坏
3	中间级轴轴承损坏	10	高速轴磨削回火故障
4	行星轴承损坏	11	低速轮损坏
5	中间柱损坏	12	油泵故障
6	高速轴轴承黑点	13	中间轴防溅板损坏
7	太阳齿断齿		

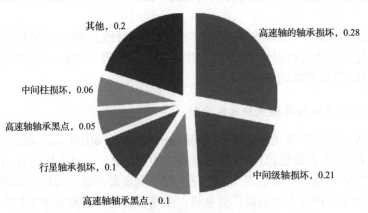

图 5-24　前 6 个故障模式所占故障成本比例

2. 部件可靠性分析

对于上述的 6 个故障模式，每个都有相应的可靠性曲线。可靠性曲线可通过对同类型陆上风电机组齿轮箱的故障数据分析获得。这样做的目的是确定最适合每个故障模式数据集的故障分布并以此推导出这些分布所对应的参数。这些参数则用于针对每个故障模式的故障行为进行建模，每个故障模式的故障分布都可以表达为一个概率密度函数，即两参数的韦伯分布

$$f(t) = \frac{\alpha}{\lambda^{\alpha}} t^{\alpha-1} e^{-\left(\frac{t}{\lambda}\right)^{\alpha}}, \quad (t, \alpha, \lambda) > 0 \tag{5-3}$$

其中，α 是形状参数，λ 是尺度参数。这里采用中位秩法对故障数据进行分级，而故障估计是基于最大可能性估计实现的。每个故障模式的 α 和 λ 参数在表 5-6 中给出。列 LB（下限）和 UB（上限）分别代表各自估计参数的 90%置信区间的上下限。

表 5-6　齿轮箱不同故障模式下的韦伯分布参数

参数	下限(LB)	模式(Mode)	上限(UB)	下限(LB)	模式(Mode)	上限(UB)	下限(LB)	模式(Mode)	上限(UB)
	故障模式 1(FM1)			故障模式 2(FM2)			故障模式 3(FM3)		
α	0.8344	1.0038	1.1934	1.529	1.9897	2.5249	0.9971	1.4734	2.0696
$\lambda(h)$	1.97×10^5	2.92×10^5	4.83×10^5	1.03×10^5	1.44×10^5	2.32×10^5	1.84×10^5	3.88×10^5	1.35×10^6
参数	下限(LB)	模式(Mode)	上限(UB)	下限(LB)	模式(Mode)	上限(UB)	下限(LB)	模式(Mode)	上限(UB)
	故障模式 4(FM4)			故障模式 5(FM5)			故障模式 6(FM6)		
α	0.8492	1.4545	2.272	0.4684	0.7927	1.2343	1.1696	2.7439	5.1304
$\lambda(h)$	2.04×10^5	6.01×10^5	5.27×10^6	8.89×10^5	6.31×10^6	2.87×10^8	9.07×10^5	2.15×10^5	2.85×10^6

上述韦伯分布的参数值是根据同类型齿轮箱的韦伯参数的真实值估计得出的，因此估计的可靠性参数存在一定的不确定性。造成这种不确定性的原因是同类齿轮箱的数据并不全面，且很多齿轮箱在整个研究时段内并没有完全损坏。为了使得出的故障分布更接近实际情况，我们在随机模拟模型中采用了相应韦伯参数 90%的置信区间。

3. 全生命周期成本分析

为了量化使用 CMS 的好处，并确定 CMS 性能对于附加价值的作用，我们进行了全生命周期成本分析(life cycle cost analysis, LCCA)。LCCA 是一个用于进行项目评估的经济学方法，其将所有来自设计、生产、运营、维护及产品的后处理的成本都默认为对成本折算潜在重要的。不同的维护策略会产生不同的生命周期成本(LCC)，因为每个策略都以不同的方式(如维修时间、故障数目等)对齿轮箱

维护产生影响。齿轮箱的总生命周期成本按式(5-4)计算如下：

$$\text{LCC} = C_{\text{INV}} + C_{\text{SPP}} + C_{\text{CM}} + C_{\text{PM}} + C_{\text{PEN}} + C_{\text{REN}} \tag{5-4}$$

其中，C_{INV} 是齿轮箱的投资成本，C_{SPP} 是备件成本，C_{CM} 是矫正性维修的成本，C_{PM} 是预防性维护的成本，C_{PEN} 是赔偿金，C_{REN} 是齿轮箱剩余价值的收益。这些成本可根据相应的方法折算至它们的当前值。总生命周期成本是从齿轮箱生产商的角度计算的。所有这些成本单元都被置于 LCC 架构的最高层并延伸出其他从属的成本单元，最终形成一个 LCC 树状图。各部分成本具体分析如下。

1) 投资成本(C_{INV})

齿轮箱的投资成本只在生命周期开始的时候发生一次。这个成本包含一部分工程和生产成本。CMS 的投资成本(策略 2)并不属于这一栏而属于预防性维护成本(C_{PM})。

2) 备件成本(C_{SPP})

备件成本由采购和储存成本组成，即

$$C_{\text{SPP}} = C_{\text{SPP ord}} + C_{\text{SPP hold comp}} + C_{\text{SPP hold GB}} \tag{5-5}$$

$C_{\text{SPP ord}}$ 是备件的采购成本，在每次发生替换维修时重复出现。它包含安装成本和材料成本。$C_{\text{SPP hold comp}}$ 是零部件备件的储存成本，$C_{\text{SPP hold GB}}$ 是齿轮箱备件的储存成本。储存成本由一定的资本成本，一定的保险成本、税费及一定使用存储空间的成本组成。

3) 矫正性维护成本(C_{CM})

该部分成本由诊断措施成本、维修措施成本及工具材料和设备成本组成。诊断行为的目的主要有两个：确认风机故障是由齿轮箱引起的，并进一步确认齿轮箱的故障模式。一旦备件准备完毕，维修措施将会被实施。对于策略 2 来说只有在 F 点的维修被认为是矫正性维修，在 A、B 和 C 区的维修都被认为是基于状态的维护。

$$C_{\text{CM}} = C_{\text{CM diag tr}} + C_{\text{CM diag la}} + C_{\text{CM rep tr}} + C_{\text{CM repla}} + C_{\text{CM repac}} + C_{\text{CM tooldiag}} + C_{\text{CM toolrep}} \tag{5-6}$$

$C_{\text{CM diag tr}}$ 是实施现场诊断的差旅成本，主要由工程师的公司和交通成本组成。$C_{\text{CM diag la}}$ 是现场诊断行为的劳动力成本，主要决定于各个故障模式所需的诊断时间。$C_{\text{CM rep tr}}$ 是维修措施的差旅成本，$C_{\text{CM repla}}$ 是维修措施的劳动力成本。根据继发性损坏的两个参数和公司情况，不同的矫正性维修措施可以实施(如现场维修、车间维修等)。$C_{\text{CM repac}}$ 是维修措施所需的间接成本，包括吊车的租用和运输费用。最后 $C_{\text{CM tooldiag}}$ 和 $C_{\text{CM toolrep}}$ 各自代表诊断和维修工具的成本。

4）预防性维护成本（C_{PM}）

预防性维护成本由所谓"消费品"的成本组成，即基于状态的维护（condition based maintenance, CBM）和基于时间的维护（time based maintenance, TBM）。CBM 成本包括 CMS 成本、误报警、诊断措施及维修措施的成本。类似于矫正性维修措施，在实施维修措施之前都需要现场诊断确认 CBM 的诊断结果。对于策略 2 来说在 P-F 曲线上 F 点之前发现的故障都被认为是 CBM 成本。在 F 点发现的故障并导致系统功能故障的情况都被认为是矫正性维修的成本。TBM 成本包括预防性检查、换油和相关工具的成本。

$$
\begin{aligned}
C_{PM} = {} & C_{PM\ con\ sord} + C_{PM\ cons\ hold} + C_{PM\ oil\ ord} + C_{CBM\ CMS\ opext} \\
& + C_{CBM\ CMS\ inv} + C_{CBM\ false\ alarm\ str} + C_{CBM\ false\ alarm\ sla} + C_{CBM\ diag\ tr} \\
& + C_{CBM\ diagla} + C_{CBM\ rep\ tr} + C_{CBM\ rep\ la} + C_{CBM\ rep\ ac} + C_{TBM\ insp\ tr} \\
& + C_{TBM\ insp\ la} + C_{TBM\ oil\ tr} + C_{TBM\ oil\ la} + C_{TBM\ oil\ ac} + C_{TBM\ tool\ insp}
\end{aligned}
\tag{5-7}
$$

其中，$C_{PM\ con\ sord}$ 是在 TBM 检验时消费品的采购成本，它包括架设和材料成本。$C_{PM\ cons\ hold}$ 是 TBM 消费品的储存成本。$C_{PM\ oil\ ord}$ 是油液的采购成本，每次换油时重复出现，一般间隔是两年。$C_{CBM\ CMS\ opext}$ 是 CMS 的运行成本，包括故障报告、软件升级和 CMS 维护费用。$C_{CBM\ CMS\ inv}$ 是 CMS 的投资成本，包括材料、安装、调试等。$C_{CBM\ false\ alarm\ str}$ 和 $C_{CBM\ false\ alarm\ sla}$ 是误报警造成的差旅和劳动力成本。误报警根据每年一定数量进行建模，并可认为是由 CMS 错误的提醒触发的诊断行为。$C_{CBM\ diag\ tr}$ 是现场诊断的差旅成本而 $C_{CBM\ diagla}$ 是现场诊断的劳动力成本。$C_{CBM\ rep\ tr}$ 是维修的差旅成本，$C_{CBM\ rep\ la}$ 是维修的劳动力成本。$C_{CBM\ rep\ ac}$ 是按照状态监测信息进行维修的间接成本，包括租借吊车、备件运输等费用。$C_{TBM\ insp\ tr}$、$C_{TBM\ insp\ la}$，$C_{TBM\ oil\ tr}$ 及 $C_{TBM\ oil\ la}$ 是 TBM 定检和预防性换油的差旅和劳动力成本。$C_{TBM\ oil\ ac}$ 是换油的间接成本，包括换油设备的租借费用。$C_{TBM\ tool\ insp}$ 是 TBM 定检的工具费用。

5）赔偿金（C_{PEN}）

赔偿金指的是业主由齿轮箱故障引起的停机造成经济损失后，对齿轮箱生产商征收的赔偿费用。一般来说是和停机时间完全成正比的。停机阶段的气候条件对此没有任何影响，不管当时的天气条件下风电机组是否可以运行。当风机紧急停机后首先会有一个诊断措施。这段时间不会计入收费时间。当确定风电机组故障是由齿轮箱引起及确认了故障模式后，收费停机时间开始计时。

6）剩余价值的收益（C_{REN}）

一台已运行至其设计年限的齿轮箱的剩余价值等同于报废价值。一个未运行到设计年限而损坏的齿轮箱将会在维修后作为同类型风电机组的备件继续使用。当齿轮箱因为故障彻底损坏并无法维修时，该剩余价值等同于报废价值。

4. 将维护措施和恶化过程相链接

风机齿轮箱的维护措施的性质主要由两个因素决定：齿轮箱中故障零部件是否容易取出及可能的继发性损坏是否已经出现。在随机模型中这些属性由两个布尔型参数表示 B_{i1} 和 B_{i2}，i 代表故障模式 FM_i。B_{i1} 一般设为 true，代表该故障模式下需要拆除齿轮箱并在工厂进行零部件的更换；如果在现场就可以进行更换则 B_{i1} 设为 false。如发现故障时已在 P-F 曲线上的 C 区或者 F 点则将 B_{i2} 设为 true，其他情况下设为 false。不同故障模式下这两个参数的值已在表 5-7 中列出。当一个故障模式已发展至 C 区或者 F 点及有可能发生继发性损坏的话，表示该齿轮箱已完全恶化。

表 5-7　由组件的可访问性和相应的间接损坏来确定的布尔参数的选择

6 种故障形式	可访问性布尔参数(公司的生产车间)	恶化程度布尔参数(间接损坏)
FM_1	0	0
FM_2	0	1
FM_3	1	1
FM_4	1	0
FM_5	1	1
FM_6	0	1

将恶化过程的相关概念与列表 5-6 中的维护措施的两个参数结合起来后，可以绘制如图 5-25 所示的流程图。流程图中，每个故障模式都有其各自的阈值（TH_{1i} 和 TH_{2i}）及对应的 P-F 曲线，因此一个 CMS 针对这 6 个故障模式都各自有一对性能参数（γ_i 和 η_i）。假设 CMS 对于 FM_1 来说可以发现 90% 的故障（γ_1 =90%）（考虑在一个非常滞后的时间点（η_1 =5%））。根据经验，我们知道对于故障模式 FM_1 来说在 t'=85%（TH_{11} =85%）之前发现问题并进行维护的话，将会造成较小的损失；而从 t'=25%（TH_{21} =25%）开始，零部件将会达到最大损坏。

故障模式 FM_1 从某个时间点 P 开始恶化。CMS 发现故障的概率为 γ_1=90%。如果我们假设 CMS 可以发现这个故障，但由于 $TH_{11} > \eta_1$，该故障在区域 A 还无法被发现；同样道理在区域 B 由于 $TH_{21} > \eta_1$，故障也无法被发现；故障最终会在 C 区域被发现，因为 $TH_{21} > \eta_1 > 0$。但是在这个区域中和故障模式 FM_1 相关的零部件其实已经造成了较为严重的损坏。根据表 5-7，故障模式 FM_1 并不会造成继发性损坏并可在现场维修。根据图 5-25 中的流程步骤最终的维修措施会是在现场对相关零部件进行更换。

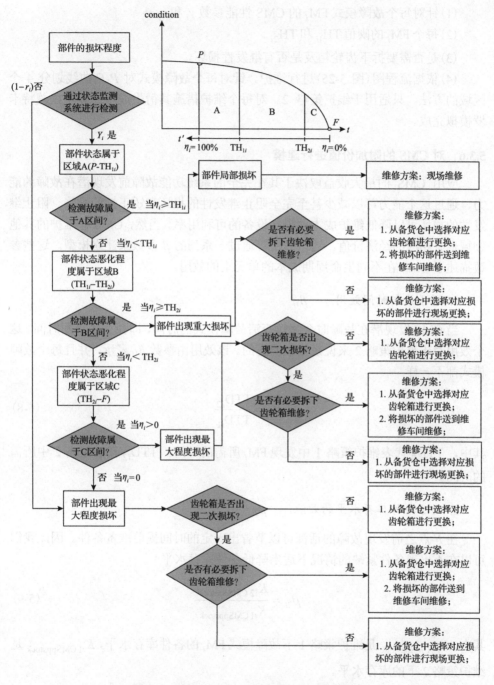

图 5-25　恶化程度相关维护措施的实施流程图

对每个故障模式 FM_i 可以根据如下的前置条件决定合适的维护措施。

(1)针对每个故障模式FM_i的CMS性能参数γ_i和η_i。

(2)每个FM_i的阈值TH_{1i}和TH_{2i}。

(3)是否需要拆下齿轮箱及是否有继发性损坏。

(4)依据流程图(图5-25)进行维护。针对每个故障模式对P-F曲线划分4个区域的方法，只适用于维护策略2。对每个维护措施其衍生成本计算可由蒙特卡罗模拟完成。

5.3.6 对CMS的附加价值进行建模

应用CMS的最大收益取决于其在完全的系统功能故障前发现潜在故障的能力，通过这个能力可以减少甚至完全阻止继发性的损坏和矫正性的维修。阻止继发性的损坏可以降低维护成本并提高设备的可利用率。当然，CMS在维护的其他领域也有相应的经济价值。这些效用可通过一系列的β参数来建立模型。这些参数描述了CMS在不同生命周期成本的单元上的效用。

1. 对于诊断时间效用——β_{1i}

当CMS发现潜在故障时会缩短查清故障模式的时间，即减少了诊断时间。这个效用对于维护策略2来说是相当明显的。该效用由参数β_{1i}表示，并且每个故障模式都不一样

$$\beta_{1i} = \frac{TTD_{i2}}{TTD_{i1}} \tag{5-8}$$

其中，TTD_{i1}代表维护策略1中发现FM_i所需的时间。TTD_{i2}代表策略2中所需的时间。

2. 对于备件库存水平的效能——β_{2i}

在F点之前发现故障的话都可以节省出一定的时间提前准备备件。因此我们可以在不出现备件紧缺的情况下适当降低备件库存水平

$$\beta_{2i} = \frac{K_{i2\,\text{CMSppstock}}}{K_{i1\,\text{CMSppstock}}} \tag{5-9}$$

其中，$K_{i2\,\text{CMSppstock}}$是维护策略1下故障模式$FM_i$的备件库存水平，$K_{i1\,\text{CMSppstock}}$是维护策略2下的库存水平。

3. 对于TBM间隔的效能——β_{3i}

应用了CMS之后，TBM的时间间隔可以延长，因为根据CMS的状态信息

一些非必要的预防性检查措施完全可以取消。该效能由参数 β_{3i} 表示

$$\beta_{3i} = \frac{T_{2\text{TBM int erval}}}{T_{1\text{TBM int erval}}} \tag{5-10}$$

其中，$T_{1\text{TBM int erval}}$ 是策略 1 中两次定检之间的时间间隔，$T_{2\text{TBM int erval}}$ 是策略 2 中的时间间隔。

4. 对于维修时间的效能——β_{4i}

将 P-F 曲线对于每个故障模式都划分为 4 个区域的方法，可以使同一个故障采用不同的维修措施成为可能。采用哪种维修措施取决于在 P-F 曲线上发现恶化中的故障的区域。当运用了 CMS 时，某些维修措施可以省去或者至少缩短。该效能由 β_{4i} 表示

$$\beta_{4i} = \frac{\text{TTR}_{i2}}{\text{TTR}_{i1z}} \tag{5-11}$$

其中，TTR_{i1z} 是策略 1 中对于故障模式 i 维修一个故障所需要的时间，TTR_{i2} 则是策略 2 中需要的时间；这里 Z 为区域 A、B、C 或者点 F 中的一个。

5.3.7　模型架构的模拟过程

随机蒙特卡罗模型将 P-F 曲线概念和成本计算及现金流结合了起来。该模型架构由多个依次进行循环往复的步骤组成。每个循环会计算出一个策略 1 下的生命周期成本和一个策略 2 的生命周期成本。这个模型架构的主要步骤如下。

步骤 1　之前已经定义了分配参数(α_i 和 λ_i)及每个故障模式 FM_i 的 90%可信区间的上下限。这一步中通过在表 5-9 中定义的 α 和 λ 参数的三角分布中获取的蒙特卡罗样本确定一系列的 α_i 和 λ_i 值。这些值标识了该蒙特卡罗循环并在此循环中保持不变。每个故障模式 FM_i 的最长运行时间(至 F 点)则由参数 α_i 和 λ_i 的韦伯分布决定。

步骤 2　对每个故障模式 FM_i 从相应的韦伯可靠性分布(α_i 和 λ_i)上重复的获取故障时间点以确定对应 P-F 曲线的 F 点。P-F 曲线的 P 点可由可测量的标准(如振动测量、油液监测等)或者对于恶化过程的专业经验进行确定。整个生命周期成本 LCC 被按年进行划分，同一年内出现的故障数目按照各个故障模式 FM_i 进行统计。

步骤 3　由分布定义的所有输入参数对于所有故障模式来说的一致的(如现场诊断措施的差旅费用等)，对于这些参数会进行蒙特卡罗采样。它们的值适用于当前循环并在该次循环中保持不变。

　　步骤 4　我们对这些适用于各个故障模式及在成本计算中用到的参数(如 TTR、材料成本等)在它们各自的分布图上进行采样。这些数值适用于当前循环并在此循环中保持不变。

　　步骤5　对于维护策略 2，在第 j 个年度出现的隶属于故障模式 FM_i 的故障被依据对应 CMS 性能(γ_i, η_i)及阈值 TH_{1i} 和 TH_{2i} 划分为不同的类别。类别 k 由 P-F 曲线的 A、B、C 区域和点 F 所确定。

　　步骤6　这个步骤主要是步骤 7 中 LCC 计算的准备步骤，是基于两种维护策略的 LCC 树状图进行的。这个步骤树状图中每个故障模式 FM_i 下属最底层级别单元的成本进行计算，不管该成本(故障事件)是否在该循环中齿轮箱的生命周期(如故障模式 FM_1 一年的备件保存成本、TBM 检查的成本、FM_1 进行一次基于状态的维修措施的劳动力成本等)。在步骤 3 和步骤 4 中确认的输入参数和适用于对应故障模式的参数被用于进行这些计算。

　　步骤7　根据第 j 个年度出现的事件数目(维修、诊断、定检、换油等)和各个成本单元的成本(步骤 6)我们计算出两个维护策略的现金流。年度 j 的净现金流等于当年所有故障模式现金流的总和。所有现金流都会折算至它们的当前值。

　　步骤 8　将所有年限折算过的现金流相加则是该次循环下两种维护策略的生命周期成本 LCC。

　　最后两种维护策略下的 LCC 是根据随机模拟模型中相同的故障行为得出。这样就限定了 LCC 的差值仅由不同的齿轮箱维护方式产生。可以直观地认为两个完全一样的齿轮箱在等同的工作环境下工作但运用了不同的维护策略。

5.3.8　模拟 CMS 的参数确定

　　本例中模拟的 CMS 是一个可预测性状态监测系统。针对这个 CMS 各个故障模式的检测率(γ_i)和效率(η_i)在表 5-8 中列出。这些参数是基于专业知识和对 CMS 供应商的咨询结果得出的。CMS 无法发现的故障模式(如 $\gamma_i = 0$)仍采用当前的维护策略进行维护(如基于时间的预防性维护或者矫正性维修)。

表 5-8　模拟 CMS 的参数

6 种故障形式	检测率 γ_i/%	效率 η_i/%
FM_1	100	95
FM_2	70	95
FM_3	0	0
FM_4	100	80
FM_5	0	0
FM_6	100	80

5.3.9　结果分析

首先我们实施了一个基础的模拟，其中我们将参数设置尽可能地近似于实际风机的工作方式。其次，我们采用两种维护策略对一台陆上风机齿轮箱的生命周期成本和停机时间分布进行了仿真研究和结果对比。最后，对 CMS 性能的模型参数 γ 和 η-参数的输出进行灵敏度分析。所有模拟由 3000 个蒙特卡罗循环组成，一定程度上可保证结果的精确度。

1. 模拟 LCC 结果

此次模拟是根据研究中搜集和估计的各类参数值完成的。两种维护策略的生命周期成本模拟的统计结果在表 5-9 中列出，相对应的概率统计图如图 5-26 所示。策略 1 的平均预期 LCC（774018 元）高于策略 2 的平均预期 LCC（728904 元），表明 CMS 的附加值是 46114 元。同时在图 5-26 中可以清晰地看到，策略 2 的 LCC值比策略 1 下的分布更均匀，这表明维护策略 2 包含有更少的变数。因此，与策略 1 相比策略 2 产生超高 LCC 值的风险更低。这个也可以从策略 2 的标准差更小看出（见表 5-9）。

表 5-9　两种维护策略的生命周期成本模拟的统计结果

统计参数	策略 1 的 LCC	策略 2 的 LCC
均值	775018	728904
标准差	111241	75643

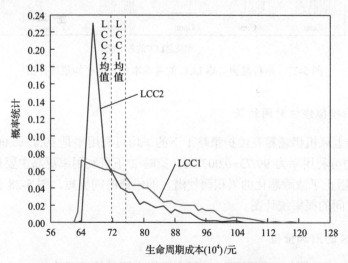

图 5-26　两种维护策略的生命周期成本模拟的概率统计图

产生这种情况的原因是 CMS 的存在，很大程度上阻止了故障发展至 *P-F* 曲线的 C 区域或者 F 点。在这些区域的故障维修成本会很高，这是由于继发性损坏的存在导致整个齿轮箱都有可能被更换。避免继发性损坏会降低产生高 LCC 的可能性并减少不可控性。

图 5-27 中显示了组成总 LCC 的各个成本的平均值，图中 C_{CM} 是矫正性维修的成本，C_{INV} 是齿轮箱的投资成本，C_{PEN} 是赔偿金，C_{PM} 是预防性维护的成本，C_{REM} 是齿轮箱剩余价值的收益，C_{SPP} 是备件成本。可以看到相比于策略 1，策略 2 的矫正性维修的费用较低（C_{CM}），但是预防性维护的费用较高（C_{PM}）。基于 CMS 提供的信息，更多的预防性维护措施在策略 2 中得以实施，但另一方面这样做的结果也减少了进行矫正性维修的成本。当对两种策略下的 CM 和 PM 成本进行综合考虑时，应用 CMS 可以降低平均成本 6138 元。对比于节省的备件相关成本（47114 元），我们可以得出结论 CMS 的附加价值更多地体现在衍生的作用上，比如通过防止继发性损坏减少备件成本等。

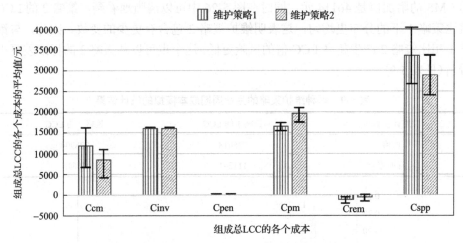

图 5-27　两种维护策略 LCC 的各成本单元的平均值统计图

2. 基础模拟停机时间结果

样本陆上风机齿轮箱在维护策略 1 下的平均可利用率是 99.55±0.00107%；而策略 2 下的可利用率为 99.73±0.0078%。策略 2 下可利用率更高主要是由于使用了 CMS 后阻止了故障恶化的累积而使潜在的维修时间更短。图 5-28 为两种策略下总停机时间的概率统计图。

3. CMS 的附加价值

应用 CMS 的附加值可以通过对每个模拟中两种策略下的总 LCC 进行差值计算得出。最终结果为使用 CMS 产生 46114 元的附加值。但是我们在对策略 2 下的

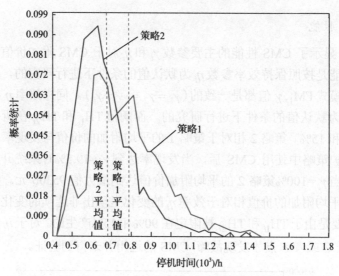

图 5-28　两种策略下总停机时间的概率统计图

LCC 值低于策略 1 的频率问题进行总结时需要额外注意。在同一个的循环中考虑两个 LCC 的差值（$\Delta\text{LCC}_{\text{策略}1-\text{策略}2}$）是很重要的前提。附加价值由两种策略下的 LCC 差值决定。图 5-29 的结果显示 59.65% 的情况下差值 $\Delta\text{LCC}_{\text{策略}1-\text{策略}2}$ 为正值，意味着运用 CMS 的作用得到了验证。因此对于陆上风电机组来说在维护策略中引入 CMS，在 59.65% 的情况下是非常有益的。

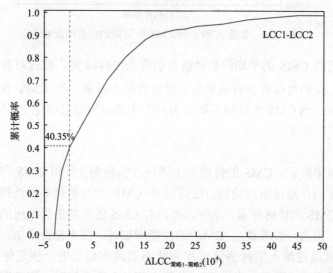

图 5-29　两种策略下 LCC 差值（$\Delta\text{LCC}_{\text{策略}1-\text{策略}2}$）对附加价值的影响

4. CMS 性能

图 5-30 显示了 CMS 性能的主要参数 γ_i 和 η_i 对于 CMS 附加价值的影响。发现率 γ_i 的效能是按照保持效率参数 η_i 为默认值的条件下进行研究的，即默认对于所有的故障模式 FM_1，γ 值都是一致的（$\gamma_1 = \gamma_2 = \cdots = \gamma_i$）。同样效率 η_i 是按照保持效率参数 γ_i 为默认值的条件下进行研究的。而阈值 TH_{1i} 和 TH_{2i} 在所有情况下都分别为 90% 和 15%。策略 2 相对于策略 1 的平均附加的价值与发现率 γ_i 的升高成正比。在维护策略中使用 CMS 后，当发现率达到 γ_i=19.5% 时系统开始产生附加经济价值。当 γ_i=100% 策略 2 的平均附加价值达到最大值 95306 元。策略 2 相对于策略 1 的平均附加的价值相对于效率 η_i 的变化呈现出非连续的变化。这种非连续的特性主要是由于 TH_{1i} 和 TH_{2i} 被限定在 90% 和 15% 产生的。对于 η_i 小于 15% 的情况（在区域 C 或者 F 点才发现故障）CMS 的运用并未得到验证。

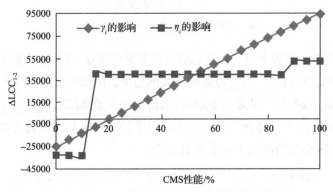

图 5-30 参数 γ_i 和 η_i 对 CMS 经济附加价值的影响

一个完美的 CMS 的平均附加经济价值应为 99844 元。通过对参数 γ_i 和 η_i 的灵敏度分析，我们可以看出将决定附加经济价值的时候，把 CMS 性能纳入考虑是至关重要的。当 CMS 的性能不够完美时产生的经济效益将完全不同。

5. 讨论

如上述结果所示，CMS 的性能对于评估在齿轮箱上使用 CMS 产生的经济价值是至关重要的。通过所讨论的方法可以将 CMS 的性能和继发性损坏的潜在发展纳入使用 CMS 的评估体系。第一，可以对 CMS 的性能根据相应的成本变化情况进行优化，因为一般来说当 CMS 的性能增加时，成本也会增加。第二，所描述的方法可以通过纳入实际恶化过程和状态监测的信息进一步延伸，以用于对 P-F 曲线进行建模。而且，当 η 和 γ 参数之间的关系已知时，这个案例研究也可以进一步延展。第三，将关于零部件状态的诊断信息加入进来可以是进一步的研究方向，尽管这些信息已经隐含在模型参数 t' 中。

可能的未来发展方向是将存货清单管理也集成到这个模型之中，以及拓展至海上风机或者整个风场应用而不是单独的风机。结果显示使用了 CMS 后可以很大程度降低备件和存货成本，因此对存货管理的研究可以进一步增加 CMS 的经济价值。这使维护和存货策略的联合优化成为未来研究一个最为重要的方向。当考虑一个风场时有理由相信使用 CMS 的价值会进一步增长，因为多台风电机组的维护措施可以进一步进行整合[12-13]。

5.3.10　经济效益的定量分析小结

本节给出了一个定量的描述方法，可以对 CMS 性能或有效性及继发性损坏的累积进行建模。案例中对两种维护策略下的预期生命周期成本采用一个随机模拟模型进行仿真和比较。给出的仿真结果显示，和现有的维护策略相比，在齿轮箱上应用 CMS 会产生附加价值。而灵敏度分析结果表明，CMS 本身的性能会对该附加值产生至关重要的影响。综合上述结论可以得出，为了获取更精确的关于经济价值的结论，CMS 的性能是不可忽略的重要因素[14-15]。

5.4　结　束　语

在这一章中首先讨论 CMS 经济效益评价的重要意义，具体为在 CMS 应用的经济性方面国内普遍存在疑虑，对于风机的项目开发商和运营商，值得思考的是对于是否选择安装状态监测和选择哪种监测系统效益最大。之后，针对风电机组安装 CMS 的经济效益问题进行了深入而细致的研究与评估，提出了经济效益的定性和定量两种评价方法。在定性方法中，通过对运行维护、缺陷管理、备品备件储备、大修技改项目申报几个环节的分析对比，得出了引入 CMS 的确比不安装 CMS 有更好的经济效益。在定量方法中引入 P-F 理论模型，对 CMS 性能或有效性及继发性损坏的累积进行建模。建立了一个随机模拟齿轮箱模型，其次在该模型上使用一个非完美的状态监测系统 CMS，最后通过 CMS 的附加经济价值进行量化研究。最终对是否应用 CMS、CMS 应如何选择、风电企业风电机组 CMS 的安装建议均给出了明确的解答。

参　考　文　献

[1] 陈雪峰, 李继猛, 程航, 等. 风力发电机状态监测和故障诊断技术的研究与进展[J]. 机械工程学报, 2011, 47(9): 45-52.
[2] 孙洪波. 基于振动监测系统的风机故障诊断与经济效益分析[D]. 北京: 华北电力大学, 2018.
[3] 徐婷. 风电机组能效评价与诊断研究[D]. 北京: 华北电力大学, 2016.

[4] 尹传涛. 风电机组能效评价与诊断研究[D]. 北京: 华北电力大学, 2017.

[5] 崔伟. 风力发电机组振动状态监测与故障诊断系统研究[D]. 北京: 华北电力大学, 2014.

[6] 谢源, 高志飞, 汪永海. 海上风力发电机组远程状态监测系统设计[J]. 测控技术, 2016, 35(4): 27-30.

[7] 汪锋. 兆瓦级海上风力发电机组状态监测系统设计[J]. 数字技术与应用, 2014, (11): 170-171.

[8] 郭梅. 风力发电机传动系统振动监测与故障诊断系统研究[D]. 杭州: 浙江大学, 2017.

[9] Pérez J, Márquez F. Condition monitoring and fault diagnosis in windenergy systems[J]. Eco-Friendly Innovation in Electricity Transmission and Distribution Networks, 2015, 20(2): 221-241.

[10] Kandukuri S T, Klausen A, Karimi H R, et al. A review of diagnostics and prognostics of low-speedmachinery towards wind turbine farm-level health management[J]. Renewable & Sustainable Energy Reviews, 2016, 53(3): 697-708.

[11] 陈文涛, 谢志江, 陈平. 风力发电机组齿轮箱故障监测与诊断[J]. 机床与液压, 2012, 40(3): 167-169.

[12] 全建成. 关于风力发电机组振动监测系统数据分析和故障预警应用研究[C]. 中国农业机械工业协会风力机械分会, 上海, 2016.

[13] 和晓慧, 刘振祥. 风力发电机组状态监测和故障诊断系统[J]. 风机技术, 2011, (6): 50-52.

[14] Silvio S, Saverio F, Paolo C. Wind turbine simulator fault diagnosis via fuzzy modelling and identification techniques[J]. Sustainable Energy, 2015, 28(3): 45-52.

[15] 彭华东, 陈晓清, 任明, 等. 风电机组故障智能诊断技术及系统研究[J]. 电网与清洁能源, 2011, 27(2): 61-66.

第6章 基于时频分析方法的风电机组传动链故障诊断

风能已成为当今世界上发展最快的可再生能源之一。然而，随着风电机组装机容量、运行时间的快速增长，风电机组运行中的故障日趋增多，风电行业的维护需求骤增，风能的迅速发展已经给风力发电机组的故障诊断技术，特别是自动诊断技术带来了前所未有的挑战，使得对风电机组自动故障诊断方法的研究日益受到重视。

6.1 引 言

目前的风电机组传动链故障诊断方法中，理论较为成熟且效果比较好的是基于时频域信号处理的故障诊断技术。根据相关统计分析，有关风电机组的故障诊断文献中，有80%以上的研究方法是基于信号的故障诊断方法。而对于信号特征提取比较常用的方法是基于时域、基于频域和基于时频分析的故障特征提取，这里时频域的方法最为普遍，本章我们也主要介绍基于时频域的特征提取方法。图 6-1 为风机传动链的故障诊断过程一般流程[1]。下面分别对这几种故障特征提取技术进行简单的介绍。

6.1.1 时域和频域分析方法

时域的特征提取是最早应用于风电机组故障诊断的技术。通过对采集的振动信号进行统计分析，得到信号的各个统计指标，主要有平均值、均方根、标准差、偏度、峭度和波峰系数等。时域信号直观、信息量大，最能体现振动信号特征。通过对时域信号的分析，可以提取信号的幅值，获取信号的变化规律，能够初步判断设备的运行状况。李继猛等[2]通过对比正常风电机组和故障风电机组的电机振动信号，经由峰值、峭度等时域统计参数和马氏距离法，识别出滚动轴承故障特征。苏文胜等[3]利用自相关系数和峭度准则进行滚动轴承的早期故障诊断。万书亭等[4]利用时域分析参数中的峭度、峰值及有效值的运行变化来观察轴承信号的运行情况，进行滚动轴承的故障诊断。但不足之处是这几类时域特征容易受到噪声的影响，只能判断故障的有无及故障的损伤程度等，对故障类型难以分辨。

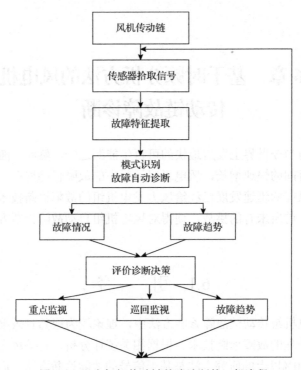

图 6-1　风电机组传动链故障诊断的一般流程

信号的频域特征提取是指将时域信号变换成频域信号，并在信号的频域中通过提取频谱中的频率成分、特征频率等信息来进行轴承故障诊断的方法，揭示关于信号频域内的相关信息。傅里叶变换(FT)的引入使频谱分析在故障诊断领域普及开来，它可以通过了解对象的动态特性，将信号特征由时域转换到频域上，可以发现时域内不容易观察的信号特征，从而对设备的运行状态作出评价并且准确有效地诊断设备的故障。信号的频域特征提取常用的分析方法主要包括：傅里叶变换、频域特征参数法、功率谱分析、包络谱分析、倒谱分析等。徐亚军等[5]采用阶次谱分析对变工况的滚动轴承进行分析，能够提取出滚动轴承的振动故障特征频率，从而有效地对变转速情况下的风机轴承进行诊断。Liang 等[6]对功率谱、倒频谱及高阶谱进行了介绍并在故障诊断中应用。Muruganatham 等[7]采用奇异谱进行风机的振动信号特征提取和分析。李凌均等[8]采用全矢谱技术对轴承振动数据进行处理，提取出信号的故障特征，进一步对滚动轴承进行故障诊断。Sheen 等[9]提出了一种基于系统共振模式的包络估计算法，大大提高了信噪比，有效提取出轴承故障特征频率，并提出将指数衰减频率作为轴承故障程度的量化指标。与时域信号分析不同，频域分析是通过使用快速傅里叶变换(FFT)在频域内进行的分析，本质上与时间尺度信息不相关，并不适用于非平稳信号的分析。

因此，只能在全局上应用，不能分析信号的局部变化，这在一定程度上限制了其应用。

6.1.2　时频分析方法

傅里叶变换只是将信号整体从时域变换到频域，但是变换之后的频谱图几乎不能反映信号的任何时间信息，这对于线性信号或平稳信号的分析或许可以达到要求，但是对于非线性非平稳信号，由于信号的频率是时变的，分析起来便会显得比较困难。此时便需要采用信号的时频域分析技术，时频分析的基本思想是：设计时间和频率的联合函数，用它同时描述信号在不同时间、不同频率的能量密度和强度，因此可用来提取信号的时频特征，即某局部时间内所含的频率成分或某一频率成分随时间的变化情况。利用时频分布来分析信号，能给出各个时刻的瞬时频率及其幅值，并且能够进行时频滤波和时变信号的研究。常用的时频特征提取方法主要有：短时傅里叶变换(STFT)、维格纳分布(Winger-Ville)、小波变换(WT)及希尔伯特-黄变换(HHT)等。

短时傅里叶变换相当于加窗傅里叶变换，是通过可移动的窗函数在时间轴上的移动得到不同时间区间范围内的频率分布情况，这些频率分布的集合便是短时傅里叶变换的时频分布。隆军等[10]通过运用 STFT 和 HHT 相结合的方法实现了对风电机组轴承的故障诊断。由于短时傅里叶变换采用窗宽度固定，因此仍存在时域分辨率和频域分辨率彼此矛盾的问题，即提高其中的一个分辨率，另一个分辨率便会相应地降低。

维格纳分布等同于信号的能量在时频域的整体分布情况，能够更好地反映信号的时变特征，因此比较适合分析非平稳且时变的信号。石林锁等[11]将Wigner-Ville 分布和谱峭度结合提出了 Wigner-Ville 分布谱峭度算法，建立最优化滤波器对轴承信号进行滤波和故障诊断。Liu 等[12]在 Wigner-Ville 分布的基础上提出自项窗的方法用于滚动轴承的故障诊断中，能够有效抑制交叉项，提高滚动轴承的诊断效果。谢平等[13]将局部均值分解和 Wigner-Ville 分布结合，利用局部均值分解的分解功能和 Wigner-Ville 分布的时频特性，并计算 Wigner-Ville 谱熵，并用支持向量机识别风电机组轴承故障。

近年来，小波分析在风电机组滚动轴承的故障诊断中得到了越来越广泛的应用。小波变换属于多分辨率分析，通过窗口的伸缩变化可以在不同的分辨率下对信号进行分析，例如，对信号中的低频成分可以采用较高的频率分辨率，而对于高频成分可以采用更高的时间分辨率。向玲等[14]提出了一种基于经验小波变换的信号分析方法，能够诊断出旋转机械故障特征信息。张进等[15]在小波变换的基础上提出一种能够反映小波能量随时间变化的时间-小波能量谱的分析方法，并应用在滚动轴承故障诊断中,可以有效提取故障信号的微弱特征。但本质上讲,小波变换也是一种窗口可调的傅里叶变换,小波变换往往在使用过程中会造成信号能量泄漏,同时小波基的选取也是小波应用的一个难点[16]。

希尔伯特-黄变换是由美国工程院院士黄鄂于 1998 年提出的[17]。该方法首先对信号进行经验模态分解(empirical mode decomposition,EMD)以获得一系列具有单一频率组成的固有模态函数之后,再对得到的固有模态函数进行变换以得到固有模态函数的瞬时幅值和瞬时频率,最后便可计算出信号的幅值或能量在时域和频域的分布情况。EMD 是基于信号的局部特征时间尺度,自适应提取反映信号本质特征的固有模态分量,信噪比较高,特别适用于非平稳、非线性信号的分析处理[18]。然而 EMD 方法的主要问题是其存在端点效应、模态混叠、欠包络及过包络等。聚合经验模态分解(ensemble empirical mode decomposition,EEMD)是对 EMD 方法的一种改进,EEMD 方法有效削弱了 EMD 的模态混叠现象,但由于增加了迭代次数,运算量大大增加,使其算法效率较低。沈长青等[19]利用聚合经验模态分解(EEMD)分解同形态学滤波一起提取轴承振动信号中的周期性脉冲分量。李东东等[20]使用 EEMD 和分层分形维数对风机行星齿轮箱进行故障识别。之后,在此基础上又产生了变分模态分解(variational mode decomposition,VMD)[21-22],它是一种新的信号分解方法,将信号分为 K 个调幅-调频模态信号,每个模态都是围绕某一中心频率来确定的,每个模态的带宽都是一个约束优化问题。这种方法计算快速、信噪比高,能有效抑制模态混叠现象。目前,VMD 方法也已被应用于滚动轴承的故障特征提取。王新等[23]提出 VMD 结合支持向量机(support vector machine,SVM)的诊断方法并取得了一定效果。然而常规 VMD 算法分解模态数量 N 和惩罚因子 α 需人为设定,2 个参数如果选择不好对分解效果影响较大[24]。之后,Zheng 在此基础上,又提出了一种新的时频方法——局部均值分解(local mean decomposition,LMD)[25],该方法可以自适应地将复杂信号分解为一系列不同频率的乘积分量(PF),每个分量都是由一组纯调频信号和包络信号相乘得到,可有效消除传统方法分解信号时需要选取基函数的问题,更好地抑制端点效应,减少迭代次数并且保留完整的原始信号,非常适合对非线性、非平稳信号进行分析。王志坚等[26]提出用掩模法处理 LMD 分量的滚动轴承微弱故障诊断方法,取得了不错的效果。

近年来,针对现有方法的一些缺点和局限,很多学者进行了深入大量的研究,各种改进的故障诊断算法不断涌现。在这些方法中,大体思路都遵循了"时频方法的特征提取+模式识别方法的故障诊断",本章我们也延续了这样一个思路,给出了两种基于时频方法结合模式识别方法的故障诊断策略。两种方法各有优缺点,但均可以实现风电机组传动链(以传动链上的滚动轴承为例进行验证)的自动故障诊断。

　　方法一是我们之前在第 3 章提到的"基于聚合经验模态分解(EEMD)和核熵成分分析(KECA)的风电机组传动链故障自动诊断方法;方法二是我们提出的基于改进的 LMD 和极限学习机(ELM)的风电机组传动链故障自动诊断方法。下面我们就这两种方法的理论基础、应用原理和验证实例进行重点介绍。抛砖引玉,使读者能够更加深入地了解当前这种故障诊断方法的模式和效果。

6.2　基于 EEMD-KECA 的风机传动链故障自动诊断

　　本节主要介绍基于聚合经验模态分解(EEMD)的复合特征提取和基于核熵成分分析(KECA)的故障自动诊断方法。该方法的主要思想是:首先采用 EEMD 将原始信号分解成若干特征模态函数(IMF),计算 IMF 的能量信息和信号的能量熵构建复合特征向量并作为 KECA 的输入;之后建立 KECA 非线性分类器并引入一种新的监测统计量——散度测度统计量,实现故障的实时监测与自动诊断。采用KECA 可实现根据熵值大小进行特征分类,具有较强的非线性处理能力,且不同特征信息之间呈现出显著的角度差异,非常易于分类;最后通过实际风电机组的应用实例对算法进行了验证,结果表明该方法可有效提取信号中的故障特征,实现对滚动轴承的故障诊断,相比神经网络分类方法具有更高的识别率。

6.2.1　EEMD 算法

　　EEMD 算法是对 EMD 算法的重大改进。EMD 的本质是一个自适应二进制滤波器组,它能够将白噪声分解成具有不同中心频率的一系列特征模态函数(IMF)分量,而中心严格保持为前一个的 1/2,如图 6-2 所示。但是采集信号并不能像白噪声那样尺度平均分布在整个时间或频率尺度上,分解中一些时间尺度会丢失,造成模态混叠,为解决该问题,Huang 等提出了聚合经验模态分解(EEMD)方法,该方法向采集的信号中加入均匀的白噪声,使不同尺度的信号区域自动映射到与背景白噪声相关的适当尺度上[27]。每个测试样本都是由白噪声和信号本身组成的,噪声是随机的,而信号本身固定,当噪声样本足够多时,噪声就会被抵消,而信号维持不变。EEMD 的算法过程如下:

　　(1)在分析的数据中加入白噪声序列;

　　(2)用 EMD 方法将加入白噪声序列的信号分解成 IMFs;

　　(3)每次加入不同的白噪声序列,反复重复(1)、(2)直到达到设定的次数;

　　(4)把分解得到的 IMFs 平均值作为最终的结果。

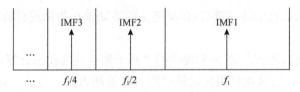

图 6-2　EMD 频率剖分图

在上述操作中添加白噪声的大小和反复重复(1)、(2)的次数为最重要的两个参数，标准误差表达式为如下方程：

$$e = \frac{a}{\sqrt{N}} \tag{6-1}$$

其中，a 为添加白噪声强度，N 为循环次数。从公式中可以看出，减小 a 和增大 N 都可减小误差，但是 a 太小在 EMD 分解中并不能起到作用，而次数过大又会增加运算量。根据 Huang 推荐标准：a 一般为原始信号标准差的 0.2 倍左右；N 为百次左右。本次算法我们也应用了此标准。

6.2.2　基于 EEMD 的能量熵提取

当滚动轴承某一部位出现故障时，在振动信号中频率分布会发生改变，故障振动信号在不同频带内的能量分布也会发生相应变化。由上面 EEMD 算法可知，EEMD 分解是将原始信号分解为不同频带内稳定的 IMF 分量，因此在 EEMD 分解的基础上，通过计算各 IMF 分量的能量分布，可初步判断滚动轴承运行的状态及区别故障的类型。

通过对滚动轴承振动信号 $x(t)$ 进行 EEMD 分解得到 n 个 IMF 分量，计算出各分量的能量信息 $E_1, E_2, \cdots, E_n$。若忽略剩余残余分量，由能量守恒可知，n 个分量的能量之和应该等于原始信号的总能量。由 EEMD 算法可知，各分量 $c_1, c_2, \cdots, c_n$ 包含不同的频率成分，各 IMF 分量能量形成轴承振动信号在频域的能量特征向量 $E = [E_1, E_2, \cdots, E_n]$。由此，我们可以定义 EEMD 的能量熵如下：

$$H_{\mathrm{EN}} = -\sum_{i=1}^{n} p_i \lg p_i \tag{6-2}$$

其中，$p_i = E_i / E$，$E = \sum_{i=1}^{n} E_i$ 为第 i 个特征模态函数 IMF i 的能量在总能量中的比重。

不失一般性，按上述算法分别计算某风电机组滚动轴承外齿圈、内齿圈、滚珠有故障及正常状态下的能量熵值，结果如表 6-1 所示。由表 6-1 可知，正常状态的轴承能量熵值要大于其他有故障的三种情况，这是因为，在正常状态下，振动信号的能量分布相对平均和不确定。当风机轴承的内圈、外圈和滚动体发生故障时，在相应频段内就会出现相应的共振频率，从而使得能量会集中在此频段内，使能量分布的不确定性减少，从而使熵值减小。对于轴承不同部位发生故障时，其出现的共振频带是不同的，即 EEMD 分解后的 IMF 各个频带能量的分布也会有所变化。基于此，我们提出将 IMF 的能量分布和能量熵值组成复合式特征向量，依据此特征向量就可以有效提取故障特征。

表 6-1　轴承不同状态时对应的能量熵

轴承状态	正常	滚动体故障	内圈故障	外圈故障
熵值	0.85	0.26	0.24	0.45

6.2.3　KECA 算法和数据转换

1. KECA 算法[28]

KECA 通过核映射将数据从低维空间映射到高维特征空间，解决数据的非线性问题，并在高维特征空间依据核熵的大小对数据进行降维，使降维后的数据分布与原点成一定的角度结构，不同特征信息之间呈现出显著的角度差异，因此，易于分类。

在应用 KECA 时，引入一种新的监控统计量——散度测度统计量来实现故障在线监测与自动诊断。该统计量通过衡量两种概率密度函数之间的"距离"，进行类别划分。KECA 算法简要描述如下：

核熵成分的概念是基于两个概念提出的，一个是 Renyi 熵：

$$\hat{V}(p) = -\lg \int p^2(x)\, dx \tag{6-3}$$

一个是 Parzen 窗密度估计：

$$\hat{p}(x) = \frac{1}{N} \sum_{x_t \in D} k_\sigma(x, x_t) \tag{6-4}$$

其中，N 为样本维数；x 为样本；$p(x)$ 是样本 x 的概率密度函数；$k_\sigma(x, x_t)$ 为核函数，其宽度由参数 σ 控制。以均值对 $\hat{V}(p)$ 进行估计，可以得到下式：

$$\hat{V}(p) = \frac{1}{N} \sum_{x_t \in D} \hat{p}(x_t) = \frac{1}{N^2} \sum_{x_t \in D} \sum_{x_{t'} \in D} k_\sigma(x_t, x_{t'}) = \frac{1}{N^2} I^{\mathrm{T}} K I \tag{6-5}$$

其中，K 为 $N \times N$ 的核矩阵，I 为元素均为 1 的 $N \times 1$ 向量。Renyi 熵可由样本核矩阵估计。将核矩阵进行特征分解 $K = \Phi^T \Phi = EDE^T$，D 为特征值矩阵 $D = \text{diag}(\lambda_1, \cdots, \lambda_N)$，$E$ 为特征向量矩阵 $E = (e_1, \cdots, e_n)$，代入式 (6-5) 得到下式：

$$\hat{V}(P) = \frac{1}{N^2} \left(\sqrt{\lambda_i} e_i^T I \right)^2 \tag{6-6}$$

由式 (6-6) 可看出，在核熵分析中选择对 Renyi 熵贡献最大的前 i 个特征值及其对应的特征向量，可以得到特征空间的数据 $\Phi_{\text{eca}} = D_k^{1/2} E_k^T$，进而得到特征空间中数据点的内积 $K_{\text{eca}} = \Phi_{\text{eca}}^T \Phi_{\text{eca}}$。

2. KECA 的数据转换

设数据集 $X \in R^n$ 通过 KECA 将数据映射到特征空间 F：

$$\left\{ \Phi : R^N \to F, x \to \Phi(x) \right\}$$

则有 $\Phi = \left\{ \Phi_{(x_1)}, \cdots, \Phi_{(x_n)} \right\}$，将式 (6-5) 作为 KECA 投影方向的准则，构建投影向量 u_i 为

$$u_i = \frac{1}{\sqrt{\lambda_i}} \varphi e_i \tag{6-7}$$

由式 (6-7) 得到原数据在 KECA 变换轴上的投影为

$$\begin{aligned} E_{ui} \Phi(x) = u_i^T \Phi(x) &= \left\langle \frac{1}{\sqrt{\lambda_i}} \sum_{j=1}^M e_{i,j} \Phi(x_j), \Phi(x) \right\rangle \\ &= \frac{1}{\sqrt{\lambda_i}} \sum_{j=1}^M e_{i,j} k_\sigma(x_j, x) \end{aligned} \tag{6-8}$$

由上可知，KECA 投影方向的选择兼顾了特征值的大小、对应特征向量元素之和这两个因素，因此，原始数据在 E_{ui} 上的投影可呈现更好的簇可分离性。

3. 引入散度测度统计量构建 KECA 监测与诊断模型

散度测度统计量又叫 CS (Cauchy-Schwarz) 统计量，可衡量两种概率密度函数 $p_1(x)$ 和 $p_2(x)$ 之间的"距离"，表示的是两种概率密度函数之间的相似度。此处，我们引入基于 CS 统计量的度量指标 D_{CS}，其计算公式如下：

$$D_{CS}(p_1, p_2) = -\lg \frac{\int p_1(x) p_2(x) \, dx}{\sqrt{\int p_1^2(x) \, dx \int p_2^2(x) \, dx}} \tag{6-9}$$

$0 \leqslant D_{CS} < \infty$，当且仅当 $p_1(x) = p_2(x)$ 时，$D_{CS}(p_1, p_2)$ 取得最小值。

假设 Parzen 窗是半正定核函数(大多采用高斯核函数)，即 Parzen 满足 Mercer 条件，Parzen 窗可由核特征空间的内积来表示。

$$\hat{p} = \frac{1}{N} \sum_{x_t \in D} k_\sigma(x, x_t) = \frac{1}{N} \sum_{x_t \in D} \langle \Phi(x), \Phi(x) \rangle \tag{6-10}$$

经过计算可得

$$\hat{D}_{CS}(p_i, p) = -\lg \cos \angle(m_i, m) \tag{6-11}$$

式中，$m = \dfrac{1}{N} \sum_{x_t \in D} \Phi(x_t)$，$m_i = \dfrac{1}{N_i} \sum_{x_n \in D_i} \Phi(x_n)$，$\angle(m_i, m)$ 为向量 m_i 与 m 之间的夹角。散度测度指标就转化为 m_i 和 m 之间的角度余弦值。由于对数函数是单调函数，因此，我们只需关注 $\hat{V}_{CS}(p_i, p) = \cos \angle(m_i, m)$。当 $\hat{V}_{CS}(p_i, p)$ 值越小时，$\hat{D}_{CS}(p_i, p)$ 的值越大。

6.2.4 基于 EEMD-KECA 的故障诊断算法

将 EEMD 能量熵和 IMFs 的能量信息组成复合特征向量 T，作为 KECA 的输入样本，构建 KECA 分类器，从而实现故障的在线监测与诊断，算法流程图如图 6-3 所示。

1. 离线建模

具体步骤如下：

(1)数据获取与预处理。选取 l 个采样时刻的正常数据集和 $m_i (i = 1, 2, \cdots, n)$ 个采样时刻典型故障数据集(n 个故障)组成原始输入样本。为削弱噪声干扰，采用小波去噪法对原始输入样本进行数据预处理。本实验中选择 db5 小波，进行 4 层分解，使用软阈值法去噪。

(2)特征提取。对第 $i(i=0,1,2,\cdots,n)$ 个模态(0 为正常模态，1 到 n 为故障模态)，第 j 个时刻输入样本进行 EEMD 分解，得到若干 IMF 分量，并按式(6-2)计算信号的能量熵 H_{EN}。之后，取前 n 个 IMFs 的能量信息和 H_{EN} 构建第 i 模态，第 j 时刻的能量特征复合向量

$$T_{i,j} = [E_1, E_2, \cdots E_n, H_{EN}] \tag{6-12}$$

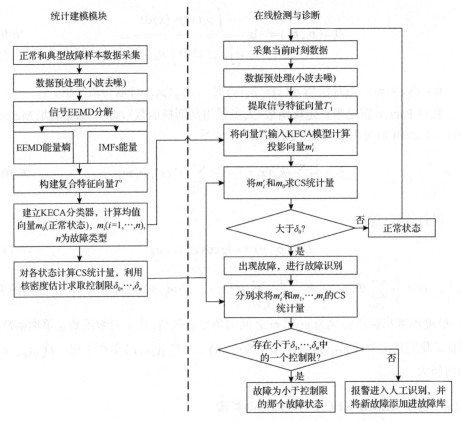

图 6-3　基于 EEMD-KECA 轴承故障诊断实现流程图

按下式对信号进行归一化处理

$$T_{i,j} = \left[E_1 / E, E_2 / E, \cdots, E_n / E, H_{\mathrm{EN}} \right] \tag{6-13}$$

其中，$E = \left(\sum_{s=1}^{n} |E_s|^2 \right)^{1/2}$，最后，将特征向量 $T_{i,j}$ 作为 KECA 的一个输入训练样本。

（3）建立 KECA 分类器。采用所有模态（正常和故障模态）下所有向量集 T' 建立 KECA 分类器，并分别计算每个模态投影后的均值向量 m_0（正常模态）、$m_1 \sim m_n$（故障模态）。计算第 i 个模态每个时刻输入样本 $T_{i,j}$ 与相应均值向量 m_i 之间的 CS 统计量，并采用核密度估计方法确定该模态下的统计量控制限 δ_i（$i = 0, 1, 2, \cdots, n$）。

2. 在线监测与诊断

具体步骤如下：

（1）采集当前时刻振动数据，采用与建模相同的方法进行数据预处理和 EEMD

分解，并提取相应的特征向量 T_1'。

(2)计算 T_1' 与均值向量 m_0 的 CS 统计量，并判断是否超出控制限 δ_0，未超过，正常状态，状态监测结束返回；否则，可能发生异常，此时，分别计算 T_1' 与均值向量 $m_1 \sim m_n$ 的 CS 统计量，并与相应控制限 δ_i $(i=0,1,2,\cdots,n)$ 进行比较，若在某控制限下，则判断为最可能发生该故障，自动给出判断结果返回。

(3)若所有控制限均超过，则判断可能发生了其他状况(可能是新的未知故障)，给出提示进行人工判断，进而模型故障库更新。

6.2.5 风电机组实验验证

1. 实验对象描述

为验证该算法的有效性，将该算法应用于内蒙古翁贡乌拉某风电场风电机组振动数据，该数据由安装在发电机驱动端轴承上的振动加速度传感器获得，采样频率为 25.6kHz，轴承型号为 6332MC3 SKF 的深沟球轴承，具体轴承的参数如表 6-2 所示，共采集了多台风电机组振动数据(所有风机型号均相同)。从获得的数据中我们筛选了已经确认为内圈磨损故障、外圈故障和轴承正常的三组数据，其中每组 80 个数据样本，共 3×80 组数据，每个样本采集点数为 4500 点。

表 6-2　风电机组滚动轴承参数

尺寸单位				
内径/mm	外径/mm	球数	厚度/mm	接触角
160	34	8	65	0°
故障频率/Hz				
内圈		外圈		滚动体
4.813		3.187		2.359

2. 基于 EEMD 的故障特征提取

1)EEMD 的特征提取结果

图 6-4(a)、(b)、(c)分别为风电机组的主轴承正常模态、内圈故障和外圈故障模态下振动信号的 EEMD 分解图，从图中可以清晰地看到，正常与故障模态、不同故障模态下的 IMFs 信号分量均发生了很大变化，尤其 IMF1～IMF6 变化显著，由于每一个 IMF 都代表一个频带，因此，上述情况表明当主轴承出现故障时，不同频带内的能量分布会发生显著变化，且不同故障能量分布在不同分量上。上述特点也可以透过能量特征分布图得到进一步验证，如图 6-5 所示。从图 6-5 中可以明确看出正常轴承、内圈故障轴承、外圈故障轴承均在不同频带上能量幅值有很大差别。

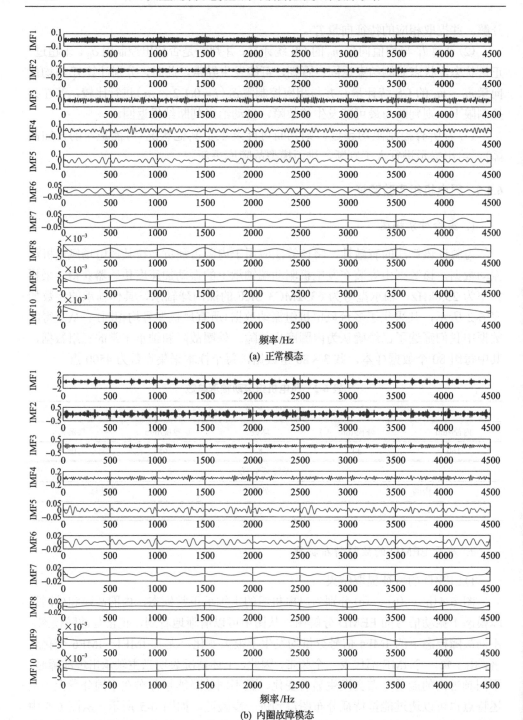

(a) 正常模态

(b) 内圈故障模态

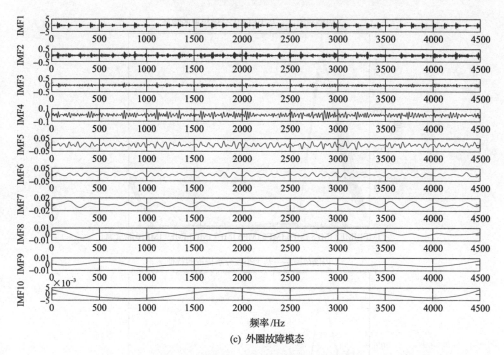

(c) 外圈故障模态

图 6-4　轴承振动信号的 EEMD 分解图

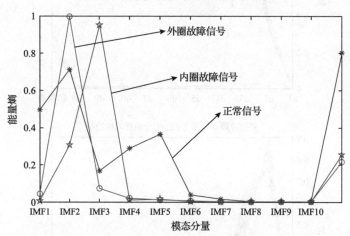

图 6-5　IMF 分量特征能量分布图

2) 小波与 EEMD 的特征提取结果对比

为了更加充分的说明 EEMD 在非平稳信号特征提取上的优势，我们对比了基于小波和基于 EEMD 的特征提取结果。其中，小波分解选择 db5 小波基，9 层分解，并选择 d1～d9 和 a9 以及小波的能量熵作为提取的特征向量；EEMD 对信号分解后提取 IMF1～IMF10 的能量和能量熵 H_{EN} 组成特征向量，如图 6-6 所示。从

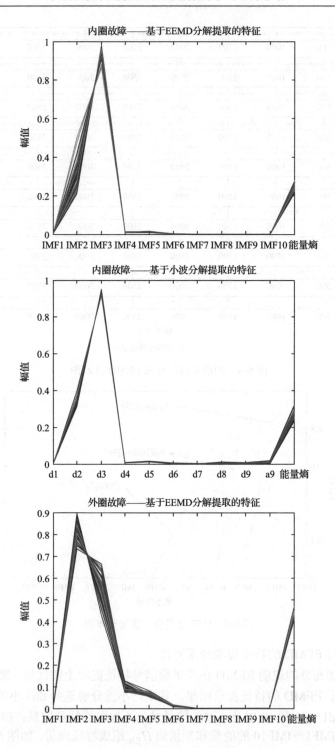

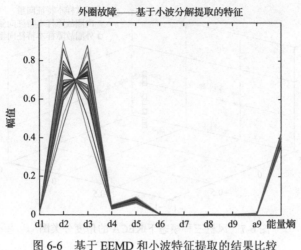

外圈故障——基于小波分解提取的特征

图 6-6　基于 EEMD 和小波特征提取的结果比较

图中可清晰地看到，80 个样本中，EEMD 提取的特征更加集中，且所有样本内圈故障特征均与外圈故障特征有明显区别；而小波提取特征比较分散，出现很大波动，其中部分内圈故障特征样本与外圈故障特征样本非常相似，显然对接下来的故障识别将引入偏差。究其原因可知，EEMD 对信号分解是根据信号自身特征进行的，并不像小波分解是根据选择的基函数进行分解，一旦基函数选定，分解方式也就固定了。

由以上分析可知：轴承的工作状态和故障类型不相同时，其 EEMD 能量熵值也不同，故可以通过 EEMD 能量熵值及结合 EEMD 分解后的 IMFs 能量特征向量判断轴承的工作状态和故障类型。接下来为了实现轴承故障的自动诊断，本章提出了基于 KECA 的故障监测与自动诊断方法。

3. 基于 KECA 的故障自动诊断

1)诊断结果分析

图 6-7 为 KECA 对正常特征向量和不同故障特征向量(内圈和外圈故障)进行降维和分类的三维图谱，从图中可清晰看出，经 KECA 特征提取后不同模态下样本具有明显的角度信息和结构，因此，采用 KECA 可以有效构建故障分类器。

图 6-8(a)、(b)、(c)分别将风机轴承的正常测试样本、内圈故障测试样本和外圈故障测试样本，投影到正常模态的 CS 统计量监测图中，实现对测试样本的在线监测。由图 6-8(a)可知，正常样本全部在控制限之下，表明未发生故障报警，轴承状态正常；而其他所有故障样本均发生了超过 CS 控制限的现象(图 6-8(b)、(c))，表明当前轴承状态有故障发生，此时并不知道发生何种故障。因此，一旦检测到故障，程序会自动采用故障模型进行故障的进一步诊断。

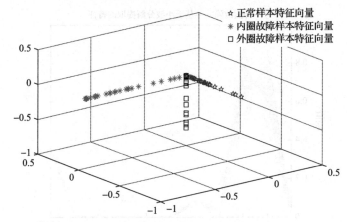

图 6-7　风机三种模态下 KECA 的角度分类图

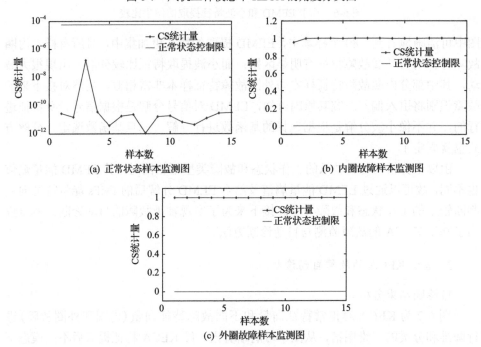

图 6-8　风机轴承不同模态下的 CS 统计量监测结果

　　图 6-9 和图 6-10 为分别采用内圈故障测试样本和外圈故障测试样本进行故障诊断的结果。将故障样本分别投影到两种故障模态(内圈故障模型和外圈故障模型)下获得故障诊断图。由图 6-9(a)和图 6-10(b)可知，在相应该故障的故障诊断图中，所有测试样本均在重构故障控制限之下，表明发生了该故障，而在其他故障诊断图中均未发生超限现象，表明不属于此类故障。此外，当所发生的故障不属于任何故障分类时，表明可能有新的故障发生，此时进入人工诊断，确定故障类

型，加入到已有故障库中，实现故障模型的不断更新。

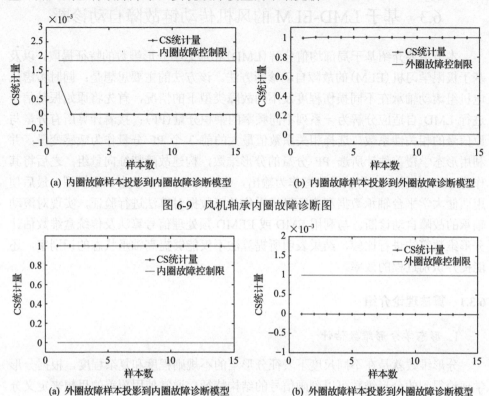

(a) 内圈故障样本投影到内圈故障诊断模型　　　(b) 内圈故障样本投影到外圈故障诊断模型

图 6-9　风机轴承内圈故障诊断图

(a) 外圈故障样本投影到内圈故障诊断模型　　　(b) 外圈故障样本投影到外圈故障诊断模型

图 6-10　风机轴承外圈故障诊断图

2）KECA 和 ANN 分类器故障识别结果比较

为了表明 KECA 基于角度分类效果的优越性，本节比较了基于 BP 神经网络分类器的分类效果，结果如表 6-3 所示，经过对比可以看出，针对已有的检验样本，KECA 的总体识别率可达 100%，而 BP 神经网络的识别率只有 91% 左右。由本例可知，KECA 在风机故障识别中相对更具有优势。

表 6-3　基于 EEMD-BP 与 EEMD-KECA 诊断结果比较

算法	轴承状态	训练样本数量	测试样本数量	训练样本识别率/%	测试样本识别率/%	测试样本总识别率/%
EEMD-BP	正常	80	15	100	93.34	
	内圈故障	80	15	100	86.87	91.18
	外圈故障	80	15	100	93.34	
EEMD-KECA	正常	80	15	100	100	
	内圈故障	80	15	100	100	100
	外圈故障	80	15	100	100	

6.3　基于 LMD-ELM 的风机传动链故障自动诊断

本节主要介绍基于局部均值分解(LMD)和形态学分形维数的特征提取，以及基于极限学习机(ELM)的故障自动诊断方法。该方法的主要思想是：同时考虑风电机组滚动轴承在不同损伤程度及不同故障类型下的情况，首先将原始振动信号进行 LMD 自适应分解为一系列不同频率的乘积分量(PF)；接着计算所有分量与原信号的相关性系数，选择相关系数值最大的前 3 个 PF 分量作为敏感变量；并利用形态学覆盖估计所选 PF 分量的分形维数，构建故障特征向量组；之后将其作为 ELM 的输入，将轴承状态作为输出，建立 ELM 轴承状态识别模型；最后使用西储大学平台轴承数据和实际风场采集故障数据对算法进行验证，实现对滚动轴承的故障自动诊断。与利用 EMD 或 EEMD 预处理信号算法及传统盒维数估计分形维数算法进行比较，结果表明所提算法不仅能够提高轴承状态的识别率，还能提升识别过程的效率。

6.3.1　算法理论介绍

1. 形态学分形维数估计

分形维数就是在不同尺度下表征分形集的不规则程度和复杂程度，根据分形学理论得到的分形维数可以刻画信号的结构特征。通常使用覆盖的思想来定义分形维数，形态学分形维数根据多尺度数学形态学覆盖的原理，在不同尺度下对信号进行膨胀和腐蚀运算，具体计算过程如下：

假设离散时间信号 $f(n)$，定义在 $F = (n = 0,1,\cdots,N)$，单位结构元素 $g(m)$，定义在 $G = (n = 0,1,\cdots,M-1)$，尺度范围为 $1 \leqslant \varepsilon \leqslant \varepsilon_{\max}$，且 ε 为正整数，$\varepsilon_{\text{times}}$ 表示尺度的个数，则在尺度 ε 下定义结构元素：

$$g^{\oplus \varepsilon} = \underbrace{g \oplus g \oplus \cdots \oplus g}_{\varepsilon_{\text{times}}} \tag{6-14}$$

在分析尺度 ε 下，离散时间信号 $f(n)$ 膨胀和腐蚀运算如式(6-15)、式(6-16)所示：

$$f \oplus g^{\oplus \varepsilon}(n) = \underbrace{((f \oplus g) \oplus g \cdots) \oplus g}_{\varepsilon_{\text{times}}} \tag{6-15}$$

$$f \Theta g^{\Theta \varepsilon}(n) = \underbrace{((f \Theta g) \Theta g \cdots) \Theta g}_{\varepsilon_{\text{times}}} \tag{6-16}$$

则尺度 ε 下形态学覆盖的面积 $A_g(\varepsilon)$ 为

$$A_g(\varepsilon) = \sum_{n=1}^{N} \left[f \oplus g^{\oplus \varepsilon}(n) - f \Theta g^{\Theta \varepsilon}(n) \right] \tag{6-17}$$

Maragos 证明，当 $\varepsilon \to 0$ 时，有

$$\ln \frac{A_g(\varepsilon)}{(\varepsilon')^2} \approx D_M \ln \frac{1}{\varepsilon'} + \ln c \tag{6-18}$$

式中，D_M 为 Minkowski-Bouligand 维数；c 为常数；归一化处理尺度 $\varepsilon' = 2\varepsilon/N$，对 $\left\{ \ln A_g(\varepsilon)/(\varepsilon')^2, \ln(1/\varepsilon') \right\}$ 进行最小二乘拟合，该直线斜率即为分形维数 D_M 的估计。

2. 局部均值分解(LMD)

利用形态学估计信号分形维数与传统维数计算方法相比，同样难以避免被噪声所干扰，而风电机组滚动轴承往往工况复杂，采集的振动信号含有很多环境噪声，能体现轴承运行状态的特征信息常被噪声湮没，分形维数计算准确性降低。因此，通过形态学分形维数判断滚动轴承系统的工作状态前，须先对故障信号进行降噪处理。局部均值分解是一种分析非平稳、非线性的信号处理方法，能够提取在强背景噪声等干扰下的振动信号故障特征成分，理论上每个乘积分量代表着原信号不同频率成分。

1) LMD 算法

对于振动信号 $f(t)$，LMD 的分解步骤如下：

(1) 找到原信号 $f(t)$ 所有的局部极值点 $n_i(1, 2, \cdots)$，据此求出相邻极值点的均值 m_i 和包络估计值 a_i，公式如下：

$$\begin{cases} m_i = \dfrac{n_i + n_{i+1}}{2} \\ a_i = \dfrac{|n_i - n_{i+1}|}{2} \end{cases} \tag{6-19}$$

经过滑动平均处理得到局部均值函数 $m_{11}(t)$ 和包络估计函数 $a_{11}(t)$。

(2) 原信号 $f(t)$ 减去 $m_{11}(t)$，分离 $f(t)$ 中的局部均值函数，得到

$$h_{11}(t) = f(t) - m_{11}(t) \tag{6-20}$$

(3) 用 $h_{11}(t)$ 除以 $a_{11}(t)$，得到解调信号

$$s_{11}(t) = h_{11}(t) / a_{11}(t) \tag{6-21}$$

对 $s_{11}(t)$ 重复以上步骤，包络估计函数满足 $a_{1(n+1)}(t)=1$ 时停止。

(4)计算所有包络估计函数的乘积，即

$$a_1(t)=a_{11}(t)a_{12}(t)\cdots a_{1n}(t)=\prod_{q=1}^{n}a_{1q}(t) \tag{6-22}$$

(5)计算包络信号 a_1 和纯调频信号 $s_{1n}(t)$ 的乘积，得到第 1 个 $\mathrm{PF}_1(t)$

$$\mathrm{PF}_1(t)=a_1(t)s_{1n}(t) \tag{6-23}$$

(6)原信号 $f(t)$ 分离出第 1 个 $\mathrm{PF}_1(t)$ 得到 $u_1(t)$，将其作为新原信号重复上述所有步骤，直到 $u_k(t)$ 为单调函数停止。

综上，原信号 $f(t)$ 被分解为 k 个 PF 分量和 1 个剩余分量 $u_k(t)$

$$f(t)=\sum_{p=1}^{k}\mathrm{PF}_p(t)+u_k(t) \tag{6-24}$$

2)PF 分量的选择方法

通过 LMD 分解信号自适应地得到 n 个 PF 分量，根据式(6-26)计算每个 PF 分量与原振动信号的相关系数，保留可以描述原信号特征信息的 PF 分量，作为待处理信号。

$$\rho_{xy}=\frac{\sum_{i=1}^{N}(x_i-\overline{x})(y_i-\overline{y})}{\sqrt{\sum_{i=1}^{N}(x_i-\overline{x})^2}\sqrt{\sum_{i=1}^{N}(y_i-\overline{y})^2}} \tag{6-25}$$

式中，$\overline{x}$ 为 PF 分量信号的均值；$\overline{y}$ 为原信号的均值；ρ_{xy} 为两组信号之间的相关系数，相关系数值的范围是–1 到 1。$|\rho_{xy}|$ 越大代表分量信号与原信号的相关性越大，$|\rho_{xy}|$ 越接近 0 代表分量信号与原信号的相关性越小，甚至不相关。

3. 极限学习机(ELM)

在得到表征滚动轴承状态的特征向量后，为了验证该特征提取技术的有效性和实用性，实现不同状态的分类，利用 ELM 建立滚动轴承的状态识别模型。

极限学习机[29]是一种前向型的单隐层神经网络模型，加上输入层和输出层，一共 3 层的网络结构，与传统的单隐层网络的模型结构类似，可以在保证学习精度的前提下极大地增加学习速度。与传统神经网络不同的是，ELM 输入层和隐含层之间的连接权值，以及隐含层神经元的阈值随机设定，只需要在刚开始创建网络的时候随机产生，而且一旦设定完成后不需要去调整；隐含层与输出层之间的连接权值不用迭代计算来训练求取，只需通过解方程组依次确定，由此加快学习的速度。需要确定的参数只有输入层到隐含层激活函数的类型及隐含层神经元的个数。

6.3.2　基于 LMD-ELM 的故障诊断算法

　　针对风电机组滚动轴承故障信号受噪声干扰严重，并且不同损伤程度及不同类型故障难以准确识别的问题，本节给出了一种利用形态学估计故障信号 LMD 分量的分形维数并与 ELM 结合的故障诊断方法。所提故障诊断方法的基本思路如图 6-11 所示，详细步骤如下：

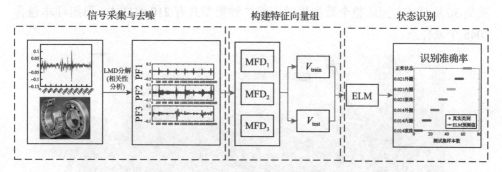

图 6-11　算法模型故障诊断识别过程

　　步骤 1　信号采集与去噪。①采集风机滚动轴承加速度振动信号，按照不同的状态抽取数据，根据已知 n 类轴承状态，设每类信号包括 s 组样本信号，每组数据采样长度为 L，组成信号集合 $\{x_{i,j}\}$ $(i=1,2,\cdots,n; j=1,2,\cdots,s)$；②使用 LMD 对所有样本进行分解，计算每组样本 PF 分量与原信号的相关系数，筛选得到相关系数值最大的 3 个 PF 分量作为敏感特征变量。

　　步骤 2　构建特征向量组。分析 n 类故障的每个样本的所选 3 个 PF 分量，利用形态学覆盖计算其分形维数，构建特征向量组 $V_i=[\mathrm{MFD_1};\mathrm{MFD_2};\mathrm{MFD_3}]$，按照随机划分，分别形成训练样本特征向量组 V_{train} 及测试样本特征向量组 V_{test}，之后数据归一化处理。

　　步骤 3　轴承状态识别。通过隐含层神经元个数的增加，比较选择 3 种激活函数时训练集和测试集整体识率的大小和稳定性，选择合适的 ELM 网络激活函数和神经元个数，用训练样本特征向量组 V_{train} 训练网络，用测试样本特征向量组 V_{test} 识别不同状态，统计各个类型及整体的准确率。实现滚动轴承不同状态的识别。

6.3.3　仿真实验验证

为了验证 6.3.2 节所提方法的有效性，本节采用美国凯斯西储大学(CWRU)
的轴承数据中心获得的滚动轴承数据进行验证。图 6-12 所示为滚动轴承故障试验
台。实验所用轴承为 SKF 6205 型深沟球轴承，采用电火花加工将单点故障引入试
验轴承，故障深度为 0.011in[①]。轴承数据中包含了不同转速的多组轴承不同故障
类型的数据，本章选择负载为 3HP、转速为 1730r/min、采样频率为 12kHz 驱动
端振动信号进行分析。为了更好体现提出算法的实用性，选择了包括 2 种损伤直
径为 0.014in 和 0.021in 在内的 6 种故障类型(不同故障类型与不同的损伤程度)，
分别是 0.014 滚动体故障、0.014 内圈故障、0.014 外圈故障、0.021 滚动体故障、
0.021 内圈故障、0.021 外圈故障，加上正常状态共 7 种类型。对于每一种类型，
采集 30 组样本，因此整个数据集对应着 7 种类型共有 210 组样本，每组样本包含
2048 个采样点。

图 6-12　西储大学的滚动轴承故障模拟实验台

1. 轴承振动信号的自适应 LMD 算法

对于 0.014 滚动轴承振动信号，当轴承内圈和外圈存在缺陷故障时，风机高
速运转经过缺陷处会产生周期性冲击，从而在采集的加速度信号中出现高频故障
频率。滚动体缺陷相对于另两种故障情况较为复杂，冲击特性比较模糊，冲击规
则不明显，运动规律混杂，且与正常状态不易区分。同理，0.021 振动信号故障类
型与 0.014 相同，但它比 0.014 的损伤程度大，同时识别不同损伤程度及不同故障

---

① 1in=2.54cm。

类型不易实现。

　　利用 LMD 对上述轴承振动信号进行分解，自适应分解为由高频到低频的乘积分量。以 0.014 外圈故障为例，分解结果如图 6-13 所示。LMD 可以将 0.014 外圈故障信号分解为 6 个分量，准确地将信号中不同的振动模式分离，以此表达故障信号中包含的不同特征成分。每一个分量都具有物理意义，对应着原信号中不同的频率成分，并且幅值与原信号的相应成分也有对应关系。图 6-13 最后一行为残余分量 $u_5(t)$，它的幅值接近于 0。

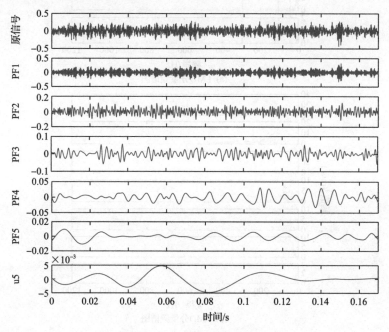

图 6-13　LMD 的时域分解图

　　为了进一步证明 LMD 算法提取特征的优势，与 EMD、EEMD 方法进行比较。使用 3 种方法分解 0.014 外圈故障信号，对分解分量做频谱分析，图 6-14 为 3 种分解结果的频谱，其中 EMD 和 EEMD 只取前 7 个分量分析，其余低频分量视作信号残余。

　　从图 6-14(a)可以看出，LMD 可以把信号从高频到低频依序分解，模态混叠部分很少，分解效果较好。图 6-14(b)的 EMD 虽然在高频部分能使信号分解清晰，但是中低频部分模态混叠严重，不能完整分解信号各个部分，对特征的提取会有一定的影响。图 6-14(c)EEMD 虽然分解效果比 EMD 好，较 LMD 稍差，但是在中低频段的频率仍有部分重叠，而且在实际操作中，EEMD 算法比较复杂，耗时较长，不利于实时诊断。LMD 相比于 EMD，EEMD 不仅可以将信号各个部分清晰分解开，突出故障信息，而且迭代次数少，计算效率高，由此选用 LMD 对信号进行分解。

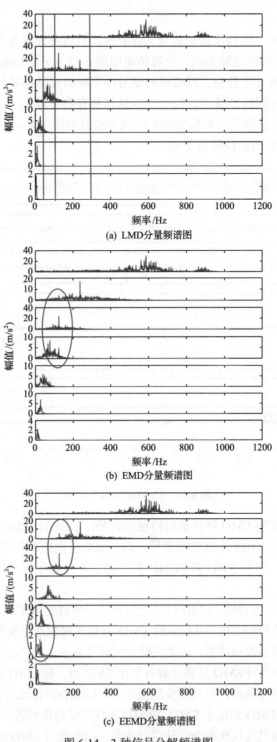

(a) LMD分量频谱图

(b) EMD分量频谱图

(c) EEMD分量频谱图

图 6-14　3 种信号分解频谱图

　　仍以 0.014 in 外圈故障信号为例，计算 LMD 所有分量与原信号的相关系数，如图 6-15 所示，7 种类型的 PF 分量相关系数值都呈单调下降趋势，且下降幅度较大。第 1 个 PF 分量相关系数值最大，6 种故障基本在 0.9 以上，包含的故障特征信息最多，第 2、3 个 PF 分量次之；6 种故障从第 4 个 PF 分量开始的相关系数值基本不大于 0.1，与原信号相关度较小，为噪声等干扰分量。总体来说，前 3 个 PF 分量相关系数值绝大部分在 0.2 以上，与振动信号的相关度较高，能够充分反映信号故障特征信息。故在 7 种状态下都选择前 3 个 PF 分量作为敏感分量，进行下一步形态学分形分析。剩余 PF 分量多为噪声等干扰成分，则作为虚假分量，予以剔除。

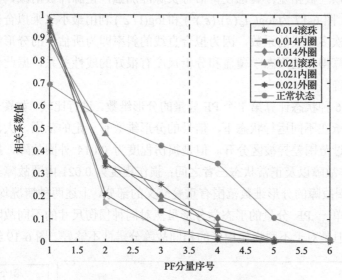

图 6-15　各个 PF 分量的相关系数

2. 特征提取

1)结构元素 g 及尺度 ε 的选择

　　在形态学估计信号分形维数过程中，选择合适的结构元素 g 以及分析尺度 ε 是十分关键的[30-31]。利用形态学估算维数的结构元素选取有一定限制，扁平型结构元素作为单位结构元素，扁平型结构元素可以保持原信号的主要形状特性，还可以消除振动信号幅值范围对计算结果的影响，并且计算过程省去了一部分加减运算，计算时间比其他类型的结构元素都要少，故本章在各项计算中都使用扁平型结构元素 $g = [0 \quad 0 \quad 0]$。最大分析尺度 $\varepsilon_{\max}$ 并没有固定的确定方法，分析范围在 $1 \leqslant \varepsilon \leqslant N/2$ 内即可，但是尺度越大，分析时的运算量越大，结合轴承振动信号实际特点，本章设置 $\varepsilon_{\max}$ 为 40，即分析尺度范围为 $1 \leqslant \varepsilon \leqslant 40$。

2) 计算形态学分形维数

　　用形态学分别估计 7 种状态下筛选出的前 3 个 PF 分量的分形维数，仍以 0.014 外圈故障为例，经 LMD 分解后第 1 个 PF 分量包含的轴承故障特征信息最多，图 6-16 给出了第 1 个 PF 分量形态学覆盖示意图。信号上方是在两种尺度下利用扁平型结构元素进行形态学膨胀运算的结果；信号下侧是在相同条件下进行形态学腐蚀运算的结果。实线代表尺度 ε 为 40，点画线代表尺度 ε 为 20，通过图 6-16 可以看到第一个 PF 分量信号关于结构元素 g 的部分膨胀及腐蚀，实际上是对分量信号形成了不同尺度时的上下包络。膨胀使得信号正脉冲加强，负脉冲被滤掉，等同于"峰顶"被拓宽；腐蚀使得信号负脉冲加强，正脉冲被消减，等同于"谷底"被加宽。图 6-17 为 $\log(A_g(\varepsilon)/(\varepsilon')^2)$ 和 $\log(1/\varepsilon')$ 利用最小二乘拟合得到双对数图，仅取一次多项式的系数，因为拟合直线的斜率即为所估计的分形维数。可以看出通过计算得到的形态学覆盖和分析尺度有很好的线性关系，据此估计的分形维数非常精确。

　　对其余 6 种状态计算第 1 个 PF 分量的分形维数，进行比较，如图 6-18 所示。可以看到轴承在不同运行状态下，信号的分形维数有一定的范围，大部分的故障类型可以通过范围差异被区分开。但是损伤程度为 0.014 外圈故障，损伤程度为 0.014 滚动体故障以及正常状态三者之间；损伤程度为 0.021 内圈故障与损伤程度为 0.014 内圈故障的分形维数范围有重叠交叉的部分，上述两种情况均不易区分。可知仅使用单一 PF 分量的形态学分形虽然对同种损伤尺寸的不同故障有不错的识别效果，但是对于不同损伤程度的相同故障分辨性不够好。图 6-19 给出增加为

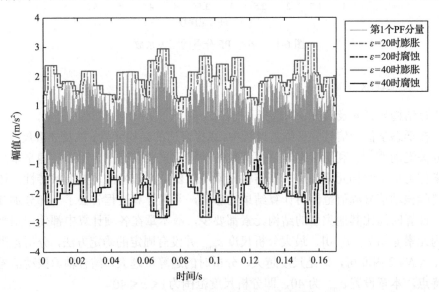

图 6-16　第 1 个 PF 分量的形态学覆盖

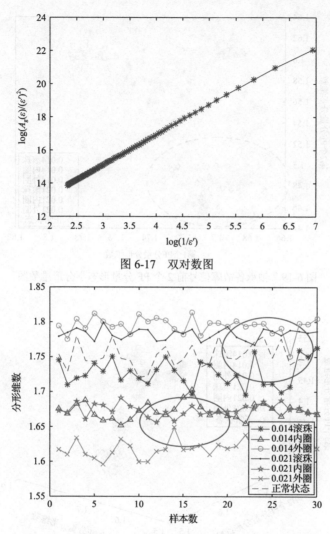

图 6-17　双对数图

图 6-18　信号第 1 个 PF 分量的形态学分形维数特征走势

2 个 PF 分量的形态学分形维数散点图，虽然总体混叠现象有所改善，但是同种类型的数据分布比较分散，而且 0.021 内圈、0.021 外圈和正常状态存在一定的混叠。

　　继续利用相同的方法，验证 3 个 PF 分量的分形维数作为特征量的有效性。为了直观看出不同状态之间特征参数的差异，绘制三维散点图 6-20，7 种状态类型可以通过三维 PF 分量分形维数特征区分开，聚类效果较一维和二维非常明显，且类内聚合度高，不仅能够区分相同损伤尺寸不同的故障，还可以有效表征不同损伤程度相同故障的轴承特征信息，可为轴承的非平稳故障诊断提供一种新的三维无量纲指标，若滚动轴承出现故障，其特征向量所描述的样本与正常状态时的样本群不一致，由此反映轴承工作状态是否正常。

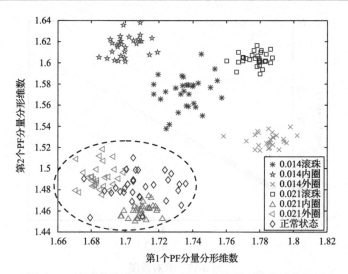

图 6-19　轴承各故障信号前 2 个 PF 分量形态学分形维数图

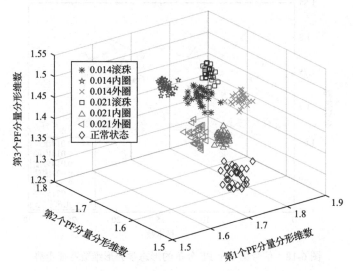

图 6-20　轴承各故障信号前 3 个 PF 分量形态学分形维数图

　　为了减少人为的错判，实现故障的自动识别，并将识别结果可视化，在提出的算法中引入 ELM 智能分类识别方法。

3. 基于 ELM 的故障自动识别

　　利用 6.3.2 节得到三维特征向量，对其进行归一化预处理后形成输入矩阵。因为训练样本包括 7 种状态，所以 ELM 的输出神经元的个数是 7 个，以此作为输出。实验中，首先将 7 种状态下的 210 组样本随机分成两份，一份为总样本的 2/3，作为训练样本，另一份为总样本的 1/3，作为测试样本，为了避免样本划分对实验结果的偶然性,实验重复进行 20 次,每一次的实验样本随机选取,统计 20 次实验过程的平均准确率。

ELM 的输入层到隐层权值与阈值随机产生,无须迭代学习,在建立 ELM 识别模型时只用确定隐层激活函数的类型和神经元的个数,常见的激活函数有"Sin""Sig""Hardlim",随着隐层神经元个数的递增,不同激活函数对整体训练集与测试集的影响如图 6-21 所示。

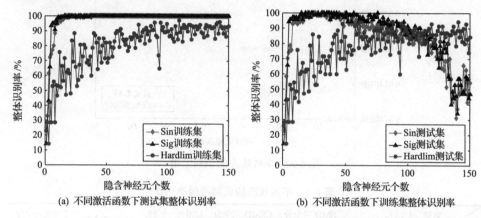

(a) 不同激活函数下测试集整体识别率　　　(b) 不同激活函数下训练集整体识别率

图 6-21　训练集与测试集的整体识别率

从图 6-21(a)可以看出,选取激活函数"Hardlim"时训练集的整体识别率随着神经元个数的递加增长缓慢,在神经元个数达到 60 后整体识别率才稳定在 90% 附近;而"Sin"与"Sig"在神经元个数为 20 左右时,已稳定达到 100%。从图 6-21(b)同样可以发现,激活函数为"Hardlim"时测试集整体识别率随着神经元个数的递加增长缓慢,而且只有在神经元个数较多时,整体识别率才有一定提升,但是 ELM 模型神经元个数越多,训练时间也就越长,所以不使用"Hardlim"作为激活函数。"Sin"与"Sig"在神经元个数为 20~40 范围内,测试集整体识别率在 100% 左右,两种激活函数整体性能相近,但是"Sin"相比于"Sig"训练集和测试集识别率波动大,故选取激活函数为"Sig",神经元个数为 24。

确定 ELM 参数后,采用所提方法对轴承状态进行分类预测,图 6-22 是 20 次重复实验中的一次分类效果图。此次分类识别的测试集准确率为 100%,没有错分。计算 20 次重复识别的平均正确率达到了 99.7143%。不同算法轴承单个状态的识别准确率及整体识别准确率由表 6-4 给出,可以得到所提算法,相较于不使用 LMD 预处理信号、使用 EMD/EEMD 预处理信号、使用 LMD 第一个 PF 分量及 LMD 分量结合盒维数 4 种算法平均识别准确率明显提高,单一状态与整体正确率接近 100%,错分率非常低。表 6-5 为四种算法在相同硬件条件下运行时间的对照表,可知,利用 LMD 预处理信号结合形态学分形维数或者盒维数识别时间远远快于 EMD 和 EEMD。LMD 前 3 个分量结合形态学分形维数作为特征在风机轴承故障的在线监测与诊断中，不仅有很好的识别准确性，还具有高效的计算效率。

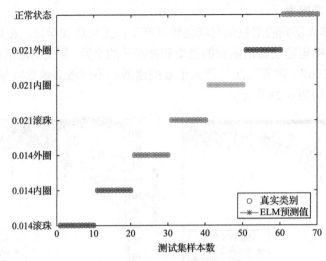

图 6-22　7 种状态的识别结果

表 6-4　不同状态的识别准确率(%)

算法 轴承状态	不经过 LMD 分解	EMD 三个分量-形态学分形维数	EEMD 三个分量-形态学分形维数	LMD 一个 PF 分量-形态学分形维数	LMD 三个分量-盒维数	LMD 三个分量-形态学分形维数
0.014 滚珠故障	93.0	98.0	97.5	68.0	82.5	100
0.014 内圈故障	31.5	75.5	97.5	32.0	97.0	100
0.014 外圈故障	26.0	78.5	82.5	72.0	86.0	100
0.021 滚珠故障	63.0	61.0	98.5	84.5	92.0	98.0
0.021 内圈故障	53.5	85.5	100	68.0	98.5	100
0.021 外圈故障	89.0	78.5	95.0	96.0	91.5	100
正常状态	93.0	97.5	100	63.5	96.5	100
平均准确率	64.1	82.1	95.9	70.0	92.0	99.7

表 6-5　4 种算法运算时间对比

算法类型	硬件与软件	整个算法运行平均时间/s
LMD-形态学维数		24.26
EMD-形态学维数	CPU：Core-i3-3110M	387.13
EEMD-形态学维数	RAM：8GB	496.69
LMD-盒维数		36.58

6.3.4　风电机组实验验证

　　为了进一步验证本书所提方法的有效性与可行性，本节仍使用从内蒙古翁贡乌拉风电场采集的风电机组传动链轴承故障加速度信号进行验证(风机型号都为阳明 1.5MW 风机）。该数据分为三种状态：正常状态、外圈故障和内圈故障。信号采样频率为 26kHz，轴承型号为 6332MC3SKF 深沟球轴承。

　　首先，利用 LMD 分别对风场采集数据进行自适应分解，达到从强噪声中提取信号有用成分的目的。根据式(6-26)计算所有 PF 分量与原信号的相关系数，如图 6-23 所示，可知三种状态 PF 分量相关系数值都呈下降趋势，选择相关系数值不小于 0.1 的前 3 个 PF 分量，包含着原信号的主要特征信息，确定为敏感变量。仍使用扁平形结构元素 g=[0 0 0]，设置分析尺度范围为 $1 \leq \varepsilon \leq 40$。

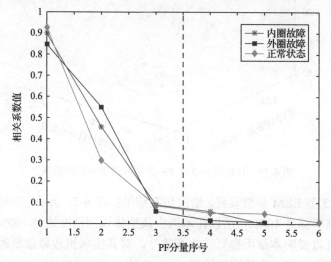

图 6-23　三种状态 PF 分量的相关系数

图 6-24 分别为一维和二维 PF 分量形态学分形维数走势与散点图，三种状态

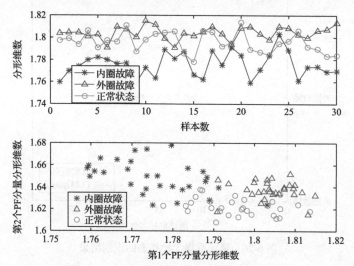

图 6-24　外圈故障一维特征走势与二维散点图

特征点出现交叉混叠，边界不清晰，区分效果不好。三维分形维数散点图如图 6-25 所示，聚类效果得到明显改善，可以完美区分风场数据三种状态。

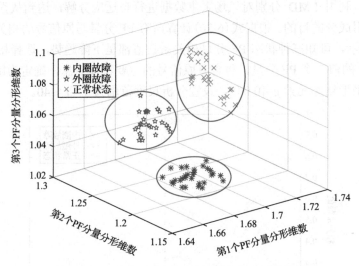

图 6-25　风场数据 3 个 PF 分量形态学分形维数图

　　使用 6.3.3 节 ELM 参数设置，给出仿真结果如图 6-26 所示，三种滚动轴承的状态识别准确率都是 100%，所以在本例中其整体识别精度达到 100%，没有误报出现。由此可以说明本章所提算法的有效性，对真实风机故障诊断精度高，诊断效果稳定性好，具有一定的实用价值。

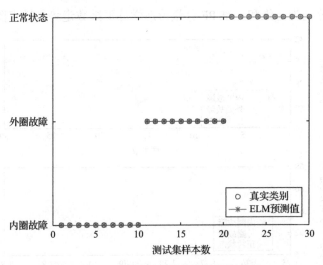

图 6-26　风场数据 3 种状态的识别结果

6.4　结　束　语

本章针对如何实现风电机组故障自动诊断的问题展开论述，首先介绍了目前应用比较广泛的时频分析方法，着重介绍了希尔伯特-黄变换的时频特征提取方法。之后，依据目前比较传统的研究思路和模式——"时频方法的特征提取+模式识别方法的故障诊断"，给出了团队提出的两种故障自动诊断方法：基于EEMD-KECA 的故障诊断算法和基于 LMD-ELM 的故障诊断算法，并采用相同的案例进行了算法有效性验证和比较，结果表明，两种方法均能较好地处理非线性、非平稳性的振动信号，模型的诊断精度均较高，比传统时频分析方法的准确率有所提升，而且运算时间较短，具有一定的工程实用价值。此外，LMD-ELM 算法还可以有效地表征不同损伤程度下相同滚动轴承的故障特征。

参 考 文 献

[1] 陈兆文. 基于信号的数学形态学方法及其在滚动轴承故障诊断中的研究应用[D]. 北京: 北京化工大学, 2013.

[2] 李继猛, 陈雪峰, 何正嘉. 基于时域统计量的风力发电机组故障诊断研究[C]. 全国振动工程及应用学术会议, 北京, 2010.

[3] 苏文胜, 王奉涛, 张志新, 等. EMD 降噪和谱峭度法在滚动轴承早期故障诊断中的应用[J]. 振动与冲击, 2010, 29(3): 18-21.

[4] 万书亭, 吴美玲. 基于时域参数趋势分析的滚动轴承故障诊断[J]. 机械工程与自动化, 2010, (3): 108-110.

[5] 徐亚军, 于德介, 孙云嵩, 等. 滚动轴承故障诊断的阶比多尺度形态学解调方法[J]. 振动工程学报, 2013, 26(2): 252-259.

[6] Liang B, Iwnicki S D, Zhao Y. Application of power spectrum, cepstrum, higher order spectrum and neural network analyses for induction motor fault diagnosis[J]. Mechanical Systems & Signal Processing, 2013, 39(1-2): 342-360.

[7] Muruganatham B, Sanjith M A, Krishnakumar B, et al. Roller element bearing fault diagnosis using singular spectrum analysis[J]. Mechanical Systems & Signal Processing, 2013, 35(1-2): 150-166.

[8] 李凌均, 巩晓赟, 张恒, 等. 基于全矢谱和动态支持向量数据描述的滚动轴承故障诊断研究[J]. 机械强度, 2013, 35(2): 152-155.

[9] Sheen Y T. An envelope analysis based on the resonance modes of the mechanical system for the bearing defect diagnosis[J]. Measurement, 2010, 43(7): 912-934.

[10] 隆军, 吴金强. STFT 和 HHT 在风力机轴承故障诊断中的应用[J]. 噪声与振动控制, 2013, 23(4): 219-222.

[11] 石林锁, 张亚洲, 米文鹏. 基于 WVD 的谱峭度法在轴承故障诊断中的应用[J]. 振动、测试与诊断, 2011, 31(1): 27-31.

[12] Liu W Y, Han J G, Jiang J L. A novel ball bearing fault diagnosis approach based on auto term window method[J]. Measurement, 2013, 46(10): 4032-4037.

[13] 谢平, 杨玉昕, 江国乾, 等. 基于局部均值分解的滚动轴承故障诊断新方法[J]. 计量学报, 2014, 35(1): 73-77.

[14] 向玲, 李媛媛. 经验小波变换在旋转机械故障诊断中的应用[J]. 动力工程学报, 2015, 35(12): 975-981.

[15] 张进, 冯志鹏, 褚福磊. 滚动轴承故障特征的时间—小波能量谱提取方法[J]. 机械工程学报, 2011, 47(17): 44-49.

[16] Sun W, Yang G A, Chen Q, et al. Fault diagnosis of rolling bearing bad on wavelet transform and envelope spectrum correlation[J]. Journal of Vibration & Control, 2013, 19(6): 924-941.

[17] Huang N E, Shen Z, Long S R, et al. The empirical mode decomposition and the Hilbert spectrum for nonlinearand non-stationary time series analysis [J]. Proceedings Mathematical Physical & Engineering Sciences, 1998, 454(1971): 903-995.

[18] 杨永锋. 经验模态分解在振动分析中的应用[M]. 北京: 国防工业出版社, 2013.

[19] 沈长青, 谢伟达, 朱忠奎, 等. 基于 EEMD 和改进的形态滤波方法的轴承故障诊断研究[J]. 振动与冲击, 2013, 32(2): 39-43.

[20] Li D D, Zhou W L, Zheng X X, et al. Diagnosis of wind turbine planetary gearbox faults based on adaptive EEMD and hierarchical fractal dimension[J]. Transactions of China Electrotechnical Society, 2017, 32(22): 233-241.

[21] Dragomiretskiy K, Zosso D. Variational mode decomposition[J]. IEEE Transactions on Signal Processing, 2014, 62(3): 531-544.

[22] Tang G, Wang X, He Y, et al. Rolling bearing fault diagnosis based on variational mode decomposition and permutation entropy[C]. International Conference on Ubiquitous Robots and Ambient Intelligence, Xi'an, 2016: 626-631.

[23] 王新, 闫文源. 基于变分模态分解和 SVM 的滚动轴承故障诊断[J]. 振动与冲击, 2017, 36(18): 252-256.

[24] 刘长良, 武英杰, 甄成刚. 基于变分模态分解和模糊 C 均值聚类的滚动轴承故障诊断[J]. 中国电机工程学报, 2015, 35(13): 3358-3365.

[25] Zheng Z, Jiang W L, Wang Z W, et al. Gear fault diagnosis method based on local mean decomposition and generalized morphological fractal dimensions[J]. Mechanism and Machine Theory, 2015, 91(4): 151-167.

[26] 王志坚, 吴文轩, 马维金, 等. 基于 LMD-MS 的滚动轴承微弱故障提取方法[J]. 振动、测试与诊断, 2018, 38(5): 1014-1020.

[27] Wu Z, Huang N E. Ensemble empirical mode decomposition: A noise-assisted data analysis method[J]. Advances in Adaptive Data Analysis, 2009, 1(1): 1-41.

[28] Robert J. Kernel entropy component analysis[J]. IEEE Transactions on Pattern Analysis and Machine Intelligence, 2010, 32(5): 847-860.

[29] 王田田, 王艳, 纪志成. 基于改进极限学习机的滚动轴承故障诊断[J]. 系统仿真学报, 2018, 30(11): 4413-4420.

[30] Jensn R. Mean vector component analysis for visualization and clustering of nonnegative data[J]. IEEE Transactions on Neural Networks & Learning Systems, 2013, 24(10): 1553-1564.

[31] Nikolaou N G, Antoniadis I A. Application of morphological operators as envelope extractors for impulsive-type periodic signals[J]. Mechanical Systems & Signal Processing, 2003, 17(6): 1147-1162.

第7章 基于数学形态学方法的风电 机组轴承故障诊断

7.1 引 言

近年来，数学形态学作为一种有效的非线性信号处理方法被广泛应用到了信号的特征提取中，它不考虑信号的平稳性，对信号的处理完全在时域中进行，相对于其他非线性非平稳的信号处理方法，它具有相位不衰减和幅值不偏移等诸多优点。因此，基于数学形态学的机械设备故障诊断方法已成为当前的一个研究热点。

目前，数学形态学在机械设备故障诊断中的应用研究主要集中在对轴承振动、齿轮及电力信号的一些分析上，并且已取得一些学术成果。杜秋华等[1]运用数学形态学方法提取振动信号的包络特征，研究了腐蚀、膨胀、开运算和闭运算等四种形态学算子及结构元素(structuring element，SE)对处理结果的影响，并且应用该算法提取了滚动轴承的内圈故障和外圈故障的一些特征信息。章立军等[2]以齿轮故障信号为研究对象，提出一种基于信号形态特征的形态滤波方法，该方法证实了形态滤波算子对抑制信号噪声、保留信号非线性特征等方面有明显的效果。郝如江等[3]设计了一类多尺度混合形态滤波器来滤除信号中的噪声及无关的谐波成分，结果表明，在选取恰当的结构元素的情况下，该形态滤波器既能抑制噪声，还能提取出故障特征信息。Chen 等[4]提出一种基于信号的三角型形态学结构元素并将其应用到滚动轴承故障诊断中，结果显示，该算法能从种类较复杂的模型中识别出故障，该算法尤其强调了基于信号的结构元素的重要性。齐郑等[5]针对电力信号存在常见噪声干扰问题，提出一种正弦型和三角型相结合的复合结构元素，结果显示，该类结构元素的滤波性能较单一结构元素下的传统形态滤波器效果更佳。

综上所述，国内外研究人员在构造数学形态学模型的过程中主要考虑了两大核心问题：形态算子的组合形式和形态学结构元素的选取[6-7]。研究过程中虽然取得了一些成果，但同时也存在部分结果可靠性低或存在干扰项的问题。本章我们针对传统的单一开或者闭运算可能造成滚动轴承故障有用信息的损失及普通单一结构元素存在特征提取不完整等问题，深入研究如何实现开闭运算自适应，并提出一种新的 W 型结构元素的数学形态学故障诊断算法，以达到提高识别结果的可靠性和排除干扰项的效果。之后，将该方法应用到风机轴承实验平台进行验证，用以证明该算法的有效性和可行性。最后，将该方法应用于风电机组传动链采集数据，表明该方法具有一定的实用价值。

7.2　数学形态学简介

数学形态学是由法国地质学家 Matheron 和 Serra 于 1964 年创立的，最初的数学形态学应用在图像处理领域。Matheron 在 1975 年发表的著作——《随机集论及积分几何》被认为是数学形态学的理论奠基之作。随后在 1982 年 Serra 发表了《图像分析与数学形态学》，该专著对应用在图像处理领域的数学形态学方法进行了经典详尽的阐述，标志着数学形态学从理论到应用形成一个较为完整的体系。同年，Matheron 和 Serra 首次提出了形态滤波的概念，并渐渐应用到图像处理、医学信号和电力信号系统等领域，至此数学形态学就逐渐发展成为了一种有效的信号处理工具。数学形态学的核心思想是运用预先构造的具有一定几何特征的结构元素对信号逐步进行局部匹配或修正，以达到信号特征提取和噪声滤波的目的。

7.2.1　数学形态学的基本理论与运算

数学形态学与以往的信号处理方法不同在于：形态学处理是通过创建一个特定的结构元素来提取信号的有用信息[8]。形态学方法在处理过程中是利用结构元素在目标信号中从左至右移动，通过形态学基本算子进行比较，将一些噪声替换，保留下来该目标信号的绝大部分特征信息作为备用。因此，该方法具有很强的抑制脉冲干扰的能力，同时，形态学运算只包含膨胀和腐蚀两种基于加减法的运算算子，形态开和形态闭运算也只是以上两种算子的简单结合，与绝大部分在频域内处理的方法相比运算速度更快、复杂度更小。

数学形态学的基本运算包括膨胀、腐蚀，以此为基础可以构成形态开运算和形态闭运算。设某故障信号为 $f(n)$，定义域为 $D_f = \{0,1,2,\cdots,N\}$，定义 $g(n)$ 为结构元素，定义域为 $D_g = \{0,1,\cdots,P\}$，且 $P \leqslant N$。则 $f(n)$ 关于 $g(n)$ 形态腐蚀和膨胀运算的公式如式 (7-1) 和式 (7-2) 所示：

$$(f \Theta g)(n) = \min\left\{f(n+x) - g(x) \,|\, (n+x) \in D_f, x \in D_g\right\} \tag{7-1}$$

$$(f \oplus g)(n) = \max\left\{f(n-x) + g(x) \,|\, (n-x) \in D_f, x \in D_g\right\} \tag{7-2}$$

式中，Θ 为腐蚀算子；$\oplus$ 为膨胀算子。

基于腐蚀和膨胀运算的简单组合，形态开运算和形态闭运算的公式如式 (7-3) 和式 (7-4) 所示：

$$f \circ g = f \Theta g \oplus g \tag{7-3}$$

$$f \bullet g = f \oplus g \Theta g \tag{7-4}$$

式中，∘ 为开运算算子；• 为闭运算算子。

直观地说，数学形态学膨胀算子主要作用是增大谷值、扩展峰顶；腐蚀算子的主要作用是减小峰值、加宽谷域。而形态开、闭运算则是基于膨胀算子和腐蚀算子的复合极值运算，按照不同顺序级联构成[9]。根据上述形态算子的基本定义可以得出，数学形态学的信号分析具备两点特征：①数学形态学对信号的分析处理完全在时域中进行，处理的效果好坏只取决于信号时域的局部特征，具有相移不衰减及幅值不偏移的优点；②数学形态学方法的基本运算只包含加减、取最大最小值，不涉及其他的复杂运算，因此该方法在计算速度和计算时间方面的优势更加明显。

7.2.2 结构元素的选取

在数学形态学分析中，结构元素是该算法的核心部分，它的作用类似一个特征提取"窗"，所选取的"窗"的几何特征与该"窗"所框住的信号基元越相似，该部分信号能提取的特征信息就越多。常见的结构元素有扁平型、三角型、正弦型及两点型等，如图 7-1 所示。结构元素的选择往往需要根据原始的时域信号所包含的基元来定。

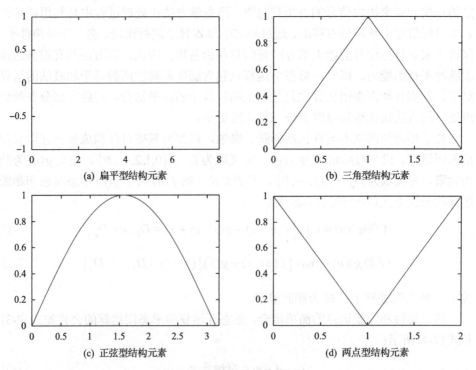

图 7-1 几种常见的结构元素

扁平型结构元素采用幅值均为零的一维矩阵，Nikolaou 等[10]曾用于处理一维信号的数学形态学方法当中，结果表明使用该种结构元素，不仅使得计算简单而且可以较完整地保留信号的形状特征。

根据经验，当滚动轴承出现局部缺陷时，其振动信号会产生富含该类故障信息的振动冲击，当轴承出现位置不同抑或损伤程度不同的缺陷时，轴承产生振动冲击的特征也不尽相同，因此对于不同的故障信号应选取不同的结构元素来分析。考虑到振动信号的非线性特点，该信号任意三个相邻幅值点所构成的几何形状近似一个三角，因此，本章首先采用三角型结构元素来分析滚动轴承的故障特征。在这一研究点上，国内的一些学者也取得了一些成果[11-12]。

选定结构元素的形状之后，三角型结构元素的高是对特征信号提取的又一关键参数。考虑到形态学分析方法是处理时域内的信号，而不同的故障信号的幅值大小呈现统计学的高斯分布，因此，我们运用信号幅值的标准差 σ 来探究结构元素高度。

假设故障信号服从统计学的高斯分布规律，那么认为信号的幅值绝对值在 $\pm n\sigma$ 范围内的部分主要是由轴承故障造成的，所包含的特征信息就是需要提取的轴承故障信息。根据正态分布置信区间的计算公式可知，$\pm 3\sigma$ 所覆盖的有效信号幅值置信区间为 99.7%，即统计范围覆盖了绝大部分特征信息。因此，可设定 $\pm 3\sigma$ 处所对应的信号幅值绝对值为三角型结构元素的高。此时，所得结构元素可能最有利于滚动轴承故障特征的提取。确定好结构元素的形状和高度之后，考虑到在数学形态学中，结构元素宽度越小，则信号的细节保持得越好，信号的脉冲数也就提取得越多。因此后续算法中，我们将三角型结构元素的宽度选定为 3。

采用的三角型结构元素具体构造过程如图 7-2 所示。

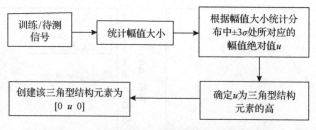

图 7-2　自适应的三角型结构元素的构造过程

7.2.3　基于三角型结构元素的特征提取效果分析

为了验证 7.2.2 节提出的结构元素在特征提取方面的有效性，以美国西储大学数据中心的转速为 1730r/min、损伤直径为 0.021in 的滚动轴承外圈故障信号为例，以简单开闭运算为形态算子，分别仿真了 $\pm\sigma$、$\pm2\sigma$、$\pm3\sigma$ 和大于 $\pm3\sigma$ 几种情况，并依据对应的信号幅值绝对值(0.14、0.61、2.67 和 10)设定为三角结构元素的高，应用到数学形态学方法中，仿真结果如图 7-3 所示。

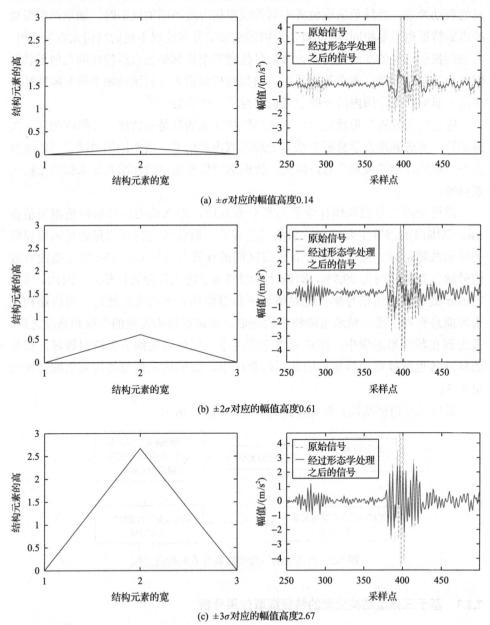

(a) $\pm\sigma$对应的幅值高度0.14

(b) $\pm2\sigma$对应的幅值高度0.61

(c) $\pm3\sigma$对应的幅值高度2.67

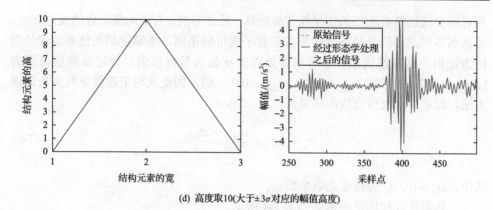

(d) 高度取10(大于±3σ对应的幅值高度)

图 7-3　中心高度不同的三角型结构元素的特征提取效果比较

由图 7-3 可知，图(a)、(b)表明提取特征信息过少使大量原信号信息丢失；图(d)表明信号处理前后几乎不发生变化，说明该结构元素已经毫无特征提取能力。而从图 7-3(c)可知，信号经过形态学运算之后既过滤了明显的噪声信号又尽可能多地保留了信号中的特征信息，说明该结构元素的特征提取能力明显优于其他取值，验证了 7.2 节确定三角型结构元素中心高这一方法的合理性。

7.3　自适应形态学方法的提出

传统的数学形态学方法包含形态开和形态闭及二者结合的闭开或开闭组合形态学处理方法。单一的形态开或者形态闭运算，处理速度更为快捷，但它只针对正或者负脉冲进行处理，容易导致信号处理不完整而损失信号中的有用信息。为了减小这种误差，我们提出了一种自适应形态学方法，即增加一个自适应权值，以组合方式完成形态学自适应的开闭运算，使形态学方法在开闭运算上更具灵活性和适用性。该方法可表示如下：

$$y(n) = \alpha \cdot F_{o}(f(n)) + (1-\alpha)F_{c}(f(n)) \tag{7-5}$$

式中，α 为加权因子，$0 < \alpha < 1$；$y(n)$ 为经过自适应形态学方法处理之后的信号；F_{o}、F_{c} 分别为对信号进行开和闭运算。

通过适当调整权值，可以得到形态开闭和闭开运算后信号的权重，得到不同算子的滤波贡献，改善处理的结果。依据信号滤波评价参数自动选择 α 值的大小，即为提出的自适应形态学方法。

7.3.1　最优加权因子的选取

α 值的选取对自适应形态学方法的处理效果至关重要，需要谨慎选取。由式(7-5)可知，α 取值较小，开运算处理后的信号在最终信号的中的权重就较小，相对而言闭运算处理后的信号权重就较高，反之亦然。为了均衡二者的权重比值，考虑到不同故障信号最适合的形态学算子也可能不同，本章以相关性系数评价指标为依据，选取达到最优信号滤波处理的 α 值为最终权值。设定 α 取值范围为 $[\alpha_{\min}, \alpha_{\max}]$，通常取 $\alpha_{\min} = 0.1$，$\alpha_{\max} = 0.9$，则 α 的变换可采取简单的步长递增方法，即第 k 次权值变换的结果为

$$\alpha_k = \alpha_{k-1} + \frac{\alpha_{\max} - \alpha_{\min}}{Q} \tag{7-6}$$

式中，$\alpha_0 = 0$，Q 为权值选取个数。

具体最优加权因子的求解如图 7-4 所示。

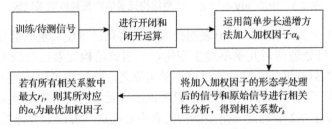

图 7-4　最优加权因子的选取

如图 7-5 所示，给出了自适应形态学算法中 α 值确定曲线 r-k，由图可知，α 值随着 k 值的变化，经过自适应形态学处理的信号与原始信号的相关性呈现先升高后降低的变化趋势，即存在一个使得处理效果最佳的相关系数最大值。由此可

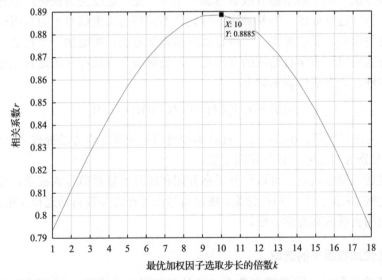

图 7-5　自适应形态学方法 α 取值比较

说明自适应形态学方法的提出相比单一形态学算子进行信号处理更具合理性，针对已知故障特征的信号求得最优加权因子，能提高相应结构元素的特征提取能力。

7.3.2　开闭组合算子和单一闭算子的特征提取能力比较

为了验证本节提出的自适应加权开闭组合形式的形态学方法在故障识别提取方面的可靠性，这里将该方法与传统的单一开闭运算形态学方法进行了比较。

仍然采用西储大学损伤直径为 0.021in 的轴承故障数据进行仿真比较实验。故障类型选择外圈(@3:00)故障信号。仿真结果如图 7-6 所示，为分别使用自适应形态学方法和单一形态闭运算方法对外圈故障测试信号与外圈故障建模信号进行相关性分析的结果。从图中可以看出，10 个测试样本中，自适应形态学方法的相关性均高于单一形态闭运算方法，表明该方法的故障识别度更好，抗干扰的能力更强，有利于提高结果的可靠性。

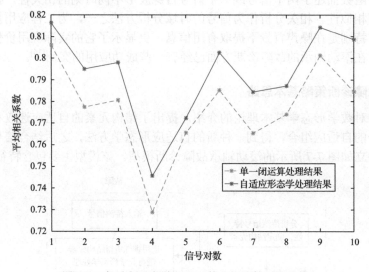

图 7-6　自适应形态学处理和单一闭运算处理比较

7.4　基于自适应数学形态学与相关分析的风机故障诊断

7.4.1　信号的相关分析方法

信号的相关分析最早于 1936 年由 Hotelling 提出，可分为自相关分析和互相关分析两种。通常旋转设备在故障状态下采集的随机信号及其相关函数包含的周期成分往往被强噪声所掩盖，而相关分析对这种被强噪声所掩盖的周期分量特征提取具有显著的优势，因此常被采用。在风电机组滚动轴承的故障诊断和分析中，一些早期微弱故障的振动信号中的周期分量不明显，难以通过直接观察发现故障特征，导致难以及时发现风电机组滚动轴承中出现的故障信息。本算法采用相关分析对经过数学形态学处理的形态谱进行分析，对微弱故障有较好的识别效果，体现了相关分析重要的应用价值[13]。

在滚动轴承故障诊断所有方法中，基于数学形态学的方法不失一般性地也能达到故障信号的识别和诊断，在具备一定先验条件的基础上可以结合信号频谱的相关性分析实现这一点。在所提算法中，将未知信号的形态谱和已知故障类型的训练信号形态谱进行相关分析，相关系数的变化范围为–1 到 1，相关系数越趋近于 1 表明两组信号的频域特性越相似。相关系数的计算公式为

$$r = \frac{\sum(x_i - \overline{x})(y_i - \overline{y})}{\left\{\left[\sum(x_i - \overline{x})^2\right]\left[\sum(y_i - \overline{y})^2\right]\right\}^{1/2}} \tag{7-7}$$

式中，r 为相关性系数；x_i 为训练信号；y_i 为待检测信号。

相关函数描述了两个信号或一个信号自身波形不同时刻的相关性，揭示了信号波形的相似性。相关分析作为信号的时域分析方法之一，为工程应用提供了重要信息，特别是在噪声背景下提取有用信息，更显示了它的实际应用价值。目前相关分析在滚动轴承的故障诊断方面已经有一些成功应用的案例[14]。

7.4.2　故障诊断策略基本思路

经过对数学形态学基本理论的介绍，提出了结构元素的自适应选取和形态学开闭算子的自适应组合，得到一种新的自适应形态学方法，之后结合信号的相关性分析确立如图 7-7 所示的滚动轴承故障诊断模型。该模型主要包含特征提取和

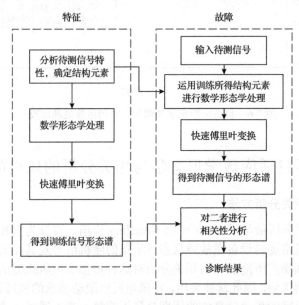

图 7-7　新的自适应形态学滚动轴承故障诊断模型

故障诊断两个部分：特征提取主要针对待测信号进行自适应形态学处理得到后续故障诊断所需先验知识，故障的诊断环节则通过相关性系数的大小进行识别。

7.4.3　故障诊断策略具体步骤

图 7-8 为基于自适应形态谱相关分析的风机轴承故障诊断算法流程图，算法包含两部分，左半部分为训练建模过程，右半部分为策略应用过程，即对待测信号进行故障识别和诊断。

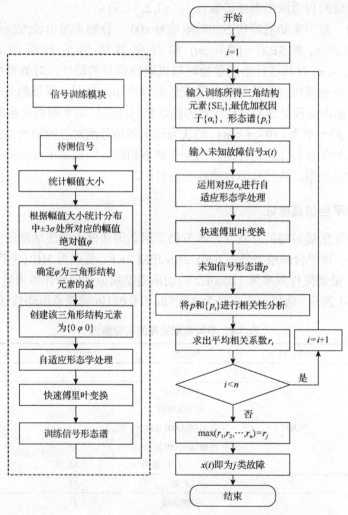

图 7-8　基于自适应形态谱相关分析的轴承故障诊断算法流程图

该策略具体实施步骤如下：

步骤 1　根据目前已知的轴承故障类型将训练信号分成 m 类，每一类包含 n

个训练样本信号。分别组成信号集合 $\{x_{i,j}\}(i=1,2,\cdots,m;j=1,2,\cdots,n)$。根据 3.1 节所述三角结构元素的构造方法计算出各类已知信号所对应的三角结构元素 $SE_i(i=1,2,\cdots,m)$。

步骤 2　　根据 3.2 节所述方法确定相对应故障信号自适应加权 $\{\alpha_i\}(i=1,2,\cdots,m)$，采用自适应开闭运算和结构元素 SE_i 对信号集合 $\{x_i\}$ 进行处理，以提取信号集合 $\{x_i\}$ 的特征信息。

步骤 3　　采用快速傅里叶变换对处理后的信号集合 $\{x_i\}(i=1,2,\cdots,m)$ 进行变换得到与之对应的自适应形态频谱集 $\{p_i\}(i=1,2,\cdots,m)$。

步骤 4　　对于未知故障状态的轴承信号 $x(t)$，分别采用由训练预处理得到的三角形结构元素 $SE_i(i=1,2,\cdots,m)$ 和对应故障信号自适应加权因子 $\{\alpha_i\}(i=1,2,\cdots,m)$ 对其进行形态学处理以提取该信号的特征，对处理后的信号进行快速傅里叶变换得到该信号的自适应形态频谱 p。分别计算待测信号的自适应形态频谱 p 和训练预处理的自适应形态频谱集 $\{p_i\}$ 之间的平均相关系数 r_i。假设 r_1 到 r_m 中最大的一个为 $r_s(0<s<m)$，则认为该未知信号所对应的轴承工作状态与训练预处理信号集合 $\{x_s\}$ 所对应的轴承工作状态相同，即识别出该未知信号是否发生故障及故障类型，达到故障自动诊断的目的。

7.4.4　实验平台仿真验证

为了验证所提策略的有效性，本节仍采用美国西储大学滚动轴承实验平台进行算法验证。该平台轴承型号为 6205-2RS JEM SKF、负载为 3HP（重载）、转速为 1730r/min，采集采样频率为 12000Hz 的轴承驱动端振动信号作为实验数据。

如表 7-1 所示，选用损伤直径为 0.007in 和 0.021in 的轴承振动信号进行实验。

表 7-1　不同类型故障的实验数据

信号组别	损伤直径/in	轴承状况	训练样本数量	检验样本数量
	/	正常	15	12
		内圈故障	15	12
		滚动体故障	15	12
A	0.007	外圈(@3:00)故障	15	12
		外圈(@6:00)故障	15	12
		外圈(@12:00)故障	15	12
	/	正常	15	12
		内圈故障	15	12
		滚动体故障	15	12
B	0.021	外圈(@3:00)故障	15	12
		外圈(@6:00)故障	15	12
		外圈(@12:00)故障	15	12

为了更好地表示实验数据，将各个实验的数据分为 A、B 两个组别，A、B 组数据中分别有 162 个实验样本，其中训练样本有 90 个，检验样本为 72 个，这些样本分别对应轴承的 6 种状态（正常、内圈故障、滚动体故障、外圈@3:00 故障、外圈@6:00 故障和外圈@12:00 故障），每个训练样本和检验样本都包含 6000 个采样点。样本选取严格服从训练样本和检验样本不重叠的原则。

1. 特征提取阶段

基于数学形态学的滚动轴承振动信号的特征提取主要结合适合的结构元素和合理的开闭运算加权配比来完成，而具体操作方式就是对各种状态的振动信号进行训练。训练所得参数如表 7-2、表 7-3 所示。为了方便描述，本节将数据所对应的轴承状态命名为 I 类（正常）、II 类（内圈故障）、III 类（滚动体故障）、IV 类（外圈@3:00 故障）、V 类（外圈@6:00 故障）、VI 类（外圈@12:00 故障）。

表 7-2　损伤直径为 0.007in 的故障特征指标

类型	I	II	III	IV	V	VI
SE 高 h	0.1100	0.9511	0.3367	2.6529	2.2244	0.8279
最优加权因子	0.4451	0.5141	0.4859	0.5078	0.5110	0.5078

表 7-3　损伤直径为 0.021in 的故障特征指标

类型	I	II	III	IV	V	VI
SE 高 h	0.1100	1.7511	0.2468	0.8560	2.7687	1.2815
最优加权因子	0.4451	0.4796	0.4922	0.5110	0.4796	0.5204

注：表 7-2、表 7-3 中所有数值均为该类故障数据求解所得均值

2. 故障诊断阶段

为了更好地体现结构元素高度自适应和形态学开闭运算自适应配比的合理性，本策略中以传统的扁平型结构元素和单一闭形态算子为对比，结合谱相关分析进行滚动轴承的故障状态检测与诊断。此处采用的三角结构元素长度为 3，矩阵形式表示为 $\{0\ h\ 0\}$，h 为三角结构元素的中心高。而对应的扁平型结构元素为 $\{0\ 0\ 0\}$。

故障诊断伊始，依次导入已知故障类型的待测信号，选定训练所得的结构元素和开闭运算最优加权因子应用到形态学算法当中，得到各自的形态谱，之后进行快速傅里叶变换，并一一进行相关性分析，得到相关系数结果图。

如图 7-9 所示的仿真结果图分别为运用两种方法对正常状态下振动信号进行诊断的结果。该图横坐标表示由检验信号的形态谱和训练信号的形态谱组成的信

号对数，纵坐标表示两类形态谱进行相关性分析得到的平均相关系数曲线。图中共有 6 条线，每条线共有 12 个点，每个点分别表示 1 个检验样本与某一轴承状态所对应的 15 个训练信号的平均相关系数。在图 7-9 中，相关系数均值曲线最大的一条表示的是检验(待测)信号与正常状态轴承信号的相关系数，其他 5 条曲线表示该待测信号和另外 5 种故障类型信号的相关系数。由图可知，可判定该待测信号对应的轴承状态为无缺陷的正常轴承，这与检验信号的实际情况相符。其中，图 7-9(a) 表示采用三角型结构元素的自适应形态学方法处理的结果，图 7-9(b) 则表示采用扁平型结构元素的传统单一闭运算形态学方法的处理结果。经过对比可以发现，两种不同的形态学方法均能识别振动信号的正常状态。但也可看出，在图 7-9(b) 中代表其他 5 类状态信号的平均相关系数曲线整体呈现偏高的趋势，表明传统的扁平型结构元素和单一闭运算的形态滤波器效果欠佳。在这里，我们把代表非检验信号的平均相关系数曲线的偏高程度称为识别信号的平均相关系数曲线的干扰指数，前者偏高程度越高或者与后者发生交叉混叠，则表明诊断结果存在的干扰指数越高，反之则说明干扰指数越低。由此，经过对比可以发现，使用三角型结构元素和自适应开闭运算组合的数学形态学方法能够显著排除其他故障类型信号的干扰，说明采用该种组合的数学形态学方法的特征提取能力更精确。

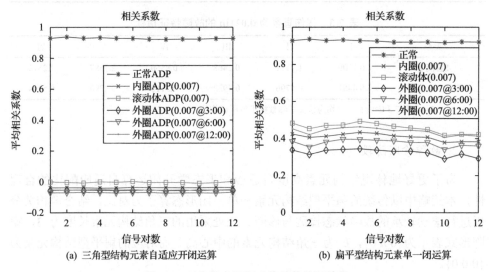

(a) 三角型结构元素自适应开闭运算　　　　(b) 扁平型结构元素单一闭运算

图 7-9　正常状态下振动信号的诊断结果

图 7-10(a)、(b) 和图 7-11(a)、(b) 分别表示损伤直径为 0.007in 和 0.021in 的滚动轴承内圈故障振动信号诊断结果。在图 7-10 和图 7-11 中，均可以判定该待测信号对应的轴承故障状态为轴承内圈故障，这与检验信号的实际情况相符，表明两种方法均可以识别出滚动轴承的内圈故障。同理，经过对比，采用三角结构

元素和自适应开闭运算组合的数学形态学方法能有效降低内圈故障诊断结果中的干扰指数，表明采用该种组合的数学形态学方法的特征提取能力更有效。

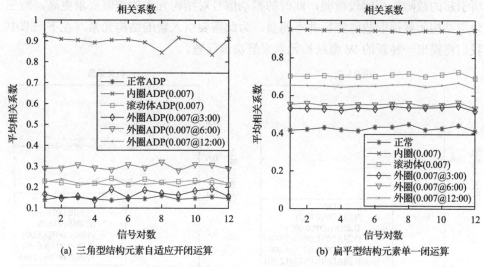

图 7-10　内圈 0.007in 故障状态下振动信号的诊断结果

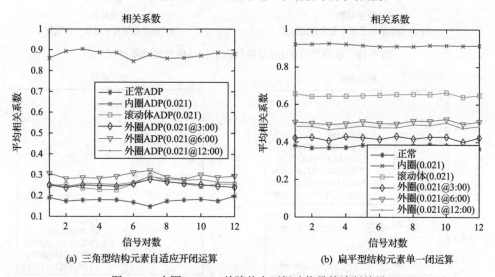

图 7-11　内圈 0.021in 故障状态下振动信号的诊断结果

图 7-12(a)、(b) 和图 7-13(a)、(b) 分别表示损伤直径为 0.007in 和 0.021in 的轴承滚动体故障振动信号诊断结果。从图 7-13 中可以看出，当损伤直径为 0.021in 时，两种方法均能识别该待测信号包含的滚动体故障特征，进而准确识别滚动体故障。经过比较，三角型结构元素和开闭自适应数学形态学组合的方法受到干扰项的影响更小。但是，在如图 7-12 所示的诊断结果中，两种方法的诊断效果均不

佳, 在三角型结构元素和开闭自适应数学形态学组合的方法中存在明显的干扰项, 降低了故障识别结果的可信度。究其原因可能是损伤程度较小的滚动体在运转时所引起的故障特征比较微弱, 此时的振动信号对结构元素的选取要求更高, 而三角型结构元素提取故障特征并不明显。为此需要引入新的结构元素, 在下一节中我们将提出一种新的 W 型结构元素来解决该问题。

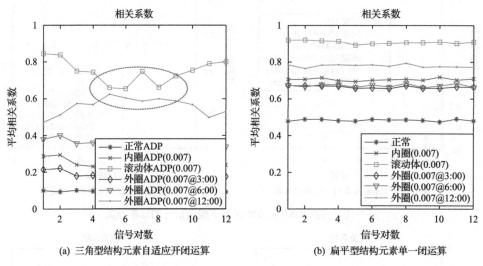

图 7-12　滚动体 0.007in 故障状态下振动信号的诊断结果

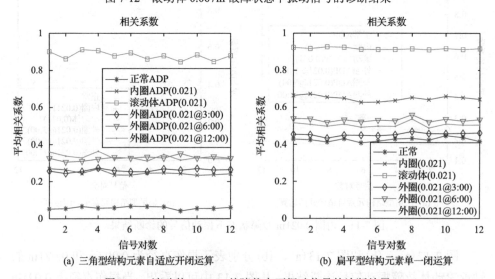

图 7-13　滚动体 0.021in 故障状态下振动信号的诊断结果

图 7-14 和图 7-15 分别表示损伤直径为 0.007in 和 0.021in 的轴承外圈(@3:00)故障振动信号诊断结果。在图 7-14 和图 7-15 中, 均可以判定该待测信号对应的

轴承故障状态为轴承外圈(@3:00)故障，这与检验信号的实际情况相符，表明两种方法均可以识别出滚动轴承的外圈故障。同理，经过对比，采用三角结构元素和自适应开闭运算组合的数学形态学方法能有效降低外圈故障诊断结果中的干扰指数，表明采用该种组合的数学形态学方法的特征提取能力更有效。

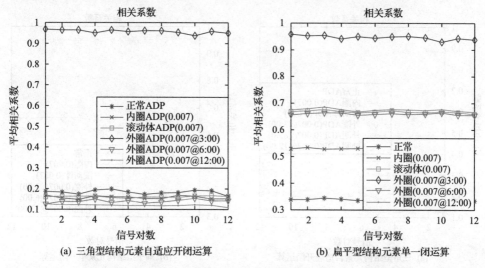

图 7-14　外圈(@3:00)0.007in 故障状态下振动信号的诊断结果

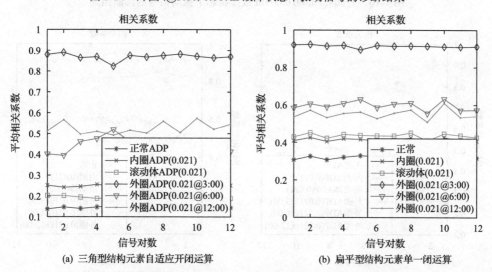

图 7-15　外圈(@3:00)0.021in 故障状态下振动信号的诊断结果

图 7-16 和图 7-17 分别表示损伤直径为 0.007in 和 0.021in 的轴承外圈(@6:00)故障振动信号诊断结果。从图 7-16 和图 7-17 的仿真结果可以看到，虽然两种形态学方法均能识别出外圈(@6:00)故障状态，但是我们发现，在运用传统的单一

闭运算和扁平结构元素的形态学对损伤直径为 0.021in 的外圈 (@6:00) 故障信号处理时，存在外圈 (12:00) 故障信号的严重干扰，而经过采用新的自适应形态学方法处理后，该现象得到了显著的改善。由此说明采用三角结构元素和自适应开闭运算组合的数学形态学方法对该类故障的识别效果更佳。

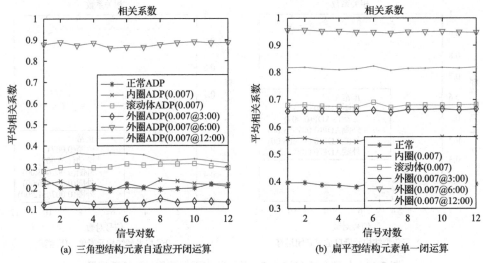

图 7-16　　外圈 (@6:00) 0.007in 故障状态下振动信号的诊断结果

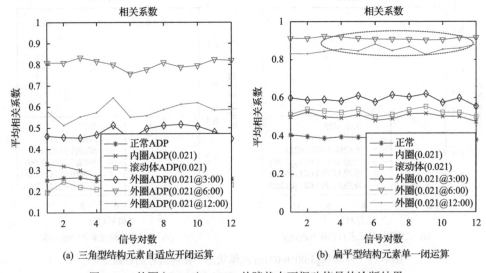

图 7-17　　外圈 (@6:00) 0.021in 故障状态下振动信号的诊断结果

图 7-18 和图 7-19 分别表示损伤直径为 0.007in 和 0.021in 的轴承外圈 (@12:00) 故障振动信号诊断结果。从图 7-18 中可以看出，当损伤直径为 0.007in 外圈 (@12:00)

故障时，两种方法均能识别该待测信号包含的外圈故障特征，进而识别出外圈故障。经过比较，三角型结构元素和开闭自适应数学形态学组合的方法受到干扰项的影响更小。但是，在如图 7-19 所示的诊断结果中，两种方法的诊断效果均不明显，均存在明显的干扰项，降低了故障识别结果的可信度。为解决这一问题，我们引入了一种新的结构元素——W 型结构元素，在下一节中我们将重点介绍这种新的 W 型结构元素的理论思想和应用效果。

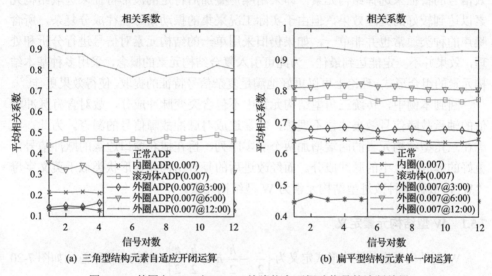

图 7-18　外圈(@12:00)0.007in 故障状态下振动信号的诊断结果

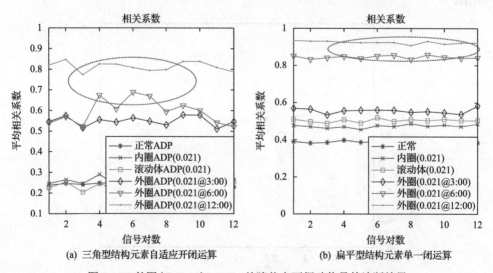

图 7-19　外圈(@12:00)0.021in 故障状态下振动信号的诊断结果

7.5　一种新的 W 型结构元素的提出

从 7.4.4 节仿真实验中我们可以看到，故障类型为损伤直径 0.007in 下的滚动体故障和损伤直径为 0.021in 下的外圈(@12:00)故障的诊断结果均存在一定的干扰因素，特征提取效果有待进一步提高。通常来说，传统的数学形态学是基于有效信号的特征来选择结构元素，即采用噪声叠加后特定的波形特征来选取结构元素以达到较好的处理效果，但由于实际工况采集的振动信号往往成分复杂，所含噪声的种类通常也并非单一，如果仍旧采用单一的结构元素对信号进行分析和处理，效果并不一定能达到最佳。为此可引入复合结构元素的概念，采用多种基本结构元素的组合形式，理论上可以更好地满足复杂信号特征的提取，使得效果更佳[15]。

回到本例中，传统三角型结构元素中不包含突变脉冲成分，故对含有脉冲峰值的轴承故障信号效果往往不理想，容易造成对脉冲故障信号的漏查。为此，考虑在三角型结构元素的两端增加两个非零序列，旨在捕获窗口边缘的脉冲信号，更好的提取信号中的脉冲成分。而经改进后的复合结构元素形状类似于英文字母"W"，故称这种改进型结构元素为 W 型结构元素。

7.5.1　W 型结构元素定义

W 型结构元素的矩阵形式定义为 $\left\{\dfrac{h}{2}\ -\dfrac{h}{2}\ h\ -\dfrac{h}{2}\ \dfrac{h}{2}\right\}$，结构元素示意图如图 7-20 所示。

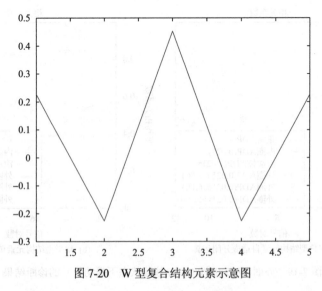

图 7-20　W 型复合结构元素示意图

7.5.2　W 型结构元素的特征提取能力验证

为验证本章提出 W 型结构元素的有效性,采用数值实例和实验室滚动轴承振动数据进行了验证,并与传统三角型结构元素进行了比较。

1. 数值例仿真验证

构造混合信号如式(7-8)所示:

$$y(t) = x_1(t) + x_2(t)x_3(t) \tag{7-8}$$

其中,$x_1(t) = 0.5 \times \sin(2 \times \pi \times 20 \times t) + 0.5\cos(2 \times \pi \times 60 \times t)$,正余弦频率分别为 20Hz 和 60Hz;$x_2(t) = 0.05 \times \exp(-t) \times \sin(2 \times \pi \times 40 \times t)$ 表示频率为 40Hz 的脉冲信号;定义 x_3 为高斯白噪声,均值为 0,标准差为 1,模拟机械的背景噪声。设对信号的采样频率为 8000Hz,采样点数为 2000。混合信号的时域图和频域图如图 7-21(a) 和 (b) 所示,从图中可以清晰看到频率为 20Hz 和 60Hz 的信号成分,频率为 40Hz 的脉冲信号几乎淹没在噪声信号中,无法提取。对混合信号分别用三角型结构元素和 W 型结构元素进行滤波处理,比较滤波后的时域

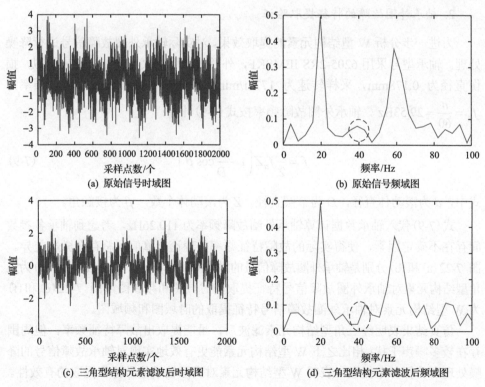

(a) 原始信号时域图　　　　　　　　(b) 原始信号频域图

(c) 三角型结构元素滤波后时域图　　　(d) 三角型结构元素滤波后频域图

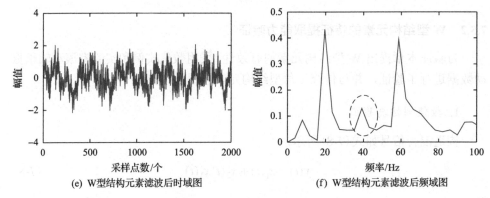

(e) W型结构元素滤波后时域图　　　　　　(f) W型结构元素滤波后频域图

图 7-21　数值例仿真结果

图和频域图。图 7-21(c)和(d)是三角型结构元素对混合信号滤波后的时域图和频域图，图 7-21(e)和(f)是 W 型结构元素对混合信号滤波后的时域图和频域图。对比分析可知，W 结构元素比三角型结构元素的降噪效果更好，对 40Hz 的脉冲信号提取效果更加明显，表明 W 型结构元素可以对淹没在信号中的脉冲成分进行更有效特征提取。

2. 轴承外圈故障的特征提取验证

为进一步分析 W 型结构元素的提取效果，对实际轴承外圈故障信号进行降噪处理。轴承型号采用 6205-2RS JEMSKF，外圈故障用电火花加工坑点来模拟，损伤直径为 0.178mm，采样转速为 1772r/min，采样频率为 12kHz，转轴频率为 $f_a = \dfrac{n}{60} = 29.53\text{Hz}$。轴承外圈故障频率按式(7-9)计算：

$$f = \frac{1}{2} f_a Z \left(1 - \frac{d}{D} \cos \beta \right) \tag{7-9}$$

式中，d 为滚动体直径，D 为节圆直径，Z 为滚动体个数，β 为接触角。

式(7-9)代入轴承数据计算轴承外圈故障频率为 110.26Hz，考虑到轴承各参数间存在不确定因素，使得实际的故障特征频率与理论计算值间总存在微小差异。图 7-22(a)和(b)分别是轴承外圈故障信号的时域图和频域图，图 7-22(c)和(d)为三角型结构元素对轴承外圈故障信号特征提取的时域图和频域图，图 7-22(e)和(f)为 W 型结构元素对轴承外圈故障信号特征提取的时域图和频域图。

仿真结果表明经三角型结构元素滤波后，虽能提取出故障特征频率，但周围存在较多噪声干扰；相比之下 W 型结构元素能更有效地实现对轴承故障信号的降噪处理和特征频率提取，表明 W 型结构元素对实际轴承信号特征提取的有效性。

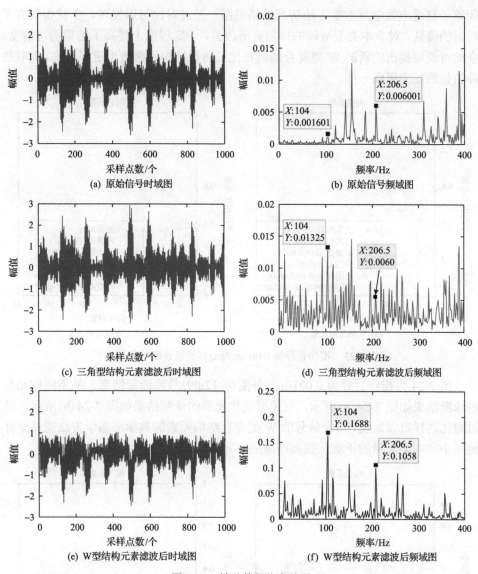

图 7-22　轴承数据仿真结果

7.5.3　W 型结构元素的自适应形态学在故障诊断中的仿真实例

　　为了进一步验证 W 型结构元素的特征提取能力，本节对上一节的实验结果出现干扰项的案例进行有针对性的仿真实验。实验数据仍以西储大学轴承数据为研究对象，方法上对结构元素进行改进，其他条件保持不变。如图 7-23 所示为损伤直径为 0.007in 的滚动体故障诊断结果，运用 W 型结构元素的数学形态学实验仿真结果如图 7-23 (a) 所示，而图 7-23 (b) 则为上一节提出的基于三角结构元素的开闭算子自适应数学形态学方法仿真的结果图。经过对比可以发现，干扰指数有了明显的降低，对非本类型故障的排除有所改善，一定程度上提高了结果的可信度。由此可说明提出的新的 W 型复合结构相比三角型结构元素效果更好一些，提取故障特征的能力更强一些。

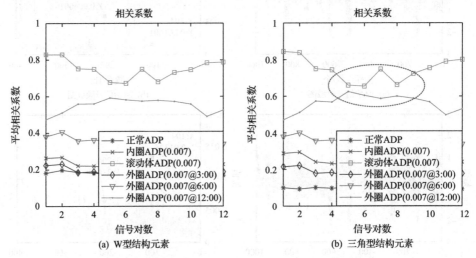

图 7-23   损伤直径为 0.007in 滚动体故障诊断结果比较

图 7-24 为损伤直径为 0.021in 的外圈(@12:00)故障诊断结果，W 型结构元素的诊断结果如图 7-24(a)所示，三角型结构元素的诊断结果如图 7-24(b)所示。经过对比同样可以发现，基于信号的 W 型复合结构元素的数学形态学方法能够更好地减小非本类故障的干扰，提高结果的可靠性。

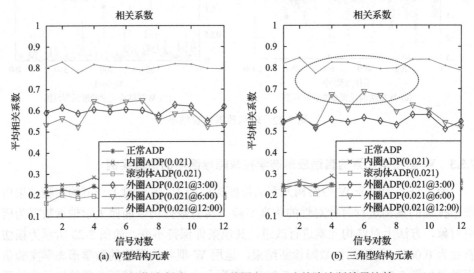

图 7-24   损伤直径为 0.021in 外圈(@12:00)故障诊断结果比较

7.6　故障诊断模型在实际风场风电机组中的应用

为更好地评价提出的故障诊断模型的可行性和有效性，本节将该故障诊断模型应用于内蒙古翁贡乌拉某风电场(所有风电机组型号均为阳明 1.5MW 风机)采集回来的风力发电机轴承故障数据，进行算法测试与验证，该数据分为外圈故障、内圈故障和正常信号三类数据，采样频率为 26kHz，轴承型号为 6332MC3SKF 的深沟球轴承。每种运行状况下都包含 12 个训练样本信号和 12 个测试样本信号，每个训练样本信号或测试样本信号都包含 3000 个数据点。

风力发电机滚动轴承在工作状态下，如果发生轴承故障，那么所采集的信号会包含轴承运行时产生的相关冲击，并且相互之间的冲击频率会有所不同。经过基于信号的 W 型复合结构元素和开闭算子自适应的数学形态学处理，得到的真实风机正常状况、内圈及外圈故障的结构元素中心高和开闭算子最优加权因子如表 7-4 所示。

表 7-4　真实风机数据的健康状况特征指标

轴承状况	正常状况	内圈故障	外圈故障
SE 高 h	0.9771	2.9524	3.0553
最优加权因子	0.4922	0.4961	0.5078

对故障信号的采样频率为 12kHz，并与三角型结构元素的提取效果作比较，图 7-25、图 7-26 和图 7-27 分别是对风电机组正常数据、内圈故障和外圈故障数据的诊断结果，从图中可以看出，W 型结构元素和三角型结构元素都可以提取并

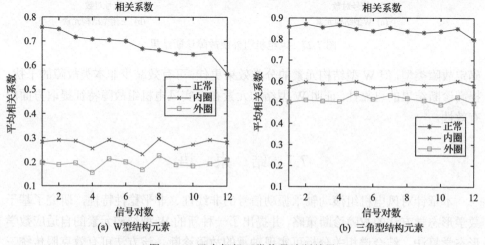

图 7-25　风电机组正常信号诊断结果

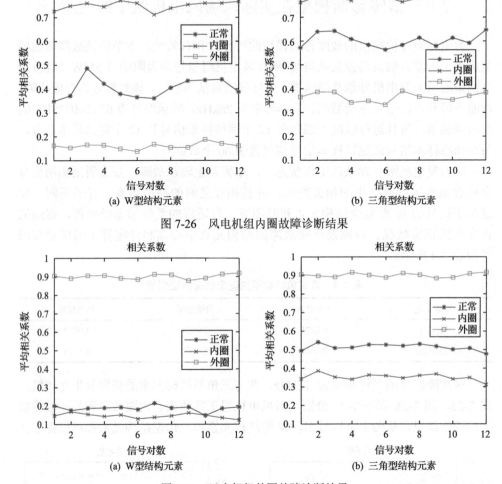

图 7-26　风电机组内圈故障诊断结果

图 7-27　风电机组外圈故障诊断结果

确定故障类型,但 W 型结构元素的分类效果更佳,可有效减少非本类故障的干扰,提高诊断结果的可靠性,证明 W 型结构元素在真实风电机组故障特征提取方面的有效性。

7.7　结　束　语

本章针对风电机组滚动轴承振动信号的非线性、非平稳性特性,研究了基于数学形态学方法的故障诊断策略,并提出了一种新的 W 型结构元素的自适应数学形态学算法,结合谱相关分析可实现轴承的故障诊断。该方法可有效克服传统三角型结构元素在特征提取方面对脉冲信号的漏查问题。通过数值例、实验平台轴承数据和实际风场采集数据进行了算法有效性验证，结果表明基于 W 型结构元素的自适应数学形态学方法可以准确诊断出滚动轴承的各类故障，确定故障类型，同时也证明了所提结构元素在故障特征提取方面的有效性和可行性，具有一定的工程应用价值。

参 考 文 献

[1] 杜秋华, 杨曙年. 形态滤波在滚动轴承缺陷诊断中的应用[J]. 轴承, 2005, (6): 27-31.

[2] 章立军, 杨德斌, 徐金梧, 等. 基于数学形态滤波的齿轮故障特征提取方法[J]. 机械工程学报, 2007, 43(2): 71-75.

[3] 郝如江, 卢文秀, 褚福磊. 形态滤波器用于滚动轴承故障信号的特征提取[J]. 中国机械工程, 2009, 20(2): 197-201.

[4] Chen Z W, Ning G, Sun W, et al. A signal based triangular structuring element for mathematical morphological analysis and its application in rolling element bearing fault diagnosis[J]. Shock and Vibration, 2014, 33(1): 1-16.

[5] Qi Z, Li Z, Zhang S K, et al. A new adaptive morphological filter design based on composite structure elements [J]. Power System Protection and Control, 2017, 45(14): 121-127.

[6] 郝如江, 卢文秀, 褚福磊. 滚动轴承故障信号的多尺度形态学分析[J]. 机械工程学报, 2008, 44(11): 160-165.

[7] Li C, Liang M, Zhang Y, et al. Multi-scale autocorrelation via morphological wavelet slices for rolling element bearing fault diagnosis [J]. Mechanical Systems and Signal Processing, 2012, 31(5): 428-446.

[8] Soltani A, Shahrtash S M. Employing the mathematical morphology algorithm with pseudo-optimal structure element for accurate partial discharge location in power cables[C]. International Conference on Environment and Electrical Engineering, IEEE, 2011: 1-5.

[9] Li B, Zhang P L, Mi S S, et al. An adaptive morphological gradient lifting wavelet for detecting bearing defects[J]. Mechanical Systems & Signal Processing, 2012, 29(10): 415-427.

[10] Nikolaou N G, Antoniadis I A. Application of morphological operators as envelope extractors for impulsive-type periodic signals[J]. Mechanical Systems & Signal Processing, 2003, 17(6): 1147-1162.

[11] Sobania A, Evans J P O. Morphological corner detector using paired triangular structuring elements [J]. Pattern Recognition, 2005, 38(7): 1087-1098.

[12] 明安波, 褚福磊, 张炜. 滚动轴承故障特征提取的频谱自相关方法[J]. 机械工程学报, 2012, 48(19): 65-71.

[13] You L, Hu J, Fang F, et al. Fault diagnosis system of rotating machinery vibration signal[J]. Procedia Engineering, 2011, 15(1): 671-675.

[14] Sun W, Yang G A, Chen Q, et al. Fault diagnosis of rolling bearing based on wavelet transform and envelope spectrum correlation[J]. Journal of Vibration and Control, 2013, 19(6): 924-941.

[15] Qiong C, Chen Z W. A new structuring element for multi-scale morphology analysis and its application in rolling element bearing fault diagnosis[J]. Journal of Vibration and Control, 2015, 21(4): 765-789.

第8章 基于 MOMEDA 与 Teager 能量算子的风电机组复合故障诊断研究

8.1 引　　言

　　滚动轴承是风力发电机组传动链系统中使用最普遍、最易受损伤的主要部件之一，而且作为风电机组传动链的重要组件，滚动轴承支撑着整个设备的安全运行[1,2]。滚动轴承如若发生故障将对整个旋转机械甚至整个风电机组的运行状态产生影响。实际生产过程中，工作环境的复杂多变及风机运行的不断调整致使机械设备频繁地出现故障。调查发现，在旋转机械各个部件的故障中，滚动轴承故障占整个设备故障的 30%，当滚动轴承的内圈、外圈，或者滚动体的多处发生故障时，诊断难度将成倍增加，可能会造成错误判断，进而使企业蒙受更大损失。因此，对风机滚动轴承进行准确的故障诊断，特别是复合故障的诊断，仍然是一个亟待解决的难题。

8.2 复合故障诊断的难点及相关研究现状

　　在准确识别故障类型和故障程度方面，从原始振动信号中提取微弱故障特征信息仍然是关键环节[3]。当滚动轴承发生局部损伤时，会产生非稳定的周期性脉冲振动信号，而且当多种故障发生时，各故障之间相互耦合，且由于环境因素的影响，采集到的振动信号受到噪声的强烈污染，因此，如何从复合故障信号中提取各故障特征是当前研究的重点和难点[4-5]。马新娜等[6]利用 EMD 对滚动轴承复合故障信号进行分解，然后选取与原始信号相关系数比较大的本征模态进行信号的重构，通过频谱分析对主故障进行识别，最后利用自适应陷波器对主故障信号进行陷波处理，把筛选过后的信号进行次故障的识别，实现了复合故障的诊断。Jiang 等[7]提出了把经验小波变换和达芬振子结合的滚动轴承复合故障诊断方法，根据经验小波变换能够提取信号的本征模态，可以把复合故障以经验模态的形式分解成不同的单一故障类型，然后把不同的故障类型模态纳入达芬振子建立不同的故障分离器，通过观察达芬振子的状态变化识别出故障类型。陈海周等[8]利用 MED 对复合故障信号进行降噪，然后通过能量算子提取故障信号的冲击特征，有效地识别出微弱的复合故障特征。Tang 等[9]根据不同的故障类型计算与之相对应的解卷积周期，然后利用布谷鸟寻优算法针对不同的故障类型优化 MCKD 算法的参数 L 和 M，最后对 MCKD 算法滤波后的信号进行包络谱分析实现了滚动轴承内圈和外圈复合故障诊断。钟先友等[10]把 MCKD 和重分配小波尺度熵相结合实现了复合故障的诊断，解决了强噪声干扰的问题。虽然对于滚动轴承复合故障的诊断方法有了一定的研究，但是很多复合故障的情况仅仅是内圈和外圈故障的复合，复合故障情况较为单一，适用范围较窄。而传统的信号处理方法，如小波变换、经验模态分解、变分模态分解、谱峭度等大都应用在滚动轴承单一故障类型的诊断上，当复合故障发生时，传统的方法诊断效果欠佳。

在风电机组滚动轴承故障诊断中，峭度是机械故障特征的一个非常重要的指标，因为它可以检测到由故障引起的脉冲峰值，可以对故障信号脉冲进行一个直接的衡量。峭度于 1970 年由 Dyer[11]提出并成功应用于机械故障的诊断中，因此基于峭度的故障诊断方法为信号处理提供了一个新的研究思路。由 Wiggins[12]提出最小熵解卷积算法(minimun entropy deconvolution，MED)，就是建立在峭度的基础之上，并在地震波的处理上取得了一定的成果。最小熵解卷积(MED)算法旨在抵消传输路径的影响，假设原始激发是脉冲的，设计一个逆滤波器通过迭代运算从而使峭度达到最大化实现对原始冲击信号的恢复。Sawalhi 等[13]通过把 MED 和谱峭度相结合进行风机滚动轴承故障特征提取，表现出较好的效果。王志坚等[14]利用 MED 对故障信号进行降噪，增强信号的冲击特性，然后对降噪后的信号利用 EEMD 进行二次滤波，对比较敏感的模态分量做循环自相关解调分析，实现滚动轴承微弱故障特征的提取。McDonald 等[15]发现在故障特征提取上由于 MED 优化的滤波器并不是全局最优，算法仅仅是解卷积出单一脉冲特征，而不是所需周期性的冲击成分，且 MED 算法提取的脉冲会产生虚假的成分，造成误诊。据此，McDonald 等提出了一种新的方法最大相关峭度解卷积算法(maximum correlate kurtosis deconvolution，MCKD)，它的目的是从旋转机械的振动故障信号中解卷积出周期性的脉冲成分，且滤波效果更好。近年来，MCKD 被广泛用于提取故障的周期性脉冲成分。唐贵基等[16]利用 MCKD 算法对信号进行降噪处理，然后利用 Teager 能量算子增强信号的冲击成分，实现滚动轴承的故障诊断。由于 MED 和 MCKD 都需要复杂的迭代过程，对复合故障的特征提取有较大难度，且诊断效果不佳。因此，McDonald 等在其基础上又提出了多点优化最小熵解卷积调整算法(MOMEDA)[17]，根据峭度的最大位置提取信号的冲击性成分，该方法没有复杂的迭代过程，可实现对原始信号的解卷积恢复。

此外，Teager 能量算子由于具有增强信号瞬态冲击的优势，在振动信号的特征提取中被广泛应用。王天金等[18]利用 Teager 能量算子增强由故障引起的冲击成分，对信号进行能量算子解调，通过谱分析识别出故障类型。祝小彦等[19]通过 MOMEDA 对信号进行降噪处理，然后利用 Teager 能量算子提取信号的冲击特征，将两者有机结合实现滚动轴承的单一故障诊断。

然而，我们通过理论分析和实验研究发现，MOMEDA 算法的优势并非仅仅对单一故障有效，通过引入多点峭度，根据不同故障特征频率设定合适的周期区间，可以提取在目标区间内峭度值最大位置的冲击成分，之后再利用 Teager 能量算子增强信号的冲击特性，可有效实现复合故障的诊断和识别。值得一提的是，该方法不但对内、外圈复合故障有效，而且对滚动体与内、外圈的复合故障及三种故障的复合也同样有效；而前述文献提到的其他复合算法均未给出多于两种故障的复合情况或提到针对滚动体复合故障的诊断情况效果不佳。

8.3　理论方法描述

8.3.1　MOMEDA 算法

多点优化最小熵解卷积调整算法(MOMEDA)实质上是一个寻找最优滤波器的过程，但是不同于 MED 和 MCKD 算法，通过引入了 D 范数解卷积原理，提出一种 MDN(多重 D 范数, multi D-norm)解卷积算法实现一种以非迭代的过程求解最优滤波器的方法，且方法在对周期性冲击信号的特征提取上比 MED 和 MCKD 有着更大的优势。它的基本原理如下：

当滚动轴承的某些部位发生故障时，由于各部分之间的摩擦碰撞，打破原有稳定的振动过程，使振动的能量瞬间发生改变，同时产生周期性的冲击信号，假设从传感器采集到的振动信号为

$$x = h * y + e \tag{8-1}$$

其中，实际上产生的冲击信号为 y，冲击信号经过周围环境及其路径传输后的响应为 h，受到噪声的干扰为 e。通过最优的 FIR 滤波器实现对冲击信号 x 恢复，过程如下：

$$y = f * x = \sum_{k=1}^{N-L} f_k x_{k+L-1} \tag{8-2}$$

式中，$k = 1, 2, \cdots, N-L$。

MOMEDA 算法能够识别出位置已知的连续的冲击特征，求最优滤波器的过程即是通过对多重 D 范数求最大值，多重 D 范数为

$$\text{MDN}(y, t) = \frac{1}{\|t\|} \frac{t^{\mathrm{T}} y}{\|y\|} \tag{8-3}$$

$$\text{MOMEDA} : \max_f \text{MDN}(y, t) = \max_f \frac{t^{\mathrm{T}} y}{\|y\|} \tag{8-4}$$

式中，t 定义为解卷积目标脉冲的位置和权重的矢量。通过归一化可以用来表示最优解，所以利用目标矢量 t 可以确定冲击信号的位置并分离出冲击信号。对式 (8-4) 求最大值等价于对滤波器系数求导数，即是

$$\frac{\mathrm{d}}{\mathrm{d}f}\left(\frac{t^{\mathrm{T}}y}{\|y\|}\right) = \frac{\mathrm{d}}{\mathrm{d}f}\frac{t_1 y_1}{\|y\|} + \frac{\mathrm{d}}{\mathrm{d}f}\frac{t_2 y_2}{y} + \cdots + \frac{\mathrm{d}}{\mathrm{d}f}\frac{t_{N-L}Y_{N-L}}{\|y\|} \tag{8-5}$$

因为

$$\frac{\mathrm{d}}{\mathrm{d}f}\left(\frac{t_k y_k}{\|y\|}\right) = \|y\|^{-1}t_k M_k - \|y\|^{-3}t_k y_k X_0 y \tag{8-6}$$

且

$$M_k = \begin{bmatrix} x_{k+L-1} \\ x_{k+L-2} \\ \vdots \\ x_k \end{bmatrix} \tag{8-7}$$

所以式 (8-5) 可表示为

$$\frac{\mathrm{d}}{\mathrm{d}f}\left(\frac{t^{\mathrm{T}}y}{\|y\|}\right) = \|y\|^{-1}\left(t_1 M_1 + t_2 M_2 + \cdots + t_{N-L}M_{N-L}\right) - \|y\|^{-3}t^{\mathrm{T}}y X_0 y \tag{8-8}$$

上式可简化为

$$t_1 M_1 + t_2 M_2 + \cdots + t_{N-L}M_{N-L} = X_0 t \tag{8-9}$$

令导数等于零，式 (8-6) 可写成

$$\|y\|^{-1}X_0 t - \|y\|^{-3}t^{\mathrm{T}}y X_0 y = 0 \tag{8-10}$$

简化为

$$\frac{t^{\mathrm{T}}y}{\|y\|^2}X_0 y = X_0 t \tag{8-11}$$

因为 $y = X_0^{\mathrm{T}}f$，且假设托普利茨自相关逆矩阵 $\left(X_0 X_0^{\mathrm{T}}\right)_{-1}X_0 t$ 存在，整理可得

$$\frac{t^{\mathrm{T}}y}{\|y\|^2}f = \left(X_0 X_0^{\mathrm{T}}\right)^{-1}X_0 t \tag{8-12}$$

因为 f 的倍数关系也是式 (8-12) 的解，所以滤波器 $f = \left(X_0 X_0^{\mathrm{T}}\right)^{-1}X_0 t$ 的倍数是

MOMEDA 的一个解。MOMEDA 的最优滤波器和输出解可总结为

$$f = \left(X_0 X_0^{\mathrm{T}}\right)^{-1} X_0 t \tag{8-13}$$

$$X_0 = \begin{bmatrix} x_L & x_{L+1} & x_{L+2} & \cdots & x_N \\ x_{L-1} & x_L & x_{L+1} & \cdots & x_{N-1} \\ x_{L-2} & x_{L-1} & x_L & \cdots & x_{N-2} \\ \vdots & \vdots & \vdots & & \vdots \\ x_1 & x_2 & x_3 & \cdots & x_{N-L+1} \end{bmatrix} \tag{8-14}$$

代入 $y = X_0^{\mathrm{T}} f$ 可实现原始冲击信号的恢复。

　　由上述分析可知，MOMEDA 对周期性冲击信号的特征提取有明显的优势，对单一故障的诊断有较好的效果；然而对复合故障进行诊断时，常存在被漏诊的问题，而且在进行解卷积运算时噪声不可能完全滤除掉。为此，引入 Teager 能量算子对其滤波后的信号作进一步的增强，以突出故障冲击特征。

8.3.2　Teager 能量算子

　　对于信号源产生动态信号所需要的能量可以利用 Teager 能量算子对信号的瞬时值和微分的非线性组合来估计，量化信号的幅值和频率，可以提取信号的瞬态成分[20]。调幅调频（AM-FM）信号 $x(t) = a(t) \cos[\phi(t)]$ 的能量算子可以定义为

$$\psi[x(t)] = [\dot{x}(t)]^2 - x(t)\ddot{x}(t) \tag{8-15}$$

$x(t)$ 为初始信号，$\dot{x}(t)$ 和 $\ddot{x}(t)$ 分别为原始信号的一阶和二阶导数，计算可得

$$\psi[x(t)] = [a(t)\phi'(t)]^2 + a^2(t)\phi''(t) \times \sin[2\phi(t)] / 2 + \cos^2[\phi(t)]\psi[a(t)] \tag{8-16}$$

由于载波信号比调制信号变化要快得多，可以把幅频值看作常数处理。因此有

$$\psi[a(t)] \approx 0, \quad \phi''(t) \approx 0 \tag{8-17}$$

$$\psi[x(t)] \approx [a(t)\phi'(t)]^2 = a^2(t)\omega^2(t) \tag{8-18}$$

同理可得

$$\psi[x'(t)] \approx a^2(t)\omega^4(t) \tag{8-19}$$

$x(t)$ 的瞬时相位和瞬时幅值分别为

$$|a(t)| \approx \frac{\psi[x(t)]}{\sqrt{\psi[x'(t)]}} \tag{8-20}$$

$$\omega(t) \approx \sqrt{\frac{\psi[x'(t)]}{\psi[x(t)]}} \tag{8-21}$$

由式(8-18)可知，和传统的输出能量相比，Teager 能量算子计算增大了频率平方的倍数，进而使得信号的瞬态冲击成分增强。通过对 Teager 能量进行频谱分析可以判断是否存在故障，实现对滚动轴承的故障诊断。

8.3.3　基于 MK-MOMEDA 和 Teager 能量算子的轴承复合故障诊断

由于很多传统方法在滚动轴承复合故障诊断中故障周期大都预先采用公式进行计算，然后在已知条件进行故障特征的提取。然而实际情况下，所测振动信号事先并不知道振动信号中是否存在故障，利用传统方法进行故障诊断时必须把可能存在的故障情况全部分析，而且，由于理论计算和实际情况常常存在较大误差，很容易造成误诊和漏诊。为此，本节提出多点峭度算法解决上述问题。引入多点峭度的目的是可自动识别振动信号中存在的故障周期，有针对性地进行故障特征提取，降低分析的复杂性。

为了进一步有效提取滚动轴承复合故障特征，把多点峭度引入 MOMEDA 算法中，作为提取的衡量标准。多点峭度算法描述如下：

$$\text{MKurt}(y,t) = k \frac{\sum_{n=1}^{N-L}(t_n y_n)^4}{\left(\sum_{n=1}^{N-L} y_n^2\right)^2} \tag{8-22}$$

当目标矢量 t 和故障产生的冲击信号 y 相同时，多点峭度归一化可得

$$k \times \frac{\sum_{n=1}^{N-L}\left(t_n^2\right)^4}{\left(\sum_{n=1}^{N-L} t_n^2\right)^2} = 1 \Rightarrow k = \frac{\left(\sum_{n=1}^{N-L} t_n^2\right)^2}{\sum_{n=1}^{N-L} t_n^8} \tag{8-23}$$

因此，经过标准化的多点峭度可以定义为

$$\text{Mkurt} = \frac{\left(\sum_{n=1}^{N-L} t_n^2\right)^2}{\sum_{n=1}^{N-L} t_n^8} \frac{\sum_{n=1}^{N-L}(t_n y_n)^4}{\left(\sum_{n=1}^{N-L} y_n^2\right)^2} \tag{8-24}$$

　　之所以提出多点峭度可以确定故障周期，理由分析如下：多点峭度是在峭度的基础之上提出的，能在受控制位置上将目标矢量延伸为多个冲击特征。事实上，当滚动轴承旋转一圈，故障脉冲成分可能会出现两个或更多，所以多点峭度出现峰值时的故障周期可能不仅仅有一个。故障周期可以通过多点峭度达到峰值时的采样点数来确定，采样点数是所对应周期的整数倍或者半倍，所以利用多点峭度可以有效区分故障周期和周边的非故障成分，有利于提取出冲击成分的最大位置。

　　综上，本节提出 MK-MOMEDA 和 Teager 能量算子结合的滚动轴承复合故障诊断方法。其中，MK-MOMEDA 可以很大程度上降低噪声的干扰，检测出信号的周期性冲击成分，对处理这种被噪声干扰的复合故障振动信号来说，有着独特优势。之后，对降噪后的信号进行 Teager 能量算子解调，提取信号的瞬态成分，利用 Teager 能量算子可有效增强分离出的信号的冲击特征。该方法总体框图如图 8-1 所示，算法步骤如下：

　　步骤 1　对复合故障信号进行解卷积多点峭度谱分析，识别出可能存在的故障周期；

　　步骤 2　设定滤波器的长度和不同的故障特征周期提取区间，求最优滤波器 $f = \left(X_0 X_0^{\mathrm{T}}\right)^{-1} X_0 t$，进而对冲击信号 $y = X_0^{\mathrm{T}} f$ 进行恢复，实现对复合故障信号故障特征的分离；

　　步骤 3　对分离出的各个信号分别采用 Teager 能量算子突出其中的冲击成分，抑制非冲击充分，然后对能量算子增强后的信号作 FFT；

　　步骤 4　通过分析频谱图中的主导故障特征频率及其倍频和理论计算的故障特征频率及其倍频进行对比分析，判断发生的故障类型。

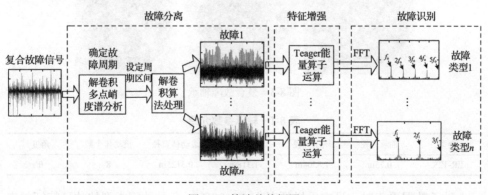

图 8-1　算法总体框图

8.4　滚动轴承复合故障实验验证

8.4.1　实验平台介绍

本节采用风机轴承故障模拟实验平台对提出算法进行验证，该实验平台是由美国 SpectraQuest 公司制造生产的 MFS 机械故障综合模拟装置，如图 8-2 所示，主要由试验台基座、电动机及控制器、轴承基座、不同类型的滚动轴承、旋转轴、联轴器构成。实验台可以模拟轴承外圈、内圈、滚动体单一故障及其复合故障，从实验平台通过加速度传感器可以获取轴承的正常信号和故障信号。图 8-3 为对三种不同的复合故障类型进行故障点模拟的轴承，从左到右依次内圈和外圈复合、内圈和滚动体复合、外圈和滚动体复合故障，其中轴承的各个参数如表 8-1 所示。

图 8-2　MFS 机械故障模拟实验台

图 8-3　复合故障轴承

表 8-1　轴承参数介绍

类型	轴承内径	轴承外径	轴承节径	滚动体直径	滚动体个数	角度
ER-12K	0.75in	1.8504in	1.318in	0.3125in	8	0

轴承数据采集时，设定采样频率为 25600Hz，各种故障类型的故障特征频率根据轴承参数客可通过如下公式计算得到：

$$
\begin{cases}
f_{\mathrm{i}} = \dfrac{Z}{2}\left(1 + \dfrac{d}{D}\cos\alpha\right)\dfrac{N}{60} \\[3mm]
f_{\mathrm{o}} = \dfrac{Z}{2}\left(1 - \dfrac{d}{D}\cos\alpha\right)\dfrac{N}{60} \\[3mm]
f_{\mathrm{b}} = \dfrac{D}{2d}\left(1 - \left(\dfrac{d}{D}\right)^{2}\cos^{2}\alpha\right)\dfrac{N}{60}
\end{cases}
\tag{8-25}
$$

式中，f_{i} 和 f_{o} 和 f_{b} 分别代表滚动轴承的内圈故障特征频率、外圈故障特征频率、和滚动体故障特征频率，Z 代表滚动体的数量，d 表示滚动轴承的直径，D 代表节径，N 代表滚珠的个数，α 为接触角。故障周期计算公式为 $T_{*} = \dfrac{fs}{f_{*}}$，其中*分别代表 i、o、b。理论计算的内圈故障频率为 392.16Hz，外圈故障频率为 241.83Hz，滚动体故障特征频率为 157.36Hz；转速为 4755r/min。

8.4.2　算法验证

1. 内圈和外圈复合故障诊断

为了验证 MK-MOMEDA 和 Teager 能量算子在滚动轴承复合故障诊断中的有效性，本节首先通过实验平台人工植入滚动轴承内圈和外圈复合故障。通过振动加速度传感器采集复合故障振动信号，图 8-4 为内圈和外圈复合故障振动信号的时域波形图，由于受到噪声干扰及其冲击信号传输过程中衰减的影响，无法从时域图中发现明显的周期性冲击成分。为了进一步表明提出算法诊断的优越性，将提出算法和直接应用 Teager 能量算子的频谱分析方法、文献[9]的自适应 MCKD 诊断算法进行了比较研究。直接应用 Teager 能量算子频谱分析法诊断结果如图 8-5 所示，通过

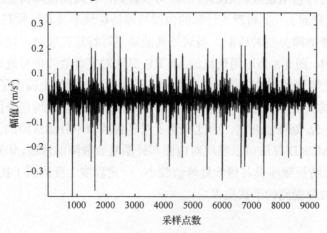

图 8-4　内圈和外圈复合故障时域图

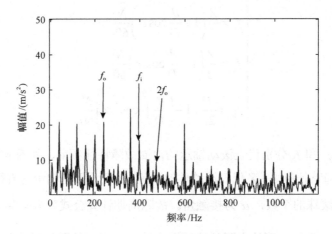

图 8-5　复合故障信号 Teager 能量频谱图

Teager 能量算子分析虽然增强了信号的冲击特征，但同时噪声也有部分增强，而且由于受到噪声的干扰比较严重，且两种故障相互耦合的作用，使得轴承内圈和外圈的故障特征频率及其倍频处突出峰值并没有显现，仅在外圈故障特征频率处有突出峰值，主导内圈故障特征频率及其倍频以及外圈故障特征频率倍频均被周围谱线淹没，因此仅从单一频谱图中很难识别出复合故障特征。

　　其次利用自适应 MCKD 算法对复合故障信号进行诊断与识别。首先，计算不同类型故障信号的解卷积周期，通过对 MCKD 算法中的参数 L 和 M 进行优化找到提取内圈故障特征的最佳参数组合 $L=110$ 和 $M=1$。图 8-6 为优化后的 MCKD 算法对故障信号进行降噪后时域图，由图可知，该方法在一定程度上降低了噪声的干扰，周期性脉冲成分有一定增强，但是仍然有一定的噪声干扰。图 8-7 为对降噪后的信号进行包络谱分析后的波形，可以看到，在内圈故障特征频率及其倍频 $f_i \sim 3f_i$ 处峰值相对突出，和理论计算的内圈故障特征频率及其倍频基本一致，基本实现了对内圈故障类型的诊断。当对外圈故障进行特征提取时，优化的参数组合 $L=201$ 和 $M=1$，图 8-8 为运用优化的 MCKD 算法对复合故障信号进行降噪后的时域图，分析发现信号的冲击特征明显突出，同时也很大程度上减少了噪声的干扰。图 8-9 为对滤波后的信号进行包络谱分析后的波形，可以发现在外圈故障特征频率和倍频 $f_o \sim 5f_o$ 处峰值突出，因此实现了对复合故障中外圈故障的诊断。综上，虽然自适应 MCKD 算法可以实现对内圈和外圈复合故障的诊断，识别出了故障类型，但是故障特征频率及其倍频处峰值较小，一定程度上受周围干扰谱线的影响，尤其是内圈故障受到的干扰更多。

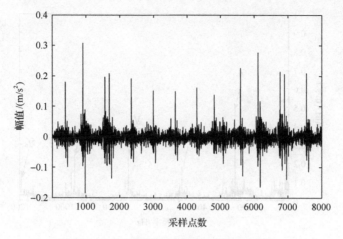

图 8-6　MCKD 提取内圈故障特征时域图

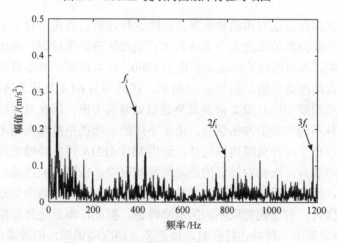

图 8-7　MCKD 降噪后内圈故障包络谱图

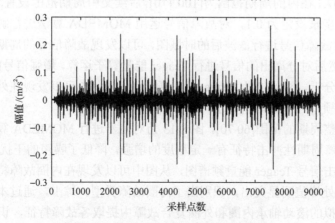

图 8-8　MCKD 提取外圈故障特征时域图

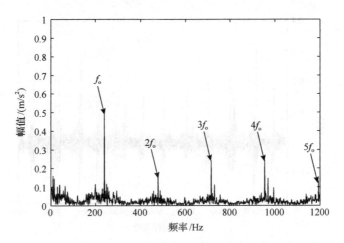

图 8-9　MCKD 降噪后外圈故障包络谱图

　　采用本章提出方法对滚动轴承复合故障进行诊断。首先，对于滚动轴承复合故障而言，当滤波器的长度大于 800 时多点峭度区分效果较好，而由于要考虑计算效率的影响，本章选择的滤波器长度为 1000。针对内圈和外圈复合故障信号进行解卷积多点峭度谱分析，如图 8-10 所示，在周期为 64.4 及其 2 倍、2.5 倍和整数倍，以及在周期 107.1 和 2 倍及其整数倍处峰值突出，因此可以确定复合故障中包括这两种不同周期的冲击信号。由于不同的故障类型故障周期不同，如果所设周期范围包括了两种故障周期的话，运用 MOMEDA 进行降噪处理时仅仅突出了较强的故障成分，而相对较弱的故障特征就可能当做噪声被过滤掉，影响最终的诊断结果，因此在设定周期区间的长度时需要把不同的故障周期分别设定在不同的区间范围内，可分别提取不同的故障特征。据此，本章选择周期区间的长度为 10。当提取其中一种冲击特征时，根据多点峭度谱识别出的故障周期 107.1，设定包括 107.1 在内的周期范围为 [100 110]，后续文中周期范围设置均与此相似，不再赘述。步长设定为 0.1，对故障信号运用 MOMEDA 算法进行解卷积处理，图 8-11 为对故障信号进行滤波后的时域图，可以发现故障信号的周期性冲击特征明显增强，然后对分离出的信号进行 Teager 能量算子运算，增强信号的冲击特征，进而做频谱分析，图 8-12 为 Teager 能量频谱图，从图中可以发现在外圈故障特征频率及其倍频 $f_o \sim 5f_o$ 处峰值突出，可有效诊断出外圈故障。

　　通过调整周期的范围 [60 70]，图 8-13 为对信号进行 MOMEDA 算法处理后的时域图，故障周期性冲击特征有一定程度的增强，降低了噪声的干扰，图 8-14 为分离出的冲击信号 Teager 能量频谱图，从图中可以发现在内圈故障特征频率及其倍频 $f_i \sim 3f_i$ 处峰值明显突出，识别出了内圈故障类型。综上，通过本章方法可从实验平台模拟的滚动轴承内圈和外圈复合故障中提取各故障特征，识别出故障类

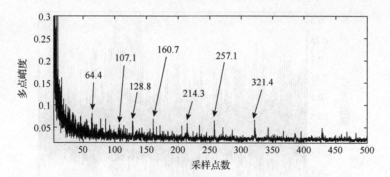

图 8-10　内圈和外圈复合故障信号的多点峭度谱图

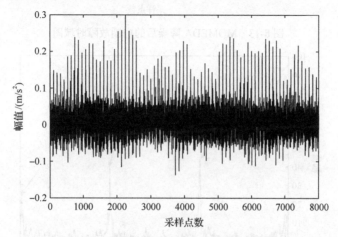

图 8-11　MOMEDA 降噪后的外圈故障时域图

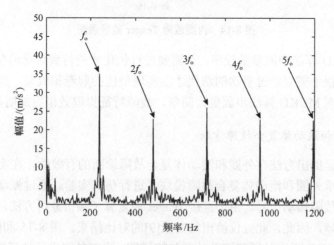

图 8-12　外圈故障 Teager 能量谱图

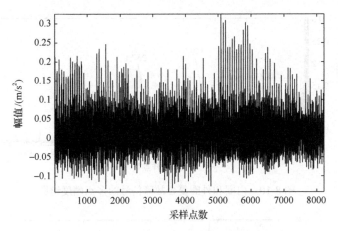

图 8-13　MOMEDA 降噪后的内圈故障时域图

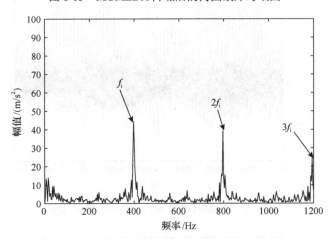

图 8-14　内圈故障 Teager 能量谱图

型，而 MCKD 算法中的参数较多，且需要进行优化才能得到最优的参数组合，并且在运算过程中需要经过多次的迭代才能实现最佳的解卷积效果，所以，所提出方法比自适应 MCKD 算法步骤更为简单，故障特征提取效果更加明显。

2. 外圈和滚动体复合故障诊断

为了验证提出方法在外圈和滚动体复合故障诊断的有效性，在实验平台人工植入滚动轴承外圈和滚动体复合故障模块，进行仿真实验。通过振动加速度传感器采集复合故障振动信号。由于直接 Teager 能量算子频谱分析方法，无法识别出该种复合故障，因此，此处仅给出与文献[9]的对比结果。图 8-15 和图 8-16 分别为自适应 MCKD 提取外圈和滚动体的包络谱图。当对外圈进行特征提取时，最优参数组合为 L=110 和 M=1，图 8-15 虽然识别出了外圈故障类型，但是峰值较小，倍频受周围干扰谱线影响较严重。当对滚动体进行特征提取时,最优参数组合设为 $L=260$ 和 $M=2$,图 8-16 中故障特征频率被淹没,无法识别出滚动体故障类型。综上,自适应 MCKD 算法在内圈和滚动体复合故障中无法识别出滚动体故障。

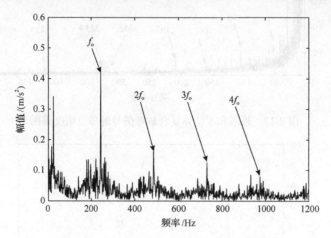

图 8-15 MCKD 算法的外圈故障包络谱图

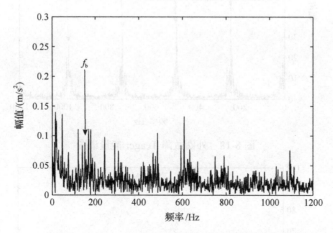

图 8-16 MCKD 算法的滚动体故障包络谱图

基于提出方法对外圈和滚动体复合故障进行诊断。图 8-17 为复合故障的多点峭度谱图,在周期 105 和半倍及其整数倍和周期 161.7 及其整数倍处的峰值相对突出。当提取其中的一种冲击特征时,把周期设定为[100, 110],图 8-18 为 Teager 能量频谱,在外圈故障特征频率及其倍频 $f_o \sim 4f_o$ 处峰值明显突出。当对另一冲击特征进行提取时,设定周期区间为[155, 165],图 8-19 为 Teager 能量频谱图,可以清楚看到滚动体故障特征频率及其倍频 $f_b \sim 4f_b$ 处峰值突出。由此,通过本章提出方法可以实现对外圈和滚动体复合故障的诊断,比自适应 MCKD 算法在处理复合故障诊断上更具有优势。

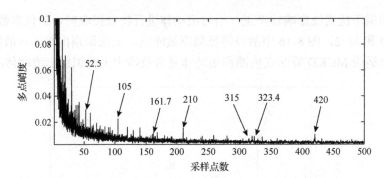

图 8-17　外圈和滚动体复合故障信号的多点峭度谱图

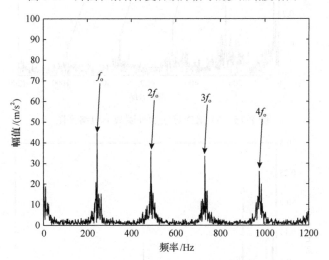

图 8-18　外圈故障 Teager 能量谱图

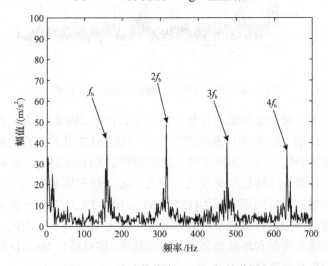

图 8-19　滚动体故障 Teager 能量谱图

3. 内圈和滚动体复合故障诊断

采用提出方法对内圈和滚动体复合故障进行诊断，首先通过多点峭度谱图确定故障周期，图 8-20 为多点峭度谱图，可以看到在周期 65 及其整数倍以及周期 162.5 及其整数倍处的峰值突出，因此可以确定复合故障的各故障周期成分。当提取其中一种冲击信号时设定周期范围为[60, 70]，如图 8-21 的 Teager 能量频谱所示，可以发现内圈主导故障特征频率及其倍频 $f_i \sim 3f_i$ 处出现明显的峰值成分。当提取另外一种冲击信号时，设定周期范围为[160, 170]，Teager 能量频谱如图 8-22 所示，滚动体故障特征频率及其倍频 $f_b \sim 4f_b$ 处峰值突出。因此，通过本章方法实现了滚动轴承的内圈和滚动体复合故障的诊断。此外，采用自适应 MCKD 算法诊断内圈和滚动体复合故障时，得到的结果与外圈和滚动体复合故障诊断结果相似，同样无法识别滚动体故障，由于篇幅所限，此处不再赘述。

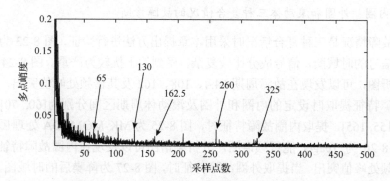

图 8-20　外圈和滚动体复合故障信号的多点峭度谱图

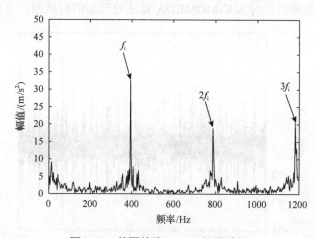

图 8-21　外圈故障 Teager 能量谱图

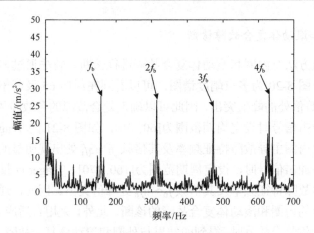

图 8-22　滚动体故障 Teager 能量谱图

4. 内圈、外圈和滚动体三种复合情况的故障诊断

当故障情况是三种复合情况时采用本章提出方法进行验证，图 8-23 为三种故障复合信号的时域图，信号成分比较复杂，受到的干扰较为严重。图 8-24 为多点峭度分析图，可以发现在故障周期 64.4、108、162 及其倍频处峰值突出，由此在进行故障特征提取时设定的内圈和外圈及滚动体周期区间分别为[60, 70]、[100, 110]、[155, 165]，提取内圈故障特征时，图 8-25 为 MK-MOMEDA 处理后的时域图，图 8-26 为 Teager 能量频谱图，分析频谱图可以发现在内圈故障特征频率 f_i 及其倍频处峰值突出。当提取外圈故障特征时，图 8-27 为降噪后的时域图，Teager 能量频谱如图 8-28 所示，外圈故障特征频率 f_o 及其倍频处峰值明显突出。图 8-29 为提取滚动体故障特征时 MK-MOMEDA 算法处理后的时域图，图 8-30 为 Teager

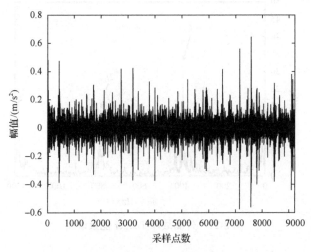

图 8-23　三种复合故障时域图

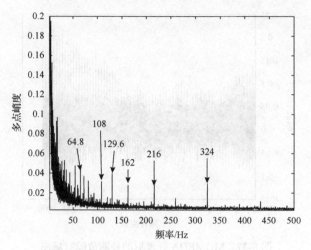

图 8-24　三种复合故障信号的多点峭度谱图

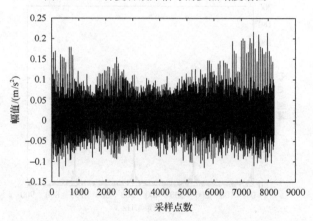

图 8-25　MOMEDA 处理后的内圈故障时域图

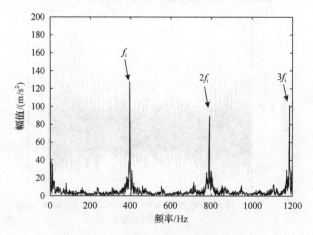

图 8-26　内圈故障 Teager 能量频谱图

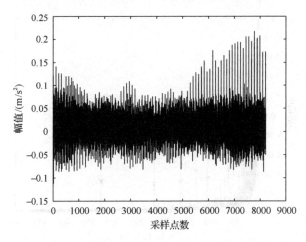

图 8-27　MOMEDA 处理后的外圈故障时域图

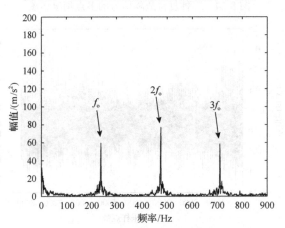

图 8-28　外圈故障 Teager 能量频谱图

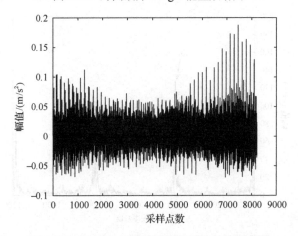

图 8-29　MOMEDA 处理后的滚动体故障时域图

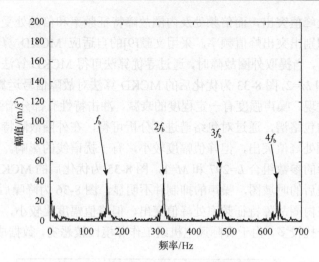

图 8-30　滚动体故障 Teager 能量频谱图

能量频谱图，在滚动体故障特征频率 f_b 和倍频处峰值突出，基本无干扰谱线的影响。综上所述，通过提出方法实现了滚动轴承多种复合故障特征提取，有效地识别出故障类型。

8.5　风电机组滚动轴承复合故障诊断

8.5.1　实验对象描述

为了验证风电机组复合故障诊断方法的有效性，本章利用从内蒙古黄旗风电场采集的数据进行仿真实验，故障数据是由通过安装在风电机组驱动端滚动轴承上的振动加速度传感器获得。轴承的型号为 6332MC3SKF 的深沟球状轴承，其中轴承的具体参数如表 8-2 所示，转速为 1882r/min，采样频率为 25600Hz，经计算可得内圈和外圈故障特征频率分别为 150.97Hz 和 99.97Hz。

表 8-2　风电机组轴承参数介绍

类型	轴承内径	轴承外径	厚度	滚动体个数	接触角
6332MC3SKF	160mm	340mm	65mm	8	0

8.5.2　算法验证

图 8-31 为振动故障信号时域图，通过对时域图进行分析可以发现，由于受到的噪声干扰比较严重，无法发现周期性的冲击成分。通过对振动信号直接进行 Teager 能量算子频谱分析，如图 8-32 所示，从 Teager 能量频谱图可以看到外圈故

障特征频率处峰值突出，而倍频处及内圈故障特征频率和倍频处受干扰谱线的影响无法准确识别出突出峰值频率。采用文献[9]的自适应 MCKD 算法对复合故障信号进行分析，当提取外圈故障时，通过寻优算法可得 MCKD 算法中的最佳参数组合 L=160 和 M=2，图 8-33 为优化后的 MCKD 算法对故障信号运算后的时域图，分析后可以发现，噪声强度有一定程度的衰减，冲击特性有部分增强，图 8-34 为降噪后信号的包络谱，通过对包络谱进行分析可得，在外圈故障特征频率及其二倍频和三倍频处峰值突出，但峰值幅度较小，有干扰谱线的影响。当提取内圈故障时，优化后的参数组合 L=297 和 M=1，图 8-35 为优化后的 MCKD 算法对复合故障信号处理后的时域图，噪声的抑制并不明显，图 8-36 为降噪后信号包络谱，可以看到，在内圈故障特征频率处峰值突出，但峰值幅度比较小，且倍频处峰值受周围谱线干扰较多。由于实际风电机组工作环境比较恶劣，数据成分更加复杂，

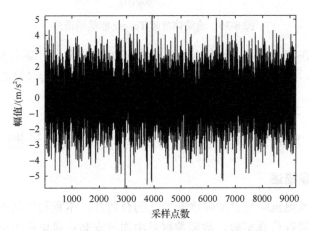

图 8-31　实际风机轴承复合故障信号时域图

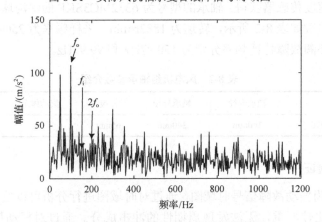

图 8-32　复合故障信号 Teager 能量频谱图

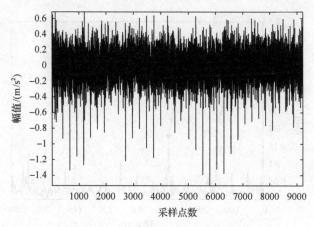

图 8-33　MCKD 降噪后的外圈故障时域图

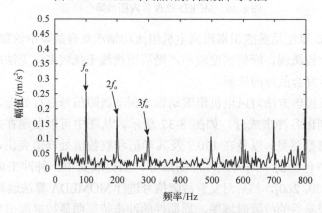

图 8-34　MCKD 处理后外圈故障包络谱

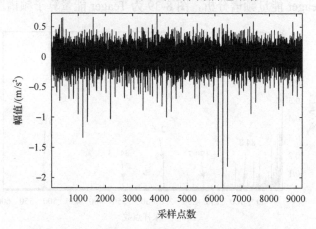

图 8-35　MCKD 降噪后的内圈故障时域图

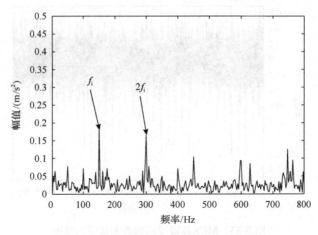

图 8-36　MCKD 处理后内圈故障包络谱

自适应 MCKD 算法虽然能识别出风电机组滚动轴承复合故障中的部分故障特征，但故障特征比较微弱，峰值幅度较小，受周围谱线干扰较多，无法准确实现风电机组滚动轴承复合故障的诊断。

采用本章提出方法对风电机组滚动轴承振动故障信号进行处理，首先通过多点峭度谱识别出各冲击成分，如图 8-37 所示，从图中可以发现在故障周期 256 及其半倍和整数倍处，以及在 170.7 及其半倍和整数倍处峰值突出，因此可以确定复合故障中包含的不同周期性冲击成分。当提取其中一种冲击成分时，设定周期区间为[250, 260]，然后对复合故障信号进行 MOMEDA 算法运算，图 8-38 为 MOMEDA 降噪后的故障时域图，周期性的冲击特征明显被提取出来，对分离后的信号进行 Teager 能量频谱分析，图 8-39 为 Teager 能量算子频谱图，可以看到，

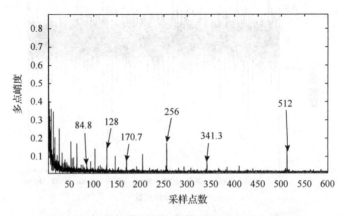

图 8-37　外圈和内圈复合故障信号的多点峭度谱图

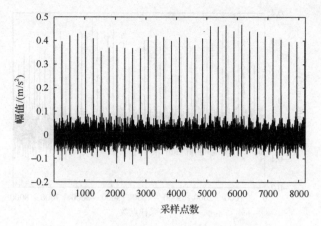

图 8-38　MOMEDA 降噪后的外圈故障时域图

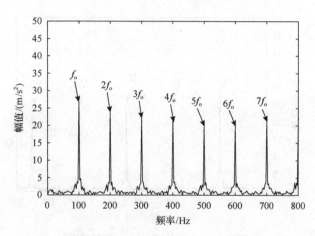

图 8-39　外圈故障 Teager 能量谱图

在外圈故障特征频率及其倍频 $f_{\text{o}}\sim7f_{\text{o}}$ 处峰值突出，噪声被进一步抑制，且没有明显的干扰成分，成功地从复合故障中提取外圈故障成分。

当提取另一种冲击成分时，设定周期区间为[170, 180]，对复合故障信号进行 MOMEDA 算法处理，图 8-40 为 MOMEDA 降噪后的故障时域图，规律性的冲击成分比较明显，噪声很大程度上被抑制，然后对滤波后的信号进行 Teager 能量频谱分析，如图 8-41 所示，内圈故障特征频率及其倍频 $f_{\text{i}}\sim5f_{\text{i}}$ 处峰值明显突出，基本没有干扰谱线的影响，成功识别出内圈故障。综上，通过本章方法可有效从实际风电机组滚动轴承复合故障中提取各故障成分，且比自适应 MCKD 算法效果更加明显。

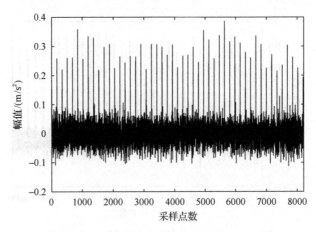

图 8-40　MOMEDA 降噪后的内圈故障时域图

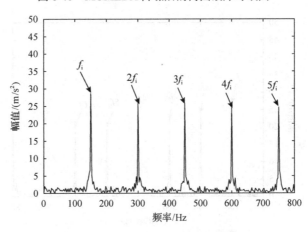

图 8-41　内圈故障 Teager 能量谱图

8.6　结　束　语

　　针对滚动轴承故障信号具有非平稳、非线性且不同类型故障之间相互耦合造成复合故障特征难以提取的问题，本章给出了一种基于 MK-MOMEDA 和 Teager 能量算子相结合的复合故障诊断算法。该方法根据不同类型的故障周期设定适当的周期区间，通过多点峭度谱图识别出故障周期，然后对信号进行 MOMEDA 降噪处理，提取峭度值最大的位置，通过 Teager 能量算子增强信号的冲击特性，识别故障类型。最后，通过实验室故障实验平台和实际风电机组滚动轴承应用案例，验证了所提算法对滚动轴承多种故障复合情况的有效性，并与 Teager 能量频谱分析法、自适应 MCKD 算法进行了比较。结果表明 Teager 能量算子频谱分析法无法识别出滚动轴承复合故障；自适应 MCKD 算法虽然识别出内圈和外圈复合故障，但是在内圈和滚动体、外圈和滚动体的复合故障上无法检测到滚动体故障，且整体识别效果偏弱，运算过程较为复杂。而本章提出的方法可有效实现滚动轴承多种复合故障的诊断，具有较好的实用价值。

参 考 文 献

[1] Randall R B. Vibration-based condition monitoring : Industrial, aerospace and automotive applications[J]. Mechanisms & Machine Science, 2011, 3(4): 431-477.

[2] Randall R B, Antoni J. Rolling element bearing diagnostics—A tutorial[J]. Mechanical Systems & Signal Processing, 2011, 25(2): 485-520.

[3] Zhang H, Chen X, Du Z, et al. Kurtosis based weighted sparse model with convex optimization technique for bearing fault diagnosis[J]. Mechanical Systems & Signal Processing, 2016, 80: 349-376.

[4] Wang Y, He Z, Zi Y. Enhancement of signal denoising and multiple fault signatures detecting in rotating machinery using dual-tree complex wavelet transform[J]. Mechanical Systems & Signal Processing, 2010, 24(1): 119-137.

[5] He S, Chen J, Zhou Z, et al. Multifractal entropy based adaptive multiwavelet construction and its application for mechanical compound-fault diagnosis[J]. Mechanical Systems & Signal Processing, 2016, 76-77: 742-758.

[6] 马新娜, 杨绍普. 滚动轴承复合故障诊断的自适应方法研究[J]. 振动与冲击, 2016, 35(10): 145-150.

[7] Jiang Y, Zhu H, Li Z. A new compound faults detection method for rolling bearings based on empirical wavelet transform and chaotic oscillator[J]. Chaos Solitons & Fractals, 2016, 89: 8-19.

[8] 陈海周, 王家序, 汤宝平, 等. 基于最小熵解卷积和 Teager 能量算子直升机滚动轴承复合故障诊断研究[J]. 振动与冲击, 2017, 36(9): 45-50.

[9] Tang G, Wang X, He Y. Diagnosis of compound faults of rolling bearings through adaptive maximum correlated kurtosis deconvolution[J]. Journal of Mechanical Science & Technology, 2016, 30(1): 43-54.

[10] 钟先友, 赵春华, 陈保家, 等. 基于 MCKD 和重分配小波尺度谱的旋转机械复合故障诊断研究[J]. 振动与冲击, 2015, 34(7): 156-161.

[11] Dyer D, Stewart R M. Detection of rolling element bearing damage by statistical vibration analysis[J]. Journal of Mechanical Design, 1978, 100(2): 229.

[12] Wiggins R A. Minimum entropy deconvolution[J]. Geophysical Prospecting for Petrole, 1980, 16(1): 21-35.

[13] Sawalhi N, Randall R B, Endo H. The enhancement of fault detection and diagnosis in rolling element bearings using minimum entropy deconvolution combined with spectral kurtosis[J]. Mechanical Systems & Signal Processing, 2007, 21 (6): 2616-2633.

[14] 王志坚, 韩振南, 刘邱祖, 等. 基于 MED-EEMD 的滚动轴承微弱故障特征提取[J]. 农业工程学报, 2014, 30 (23): 70-78.

[15] Mcdonald G L, Zhao Q, Zuo M J. Maximum correlated kurtosis deconvolution and application on gear tooth chip fault detection [J]. Mechanical Systems & Signal Processing, 2012, 33 (1): 237-255.

[16] 刘尚坤, 唐贵基, 何玉灵. Teager 能量算子结合 MCKD 的滚动轴承早期故障识别[J]. 振动与冲击, 2016, 35 (15): 98-102.

[17] Mcdonald G L, Zhao Q. Multipoint optimal minimum entropy deconvolution and convolution fix: Application to vibration fault detection[J]. Mechanical Systems & Signal Processing, 2017, 82: 461-477.

[18] 王天金, 冯志鹏, 郝如江, 等. 基于 Teager 能量算子的滚动轴承故障诊断研究[J]. 振动与冲击, 2012, 31 (2): 1-5.

[19] 祝小彦, 王永杰. 基于 MOMEDA 与 Teager 能量算子的滚动轴承故障诊断[J]. 振动与冲击, 2018, 37 (6): 104-110.

[20] 程军圣, 杨怡, 杨宇. 基于 LMD 的能量算子解调机械故障诊断方法[J]. 振动、测试与诊断, 2012, 32 (6): 915-919.

第9章 基于直流偏移补偿方法及 S 变换的风电机组齿轮箱故障诊断

9.1 引　言

齿轮传动型(行星齿轮)风电机组振动测试难度大、准确度差，针对故障的风电机组现场测试条件严苛，需要考虑温度、噪声、电磁干扰、高度等因素影响，是风力发电机组状态监测和故障诊断技术中存在的突出问题，严重影响了风电机组状态监测技术的研究、发展和应用[1-2]。因此，开展风电机组齿轮箱故障诊断研究具有重要的意义。

本章我们将介绍一种新的直流偏移补偿和 S 变换相结合的齿轮箱故障诊断方法。采用直流偏移补偿可以消除信号中的确定性分量，之后利用 S 变换显示直流偏移补偿处理结果的时频特性，实现对齿轮箱的故障诊断。这其中，对于直流偏移补偿算法，采用相关峭度(CK)代替互相关系数来确定最优迭代次数[3]。与采用互相关系数相比，CK 具有更好的周期脉冲信号检测能力，可大大提高直流偏移补偿能力。实验中我们也发现，在 S 变换获得的时频等值图中观察故障信息远比在频域中更加直观和容易。

9.2　理论方法描述

本节我们将首先介绍多分量信号的平方包络谱，并推导为何通过直流偏移补偿可以消除多分量信号中的确定性分量。

9.2.1　多分量信号的平方包络谱

对风机齿轮箱进行振动采集，得到的振动信号 $v(t)$ 可以表示为

$$v(t) = f(t) + u(t) \tag{9-1}$$

其中，$u(t)$ 为确定性分量，$f(t)$ 为故障产生信号。

设 $u(t)$ 的周期为 T_1，则确定性分量 $u(t)$ 可以表示为

$$u(t) \approx a_0 + \sum_{n=1}^{N}[a_n \cos(n\omega_1 t) + b_n \sin(n\omega_1 t)] \tag{9-2}$$

其中，$\omega_1 = \dfrac{2\pi}{T_1}$，表示确定性分量的角频率；$a_n$ 是 n 次 cos 谐波的幅值；b_n 是 n 次 sin 谐波的幅值。

平方包络函数定义为

$$
\begin{aligned}
|s(t)|^2 &= v(t)^2 + H^2[v(t)] = u(t)^2 + f(t)^2 + 2u(t)f(t) \\
&\quad + H^2[u(t)] + H^2[f(t)] + 2H[u(t)]H[f(t)]
\end{aligned}
\tag{9-3}
$$

为了研究混合信号的频谱特征，根据周期脉冲信号傅里叶变换存在的条件，要求假设滚动体和内、外圈之间无滑动，并且脉冲响应是在完全相同的时间间隔产生的。也就是说，$f(t)$ 可以写成

$$
f(t) = c_0 + \sum_{m=1}^{+\infty} c_m \cos(m\omega_2 t) + d_m \sin(m\omega_2 t)
\tag{9-4}
$$

其中，$\omega_2 = \dfrac{2\pi}{\Delta T}$，表示故障特征角频率。虽然假设是从轴承故障引起的实际振动的理想化，但它们将使我们能够从简单的计算中清楚地观察到信号/包络谱。值得一提的是，循环脉冲响应的谐波在这里延伸到无穷大，因为脉冲响应是由转轴旋转时循环产生的。这种表示不同于确定性成分，在包络计算中会产生很大的差异。根据式 (9-4)，循环脉冲响应的希尔伯特变换可以写成

$$
\hat{f}(t) = H[f(t)] = f(t) * \frac{1}{\pi t} = \sum_{m=1}^{+\infty} c_m \sin(m\omega_2 t) - d_m \cos(m\omega_2 t)
\tag{9-5}
$$

式中，$*$ 表示卷积。之后我们给出混合信号的平方包络

$$
\begin{aligned}
|s(t)|^2 &= a_0^2 + \sum_{n=1}^{N}[a_n^2 + b_n^2] + c_0^2 + \sum_{m=1}^{+\infty}[c_m^2 + d_m^2] + 2a_0 c_0 \\
&\quad + 2(a_0 + c_0)\sum_{n=1}^{N}[a_n \cos(n\omega_1 t) + b_n \sin(n\omega_1 t)] \\
&\quad + 2(a_0 + c_0)\sum_{m=1}^{+\infty}[c_m \cos(m\omega_2 t) + d_m \sin(m\omega_2 t)] \\
&\quad + 2\sum_{n=-(N-1)}^{N-1}\sum_{r=1}^{N} a_r b_{r+n} \sin(n\omega_1 t) + 2\sum_{m=-\infty}^{+\infty}\sum_{r=1}^{+\infty} c_r d_{r+m} \sin(m\omega_2 t) \\
&\quad + 2\Big\{ \sum_{m=-\infty}^{+\infty}\sum_{r=1}^{N}[(a_r c_{r+m} + b_r d_{r+m})\cos(r(\omega_2 - \omega_1)t + m\omega_2 t) \\
&\quad + (a_r d_{r+m} - b_r c_{r+m})\sin(r(\omega_2 - \omega_1)t + m\omega_2 t)] \Big\}
\end{aligned}
\tag{9-6}
$$

根据傅里叶变换的性质，混合信号的平方包络谱可以表示为

$$F[|s(t)|^2] = 2\pi \left\{ a_0^2 + \sum_{n=1}^{N}[a_n^2 + b_n^2] + c_0^2 + \sum_{m=1}^{+\infty}[c_m^2 + d_m^2] + 2a_0c_0 \right\} \delta(\omega)$$

$$+ 2\pi(a_0 + c_0)\sum_{n=1}^{N}[(a_n + \mathrm{j}b_n)\delta(\omega + n\omega_1) + (a_n - \mathrm{j}b_n)\delta(\omega - n\omega_1)]$$

$$+ 2\pi(a_0 + c_0)\sum_{m=1}^{+\infty}[(c_m + \mathrm{j}d_m)\delta(\omega + m\omega_2) + (c_m - \mathrm{j}d_m)\delta(\omega - m\omega_2)]$$

$$+ 2\pi\mathrm{j}\sum_{n=-(N-1)}^{N-1}\sum_{r=1}^{N}a_r b_{r+n}[\delta(\omega + n\omega_1) - \delta(\omega - n\omega_1)]$$

$$+ 2\pi\mathrm{j}\sum_{m=-\infty}^{+\infty}\sum_{r=1}^{+\infty}c_r d_{r+m}[\delta(\omega + m\omega_2) - \delta(\omega - m\omega_2)]$$

$$+ 2\pi\sum_{m=-\infty}^{+\infty}\sum_{r=1}^{N}\{[(a_r c_{r+m} + b_r d_{r+m}) + \mathrm{j}(a_r d_{r+m} - b_r c_{r+m})]\delta[\omega + r(\omega_2 - \omega_1)$$

$$+ m\omega_2] + [(a_r c_{r+m} + b_r d_{r+m}) - \mathrm{j}(a_r d_{r+m} - b_r c_{r+m})]\delta[\omega - r(\omega_2 - \omega_1) + m\omega_2]\}$$

$$(9-7)$$

可以看出，混合信号的一次能量被转移到包络信号的直流偏移量上，当直流偏移不为零时，确定性分量和循环脉冲响应都会保留在混合信号的包络当中。在计算前消除直流偏移时，包络谱主要由不同单分量的交叉项决定。确定性分量的交叉项比原始分量的谐波少一个。所有确定性分量与周期性脉冲响应之间的交叉项的谐波都由不同的距离转移到低频带方向，这是由相应的离散频率决定的。

根据上述计算得出的结论，在下一节中我们将重点研究一种新的消除确定性分量的方法——直流偏移补偿法。

9.2.2 直流偏移补偿法

从齿轮箱获取的振动信号通常是复杂的，包含许多不同的信号分量。一般来说，确定性分量(也称为离散频率)表示由齿轮啮合、轴弯曲、轴不对中等产生的信号。然而，随机分量通常表示齿轮或轴承故障产生的信号。传统上，许多学者把随机分量表示为轴承故障信号。从这个意义上说，当一个齿轮有缺陷如一个缺口齿、一个裂齿和磨损的齿面，啮合将改变。故障齿在每次啮合时，就会产生脉冲信号。如果齿轮箱有严重的故障，传动比也会有所变化。齿轮箱故障引起的脉冲信号与正常齿轮箱引起的信号有很大的不同。由于齿轮箱故障通常产生脉冲振动信号，故障齿轮产生的故障也具有随机性，如轴承故障等。因此，齿轮箱故障产生的信号也属于随机成分。目前公认的由齿轮局部故障产生的冲击在本质上是

非平稳的, 用传统的信号处理方法是不合适的; 局部齿损伤(即疲劳裂纹、点蚀等)产生的振动信号会出现尖锐的瞬变, 可分为非平稳、非线性和非高斯性[5]。基于上述分析, 从齿轮箱采集的信号可以表示为

$$x(t) = u(t) + f(t) \tag{9-8}$$

其中, $u(t)$ 表示确定性分量, $f(t)$ 表示由齿轮或轴承故障引起的随机分量。这是在旋转速度不变或者借助于测速信号在角域内变为恒定的假设的条件下, 包络信号可以表示为

$$y(t) = x(t) + j\hat{x}(t) = u(t) + f(t) + j[\hat{u}(t) + \hat{f}(t)] \tag{9-9}$$

由于平方包络比包络具有更大的信噪比, 所以可以计算混合信号的平方包络

$$|y(t)|^2 = x(t)^2 + \hat{x}(t)^2 \tag{9-10}$$

$$|y(t)|^2 = u(t)^2 + f(t)^2 + 2u(t)f(t) + \hat{u}(t) + \hat{f}(t) + 2\hat{u}(t)\hat{f}(t) \tag{9-11}$$

根据 Ming 等[4]给出的平方包络和平方包络谱的解析形式(详细推导已在上一节中给出)可以发现, 多分量信号的主要能量被转移到包络信号的直流(DC)偏移中。当直流偏移未被补偿时, 确定性分量和随机分量都被保留在多分量信号的包络中; 如果直流偏移被补偿, 不同的单分量的交叉项将占包络信号的主要成分。不过确定性分量的交叉项比原始分量的谐波少。此外, 确定性和随机分量交叉项的所有谐波都向不同距离的低频方向移动。也就是说, 一个直流偏移补偿操作可以从包络信号中减去确定性分量交叉项的一个谐波。如果重复这个过程, 确定性分量将被有效地抑制。根据这一理论, Ming 等给出了一种新的确定性分量消去法。具体步骤如图 9-1 所示。

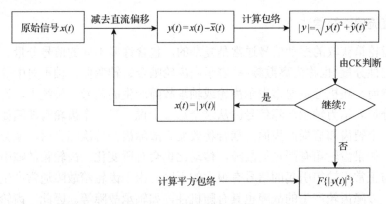

图 9-1　确定性分量抑制方法结构框图

具体的过程描述如下：

步骤 1　从原来的多分量信号 $x(t)$ 中消除 DC 偏移量，计算由 $H^k[x(t)]$ 表示的包络变换，$H^k[x(t)]$ 代表由希尔伯特变换得到的第 k 次包络，其中，$H^o[x(t)] = x(t)$。

步骤 2　用下面的方程计算包络信号的相关峭度：

$$\text{CK}_M(\tau) = \frac{\sum_{t=1}^{N} \left(\prod_{m=0}^{M} y(t - m\tau) \right)^2}{\left(\sum_{t=1}^{N} y(t)^2 \right)^{M+1}} \tag{9-12}$$

其中，$y(t)$ 是输入信号，τ 是故障信号敏感周期，N 是输入信号 $y(t)$ 的采样数，M 为偏移周期个数。

步骤 3　根据 CK 值确定最优迭代次数。一个大的 CK 值表示一个强的随机分量。

步骤 4　当获得最佳迭代次数时，得到的包络信号的平方包络谱如下式所示：

$$|y(t)|^2 = <H^{k-1}[x(t)], H^k[x(t)]> \tag{9-13}$$

$$F(|y(t)^2|) = F\{<H^{k-1}[x(t)], H^k[x(t)]>\} \tag{9-14}$$

其中，k 表示该方法的最优迭代次数。

通常，迭代次数由以下两个步骤来判断。首先，使用下面的等式计算相邻包络/信号的互相关系数：

$$\mu_k = \frac{|2 <H^{k-1}[x(t)], H^k[x(t)]>|}{<H^{k-1}[x(t)], H^{k-1}[x(t)]> + <H^k[x(t)], H^k[x(t)]>} \tag{9-15}$$

其中，$<,>$ 表示内积运算。根据柯西-施瓦茨不等式，互相关系数 $\mu_k (k=1,2,3,\cdots)$ 在 $[0,1]$ 范围内，当这两个信号处处相等时，这个指标是 1。

其次，设置硬阈值 λ。如果 $\mu_k \geq \lambda$，迭代终止。通过此过程，可以从包络中的直流偏移补偿自适应地去掉确定性分量。

9.2.3　S 变换

S 变换结合短时傅里叶变换和小波变换[6]独有的优势[7]，提供了一种处理由机械系统产生的非平稳信号的替代方法。

假设信号 $y(t)$ 的短时间傅里叶变换如下：

$$\text{STFT}(\tau, f) = \int_{-\infty}^{+\infty} y(t) g(\tau - t) e^{-j2\pi f t} dt \tag{9-16}$$

其中，τ 和 f 分别表示谱局部化时间和傅里叶频率，$g(t)$ 表示窗函数。

S 变换公式可以通过用高斯函数替换式(9-16)中的窗口函数 $g(t)$ 来得到：

$$g(t) = \frac{|f|}{\sqrt{2\pi}} e^{-\frac{t^2 f^2}{2}} \tag{9-17}$$

然后，S 变换被定义为

$$S(\tau, f) = \int_{-\infty}^{+\infty} y(t) \frac{|f|}{\sqrt{2\pi}} e^{-\frac{(\tau-t)^2 f^2}{2}} e^{-j2\pi ft} dt \tag{9-18}$$

本质上，S 变换是一种应用高斯窗函数的特殊 STFT。考虑到连续小波变换(CWT)如下所示：

$$W(\tau, d) = \int_{-\infty}^{+\infty} y(t)\omega(t-\tau, d)dt \tag{9-19}$$

其中，d 表示小波 $\omega(\tau, d)$ 的宽度，由它控制分辨率；$\omega(\tau, d)$ 表示基本母小波的缩放尺度函数。可以看出，S 变换本质上也是一种特定母小波与相位因子相乘的连续小波变换：

$$S(\tau, f) = e^{-j2\pi ft} W(\tau, d) \tag{9-20}$$

母小波为

$$\omega(t, f) = \frac{|f|}{\sqrt{2\pi}} e^{\frac{t^2 f^2}{2}} e^{-j2\pi ft} \tag{9-21}$$

其中，因子 d 为频率 f 的倒数。

与短时傅里叶变换和连续小波变换相比，S 变换具有以下优点：

(1) STFT 中的窗长是固定值。相反，S 变换中使用的窗长是时间和频率的函数。换句话说，窗长是自适应的。在时域上，低频率的窗口更宽，高频率的窗口更窄。这使频域中的低频与高频的定位更加准确。这些特征与小波变换非常相似。

(2) S 变换和小波变换的最大区别在于不同的时频特征表示。S 变换表示时频等值线中的信号特征。然而，小波变换表示时间尺度曲线中的信号特征。S 变换使用频率作为变量，因此允许它直接应用于频率估计，并且可避免频率估计中的错误。

(3) S 变换最重要的优点是保留幅值和相位信息。然而，小波系数只包含幅值信息。由于具有这些优点，我们提出将 S 变换结合新的确定性分量补偿方法用于风电机组齿轮箱故障诊断。

9.3　S 变换-直流偏移补偿法在轴承故障诊断中的应用

为验证 S 变换-直流偏移补偿方法的有效性和可行性，本章采用从国际机械故障预防组获得的振动故障数据集(MFPT)进行仿真验证[8]，实验中所用电机轴的轴承是由美国 RBC/NICE 公司生产的径向球轴承。轴承参数如下：滚子直径 0.235in，间距直径 1.245in，轴承型号 8 号，接触角 0°。研究数据采用 25Hz 的输入轴速度，48828Hz 的采样频率、3s 采样时间。首先定义四个轴承故障频率，内圈缺陷频率(BPFI)、外圈缺陷频率(BPFO)、滚珠缺陷频率(BSF)和保持架缺陷频率(FTF)。所有故障频率均可根据几何参数来计算获得[9]。25Hz 轴转速下的四种故障特征频率分别为：BPFO(81.12Hz)、BPFI(118.88Hz)、BSF(63.86Hz)和 FTF(10.14Hz)。

依据图 9-1 中的算法流程，实现 DC 偏移量的逐步补偿。首先，重复 100 次，利用 CK 和交叉相关系数 μ 作为判断迭代终止的指标。如图 9-2(a)、(b)所示，分别展示了互相关系数和相关峭度与迭代次数的变化关系曲线。可以看出，从 0 开

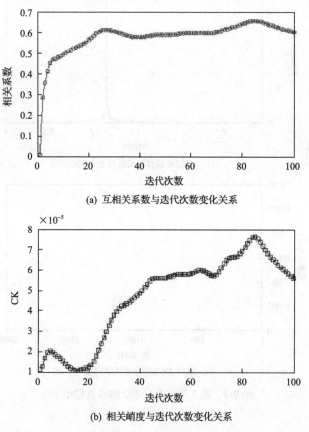

(a) 互相关系数与迭代次数变化关系

(b) 相关峭度与迭代次数变化关系

图 9-2　互相关系数和相关峭度与迭代次数的变化关系曲线

始到 100 次迭代,随着迭代次数的增加,相关系数 μ 的值不断增加。对于 CK 值,从开始时便增加到一个比较高的值,然后减小。在第 15 次迭代之后,它继续增加。在 100 次迭代过程中发现了两个局部最优值。第一个局部最优值出现在第 5 次,第二个局部最优值出现在第 85 次。

如图 9-3 给出了第 5 次迭代后 DC 偏移补偿的平方包络信号图及其频谱图。图 9-4 给出了第 100 次迭代后的直流偏移补偿的平方包络信号图及其频谱图。从图 9-4 可看出过量的 DC 偏移补偿影响正常的包络信号而产生畸变。此外,第 5 次 DC 偏移补偿后的平方包络信号的随机分量比原始信号分量更强。第 5 次迭代是 CK 值的局部最优。CK 检测随机分量的能力比检测其他分量更强。如果随机分量很弱或不包含在包络信号中,则 CK 检测效果不理想,其高值不能指示强的随机分量。在这种情况下,在第 5 次迭代之后,包络信号被过量的 DC 偏移补偿操作破坏。

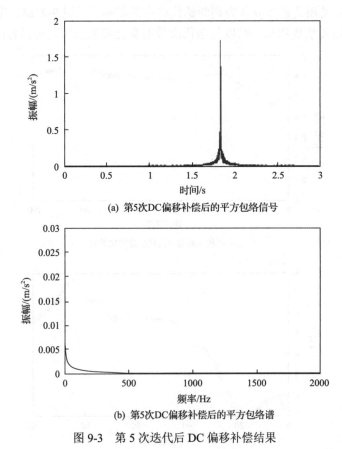

(a) 第5次DC偏移补偿后的平方包络信号

(b) 第5次DC偏移补偿后的平方包络谱

图 9-3　第 5 次迭代后 DC 偏移补偿结果

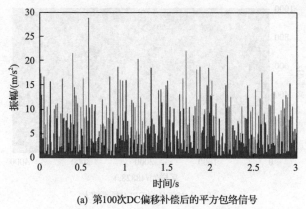

(a) 第100次DC偏移补偿后的平方包络信号

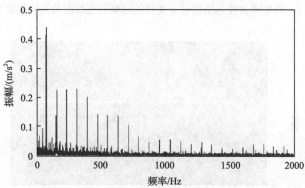

(b) 第100次DC偏移补偿后的平方包络谱

图 9-4　第 100 次迭代后 DC 偏移补偿结果

　　为了从时频域观察直流偏移补偿的效应,并与传统包络分析方法进行比较,本章所提方法将 S 变换应用于直流偏移补偿后的平方包络信号和原始信号的包络信号,变换后结果分别如图 9-5 和图 9-6 所示。从这两种时频等值线及其局部放

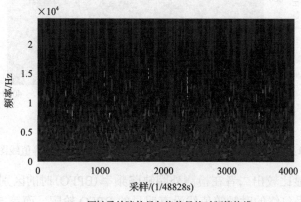

(a) 原轴承故障信号包络信号的时频等值线

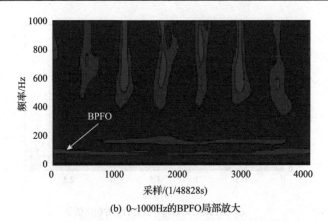

(b) 0~1000Hz的BPFO局部放大

图 9-5　原轴承故障包络信号 S 变换的时频等值线图及其局部放大图

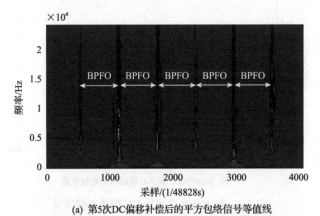

(a) 第5次DC偏移补偿后的平方包络信号等值线

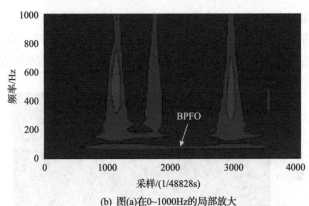

(b) 图(a)在0~1000Hz的局部放大

图 9-6　轴承故障第 5 次 DC 偏移补偿后平方包络信号 S 变换的时频等值线图及其局部放大图

大图中，可明显比较出二者在检测外圈缺陷频率（BPFO）时的区别。如图 9-5(a) 所示的原始信号包络的时频等值线没有明显的 BPFO 轮廓，而第 5 次直流偏移补偿后的平方包络信号的时频等值线具有明显的 BPFO 轮廓。这表明直流偏移补偿抑制确定性分量，使随机分量更加清晰可见。

9.4　*S* 变换-直流偏移补偿法在齿轮箱故障中的应用

实验信号是从实验室固定轴齿轮箱试验台中采集的轴承与齿轮故障信号。图 9-7 是实验齿轮箱试验装置的示意图。它包括两级定轴齿轮箱，一个用来驱动齿轮箱的 4kW 的三相异步电动机和作为荷载的磁粉制动器。该齿轮箱可根据不同数值调整电机转速。NI 数据采集系统由四个压电式(IEPE)加速度计(Dytran 3056B4 通用型加速度传感器——由 DYTRAN 仪器公司生产)，pxi-1031 主机、pxi-4472b 数据采集卡和 LabVIEW 软件组成。此外，在输入轴上安装了转速计和扭矩传感器，以获取速度和负载信息。齿轮箱的内部结构如图 9-7 所示。变速箱由滚动轴承支承的三个轴组成。低速(LS)轴齿轮有 81 个齿，它与中速(IS)轴的 18 个齿的齿轮啮合。IS 轴的有 64 个齿的齿轮与带有 35 个齿的高速(HS)轴齿轮啮合[10]。因此，齿轮箱的整体传动比为 8.22 : 1。输入轴的转频为 20Hz，采样频率为 20kHz，采样时间为 12s，负荷扭矩为 199Nm 和 405 Nm 两种情况下获取数据集。

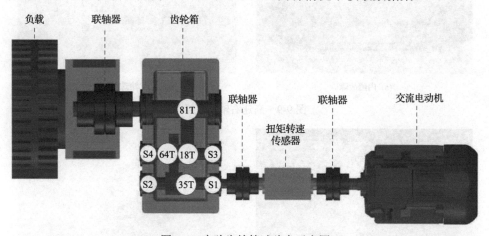

图 9-7　实验齿轮箱试验台示意图

试验结束后，将变速箱拆卸下来，检查轴承的状态。发现所有轴承均有不同程度的故障。然而，只有 HS 轴和 LS 轴的轴承有明显的故障。HS 轴轴承的外圈故障如图 9-8(a)、(b) 所示，此外右轴承还有内圈故障和滚珠故障如图 9-9(a)、(b) 所示。IS 轴的轴承故障不明显。左 LS 轴承的内圈故障和滚珠故障分别如图 9-10(a)、(b) 所示。HS 和 IS 轴承使用的是 SKF 6205 轴承，LS 轴用的是 SKF 6208 轴承。在 1HZ 的转速下 SKF6205 轴承的故障频率分别为：BPFO(3.585Hz)、BPFI(5.415Hz)、BSF(2.357Hz) 和 FTF(0.398Hz)。SKF 6208 轴承的故障频率分别为：BPFO（3.578Hz）、BPFI（5.423Hz）、BSF（2.337Hz）和 FTF（0.398Hz）。因此，实际的故障频率可以通过这些特征频率乘以旋转频率获得。20Hz 输入轴速下的轴承类型和与之相关的特性频率如表 9-1 所示。

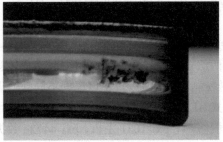

(a) 左轴承　　　　　　　　　　　　　　　　　　(b) 右轴承

图 9-8　高度轴轴承外圈故障

(a) 内圈故障　　　　　　　　　　　　　　　　　　(b) 滚珠故障

图 9-9　高速右轴承故障

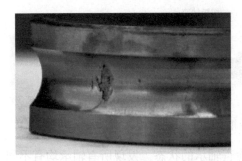

(a) 内圈故障　　　　　　　　　　　　　　　　　　(b) 滚珠故障

图 9-10　低速左轴承故障

表 9-1　轴承类型及其频率特性　　　　　　　　　　　　（单位：Hz）

轴承类型	外圈缺陷频率（BPFO）	内圈缺陷频率（BPFI）	滚珠缺陷频率（BSF）	保持架缺陷频率（FTF）
6205	71.7	108.3	47.17	7.96
6208	8.7	13.19	5.68	0.96

　　通常情况下，由于低速的原因，对 LS 轴轴承故障的诊断十分困难。在这种情况下，只考虑负载扭矩 199Nm 和 405Nm 下的 HS 轴承故障。除轴承故障外，35 齿的 HS 轴齿轮稍有齿磨损故障。64 齿的 IS 轴齿轮有一个齿形故障，18 齿的 IS 轴齿轮有严重的齿磨损故障，如图 9-11 所示。一个定轴齿轮传动链，齿轮啮合频率（GMF）可以通过以下公式计算：$GMF = N \times Z$，其中 N 是试验齿轮的转速，Z 表示测试齿数。根据该公式，HS 轴齿轮和 IS 轴齿轮的 GMF 计算可得 700Hz，IS 轴齿轮和 LS 轴齿轮的 GMF 计算可得 196.93Hz。

(a) HS轴齿轮齿磨损　　　　　　　　　　　　(b) IS轴齿轮齿断裂及磨损

图 9-11　各轴齿轮磨损情况实物图

　　首先，为了保证信号稳定，在实验过程中，使用重采样信号，施加 199 Nm 的负载到输出轴（LS 轴）。加速度计安装在齿轮箱壳体的顶部，如图 9-7 所示，加速度计从 S2 位置采集振动信号。图 9-12（a）是相关系数与直流偏移补偿的迭代次数的变化关系曲线，图 9-12（b）是 CK 值与直流偏移补偿迭代次数的变化关系曲线。图 9-13 为第 100 次迭代后平方包络信号曲线。可以看出，在多故障模式下，相关系数和 CK 均不能用于确定直流偏移补偿的最佳迭代次数。特别是当随机分量很弱的时候，显然 CK 没有任何效果。然而，如上节所述，一个 DC 偏移消除操作可以减去一个谐波确定分量。在这种情况下，HS 轴齿轮啮合频率和它的以谐波为主的频谱如图 9-14 所示。可以看出，齿轮啮合频率主要有 5 个谐波。因此，从理论上讲，只要 5 次直流偏移抵消就可以抑制原始信号的确定分量。故我们对时间同步信号进行 5 次迭代直流偏移抵消操作。平方包络谱及其时频等值线如图 9-15 所示。仔细检查平方包络谱后，很难找到轴承故障频率。平方包络谱中显示的主要是高速轴和中速轴的轴速及由于齿形故障、磨损故障产生的谐波，而不是轴承故障频率。然而，在平方包络信号的时频等值线中可以看到微弱的 BPFO、BPFI

和 BSF 等信息。相反，从图 9-16 所示的原始信号的包络谱和时频等值线中看不到轴承故障信息。同样，原始信号的包络谱显示的也主要是 HS 轴和 IS 轴轴速及它们的谐波分量。

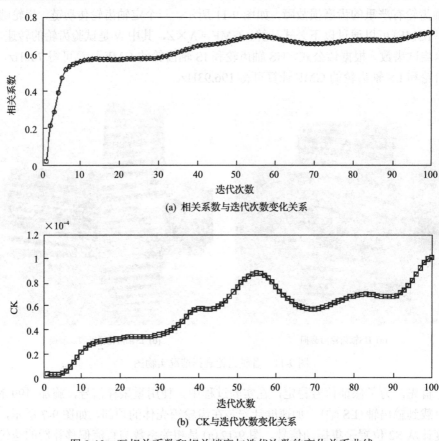

(a) 相关系数与迭代次数变化关系

(b) CK与迭代次数变化关系

图 9-12　互相关系数和相关峭度与迭代次数的变化关系曲线

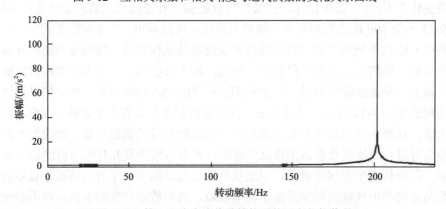

图 9-13　第 100 次直流偏移补偿后的平方包络信号

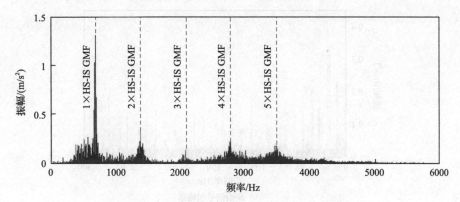

图 9-14　时间同步信号的频谱和齿轮啮合频率

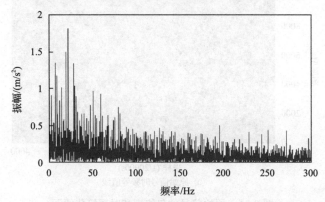

(a) 第5次直流偏移补偿后的平方包络谱

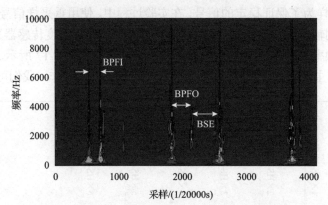

(b) 第5次直流偏移补偿后的平方包络时频等值线

图 9-15　第 5 次迭代后 DC 偏移补偿结果

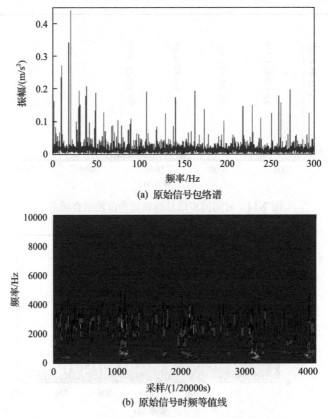

(a) 原始信号包络谱

(b) 原始信号时频等值线

图 9-16   原始信号的包络谱和时频等值线图

其次,同样为了保证稳定的信号,在实验过程中,使用重采样信号,将 405 Nm 的负载施加到输出轴(LS 轴)。振动信号从位置 S2 的加速度传感器采集。HS-IS 的齿轮啮合频率(GMS)主导的以 6 次谐波为主的频谱如图 9-17 所示。可以看出,齿轮啮合频率主要有 6 个谐波。因此,对于 DC 偏移补偿操作,我们可以重复 6 次

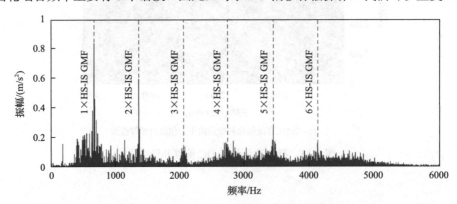

图 9-17   时间同步信号的频谱和齿轮啮合频率

以消除确定性分量。最后，得到的平方包络谱和相关时频等值线如图 9-18 所示。同样地，该平方包络谱主要显示 HS 和 LS 轴速率及其谐波。关于轴承故障频率的信息在平方包络谱中未找到。然而，微弱的 BPFI 和 BSF 故障可以通过 S 变换在时频等值线中找到。为了与传统的包络分析比较，时间同步信号的包络谱如图 9-19(a) 所示，时间同步信号包络信号的时频等值线如图 9-19(b) 所示。由图可知，从时频等值线中找出轴承故障的相关信息是非常困难的。

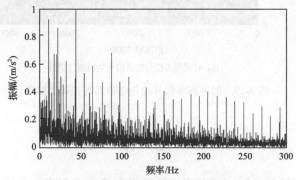

(a) 第6次DC偏移补偿后的平方包络谱

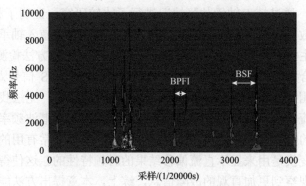

(b) 第6次DC偏移补偿后的平方包络时频等值线

图 9-18　第 6 次迭代后 DC 偏移补偿结果

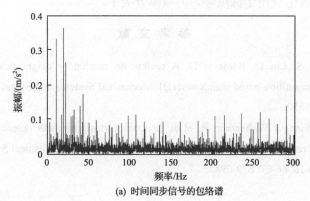

(a) 时间同步信号的包络谱

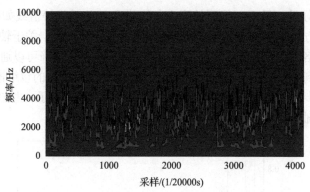

(b) 时间同步信号包络信号的时频等值线

图 9-19 时间同步信号的包络谱和时频等值线图

9.5 结　束　语

为了诊断齿轮箱故障，本章提出一种基于 S 变换和直流偏移抵消法的故障诊断策略。首先，通过植入轴承故障情况进行了比较研究，证明了相关峭度(CK)优于互相关系数可以确定直流偏移抵消的迭代次数。对于植入轴承故障的情况，由故障可以产生很强的周期脉冲信号(PIS)。因此，用 CK 方法检测 PIS 更有效。然而，对于复合齿轮箱齿轮故障，对于 CK 来说，由于 PIS 信号太弱，致使 CK 的检测变得很困难。在这种情况下，CK 失去了它的能力，无法找到正确的迭代次数来抵消直流漂移。每一个直流漂移补偿都能抑制一个谐波频率，因此高速轴齿轮啮合频率的阶次可作为迭代次数，这也是提取 PIS 非常有用的方法。在提出的方法中，S 变换是用来显示直流偏移结果的时频特性的。这使得我们从时频曲线中很容易地观察到更加直观的故障信息，综上，本章提出方法能够较好地检测齿轮箱发生的复合故障，具有一定的工程应用价值。未来的进一步工作，我们将采用这些时频等值线用于深度学习的故障分类中。

参 考 文 献

[1] Jardine A K S, Lin D, Banjevic D. A review on machinery diagnostics and prognostics implementingcondition-based maintenance[J]. Mechanical Systems and Signal Processing, 2006, 20(7): 1483-1510.

[2] Wang Y X, Xiang J W, Markert R, et al. Spectral kurtosis for fault detection, diagnosis and prognosticsof rotating machines: A review with applications [J]. Mechanical Systems and Signal Processing, 2016, 66-67: 679-698.

[3] McDonald G L, Zhao Q, Zuo M J. Maximum correlated kurtosis deconvolution and application on geartooth chip fault detection [J]. Mechanical Systems and Signal Processing. 2012, 33(3): 237-255.

[4] Ming A B, Zhang W, Qin Z Y, et al. Envelope calculation of the multi-component signal and itsapplication to the deterministic component cancellation in bearing fault diagnosis [J]. Mechanical Systems and Signal Processing, 2015, 50-51(2): 70-100.

[5] Antoni J, Randall R B. Unsupervised noise cancellation for vibration signals: Part II-A novelfrequency-domain algorithm [J]. Mechanical Systems and Signal Processing, 2004, 18(2): 103-117.

[6] Combet F, Gelman L, LaPayne G. Novel detection of local tooth damage in gears by the waveletbicoherence [J]. Mechanical Systems and Signal Processing, 2012, 26(6): 218-228.

[7] Stockwell R G, Mansinha L, Lowe R P. Localization of the complex spectrum: The S transform[J]. IEEE Transactions on Signal Processing, 1996, 44(1): 998-1001.

[8] Fault Data Sets. Available online: http: //www. mfpt. org/. [2013-04-10].

[9] Li R Y, Sopon P, He D. Fault features extraction for bearing prognostics [J]. Journal of Intelligent Manufacturing, 2012, 23(2): 313-321.

[10] Zhang X H, Kang J S, Bechhoefer E, et al. A new feature extraction method for gear fault diagnosis and prognosis [J]. Eksploat. I Niezawodn. Maint. Reliab., 2014, 16(2): 295-300.

第10章 基于深度网络的风电机组故障自学习

10.1 引　言

当前,风力发电快速发展,风电机组轴承故障频发,轴承故障呈现出一种"大数据"的特性,使得 BP 神经网络等浅层模型面临维数灾难等问题,从而造成风电场获取的大量数据得不到有效利用,且传统特征提取与选择的方法具有一定的复杂性和不确定性。而深度置信网络(Deep Belief Network, DBN)可避免特征提取与选择的人工操作,具有处理高维、非线性数据的能力,可直接从原始数据提取故障特征,简化数据预处理过程。

DBN 是模拟人类大脑处理外部信号的功能,由多个限制玻尔兹曼机(RBM)组成的多隐层神经网络,DBN 可从低层原始信号出发通过逐层贪婪学习到高层特征表示。目前已经在语音识别、图像处理和自然语言处理等领域得到了广泛的应用,而采用 DBN 实现有关故障的诊断与识别还处于初步探索阶段。陶洁等[1]提出基于细菌觅食决策和深度置信网络的滚动轴承故障诊断方法,利用采集的故障数据对深度置信网络进行训练,以构造细菌觅食决策算法的适应度函数,通过计算各个细菌的适应度来衡量模型的优劣,提高滚动轴承故障诊断的准确率。赵光权等[2]提出一种基于深度置信网络的故障特征提取及诊断方法,通过深度学习利用原始时域信号训练深度置信网络并完成智能诊断。王春梅等[3]利用深度置信网络强大的特征分层提取和泛化能力优势,实现了高效准确的风电机组主轴承故障诊断。Shao 等[4]提出了一种用于滚动轴承故障诊断的优化 DBN,对基于能量函数的受限玻尔兹曼机预训练后,采用随机梯度下降法对所有连接权值进行有效的微调,提高了 DBN 的分类精度和鲁棒性。Prasanna 等[5]采用小波包变换提取具有代表性的故障特征,并引入 DBN 实现故障类型分类。更多学者[6-11]利用DBN 在滚动轴承故障诊断、状态监测、退化性评估等领域展开研究,取得了比传统模式识别更好的分类效果。前期研究已表明,DBN 的一个显著特点是可直接从低层原始信号出发,通过逐层贪婪学习得到高层特征表示[12],避免特征提取与选择的人工操作,消除传统人工特征提取与选择所带来的复杂性和不确定性,增强识别过程的智能性[13-14]。相较于传统的其他故障诊断方法,其优势首先在于能够摆脱对大量信号处理技术与诊断经验的依赖,完成故障特征的自适应提取与健康状态的智能诊断;其次,该方法具有较强的通用性和适应性;最后，该方法具有处理高维、非线性数据的能力，且可有效地避免发生维数灾难。从此角度来看，深度置信网络非常适合处理新时期工业"大数据"的故障诊断难题。

另外，随着更多的风电机组装机与应用，轴承故障数据往往呈现海量特征，工作人员很难从中提取有用特征信息，造成"数据丰富，信息匮乏"现象；此外，故障损伤等级的判别也是一个重要问题，它直接决定了设备工作计划调整和备品配件储备问题，是风电企业最为关心的问题。然而，由于现场获取的故障数据往往是不完备和无标签的，传统模式识别的方法很难建立有效的诊断模型，因此亟需具有自学习能力诊断算法的开发与研究，这已成为当前主要研究热点和亟待解决的问题之一。

有鉴于此，本章我们提出一种基于两级 DBN 的轴承故障自主学习和自动分类方法。在不完备数据建模的情况下，首先建立 DBN1 特征提取和贝叶斯分类器构建故障类型自学习网络，将轴承故障数据做 S 变换处理后作为 DBN1 的输入进行特征提取，并将其提取的特征作为贝叶斯分类器输入，实现故障类型自学习；其次，将实现故障类型分类的故障数据做归一化处理后作为 DBN2 的输入，同样利用贝叶斯分类器的判别实现故障损伤等级自学习。最后，以轴承故障实验平台数据为例，验证两级 DBN 分类模型的有效性。

10.2　相关理论基础

10.2.1　深度信念网络基本理论

深度学习算法经历了三次高峰期，从 1960 年感知机模型的出现到 1980 年 Hopfiled 网络的提出，以及玻尔兹曼机和 BP 算法的出现，都因为自身存在的局限性没有发展起来。直到 2006 年 Geoffrey Hinton 提出了 DBN 模型，改进了模型的训练方法，采用无监督逐层贪婪的训练方法，深度学习才逐渐火起来，应用效果也取得了突破性进展。深度信念网络是深度学习的一种模型，除此之外还有堆栈自编码网络（stacked auto-encoder network，SAE）和卷积神经网络（convolutional neural network，CNN）等。

DBN 是一种概率生成模型，典型的 DBN 由若干层无监督的受限制玻尔兹曼机（restricted Boltzmnn machine，RBM）和一层有监督的反向传播网络（BP）组成，如图 10-1 所示，有监督的一层可以根据具体应用领域换成任何一种分类器模型[15]，如 softmax 分类器等。

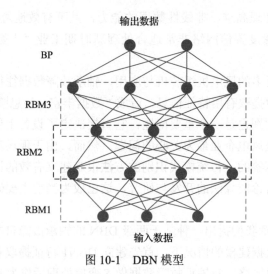

图 10-1　DBN 模型

1. 无监督 RBM 训练

RBM 是一种神经感知器，如图 10-2 所示，由隐层和可见层组成，层间节点相连接，层内节点不连接，且各个节点的值均为 0 或 1。设向量 $v = \{v_1, v_2, \cdots, v_n\}$ 为可见单元节点，向量 $h = \{h_1, h_2, \cdots, h_n\}$ 为隐含单元节点，那么 RBM 可见层变量 v 与隐藏层变量 h 的能量函数可定义为

$$E(v, h; \theta) = -\sum_{i=1}^{n} \sum_{j=1}^{m} W_{ij} v_i h_j - \sum_{i=1}^{n} b_i v_i - \sum_{j=1}^{m} c_j h_j \qquad (10\text{-}1)$$

式中，b 为可视层单元偏置，c 为隐层单元的偏置，W 为连接可视单元与隐藏单元的权值，θ 为模型参数。在每个 RBM 中，隐层神经元和显层神经元被激活的概率分别为

$$P(h_j \mid v) = \sigma\left(b_j + \sum_i W_{ij} x_i\right) \qquad (10\text{-}2)$$

$$P(v_i \mid h) = \sigma\left(c_i + \sum_j W_{ij} h_j\right) \qquad (10\text{-}3)$$

其中，σ 为 Sigmoid 函数，当待分类数据 x 赋给显层神经元后，RBM 可根据式(10-3)计算出每个隐层神经元被激活的概率，并取 0 到 1 之间的一个随机数 μ 作为阈值，大于该阈值的神经元被激活，否则不被激活。

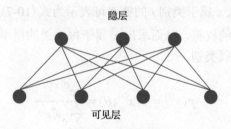

图 10-2　RBM 模型

RBM 采用的学习算法是 Hinton 于 2002 年提出的对比散度(contrastive divergence, CD)快速学习算法,该算法的具体计算步骤如下:

(1)将数据 x 赋给第一层显层神经元 v_1,通过式(10-2)计算出隐层中每个神经元被激活的概率 $P(h_1|v_1)$;

(2)从计算的概率分布中采取 Gibbs 抽样抽取一个样本 h_1;

(3)h_1 重构显层,即通过隐层反推显层,利用式(10-3)计算显层中每个神经元被激活的概率 $P(v_2|h_1)$;

(4)同样地,从计算得到的概率分布中采取 Gibbs 抽样抽取一个样本 v_2;

(5)通过 v_2 再次计算隐层中每个神经元被激活的概率,得到概率分布 $P(h_1|v_2)$;

(6)通过以下公式更新权重:

$$W \leftarrow W + \lambda(P(h_1|v_1)v_1 - P(h_2|v_2)v_2) \tag{10-4}$$

$$b \leftarrow b + \lambda(v_1 - v_2) \tag{10-5}$$

$$c \leftarrow c + \lambda(h_1 - h_2) \tag{10-6}$$

若干次训练后,隐层不仅能较为精准地显示显层的特征,同时还能够还原显层。通过该算法逐层对 RBM 进行训练,从而在高层形成比低层更抽象和更具有表征能力的特征表示。

将多个 RBM 堆叠在一起,即可组成一个多隐层的 DBN 网络。DBN 的学习过程包含两部分:由低层到高层的前向堆叠 RBM 学习和由高层到低层的后向微调学习。低层 RBM 的输出作为高层 RBM 的输入,在最高层通过有监督学习将提取的特征进行分类,最后通过 BP 算法反向微调,优化分类能力。

2. softmax 分类器原理

深度学习中,softmax 是个常用而且比较重要的函数,它将多个神经元的输出映射到 $(0,1)$ 区间内,可以看成概率来理解,从而来进行多分类,即样本类标签 y 的可取值个数 k 满足 $k > 2$,假设有训练集 $\{(x^{(1)},y^{(1)}),\cdots,(x^{(n)},y^{(n)})\}$,$y^{(i)} \in$

$\{1,2,\cdots,k\}$，那么输入 x 属于类别 j 的概率可表示为式 (10-7)，其中 θ 表示输出神经元与输入层相连接的权重，从而求出 x 属于每一类的概率，选取概率最大值对应的那一类，即其所属类别。

$$p(y^{(i)} = j \mid x^{(i)}; \theta) = \frac{\mathrm{e}^{\theta_j^{\mathrm{T}} x^{(i)}}}{\displaystyle\sum_{j=1}^{k} \mathrm{e}^{\theta_j^{\mathrm{T}} x^{(i)}}} \tag{10-7}$$

10.2.2　S 变换原理回顾

　　如前所述，本章提出的故障自学习算法中，采用 S 变换对数据进行了预处理。在上一章中我们也对 S 变换理论进行了详细的介绍，此处对 S 变换应用进行一个简单的回顾。

　　S 变换是 Stockwell 在研究众多常用的时频分析方法的基础上提出的，是对小波变换和短时傅里叶变换的发展，相对于短时傅里叶变换，它的优点在于可以自动调节窗口，在高频处频率分辨率较低，有较高的时间分辨率[16]，正好适用于非平稳信号的分析，而短时傅里叶变换的窗口比较固定，在整个频率范围内，频率分辨率都不发生变化，小波变换存在多解性，在重构时很可能造成信息丢失，而 S 变换是无损可逆的[17]。

　　可以看出，S 变换能更好地表达一个信号的时频分布，同时我们发现对不同故障种类信号作 S 变换处理后，能很清楚地看出不同故障类型信号之间的频谱图有较大的相似性，而同种故障类型不同故障损伤等级信号之间的频谱图有很大的相似性，故我们将 S 变换应用到滚动轴承信号预处理上来。S 变换具体描述如下：

　　定义信号 $x(t)$ 的 S 变换为

$$S(t,f) = \int_{-\infty}^{+\infty} x(t) w(\tau - t, f) \mathrm{e}^{-\mathrm{j}2\pi f \tau} \mathrm{d}t \tag{10-8}$$

其中，$w(\tau - t, f) = \dfrac{|f|}{\sqrt{2\pi}} \mathrm{e}^{\frac{-f^2(\tau - t)^2}{2}}$ 为高斯窗口。从式中可以看出高斯窗口的高度和宽度随频率而变化。

　　S 变换是一种可逆的局部时频分析方法，对信号进行 S 变换后，其结果是一个二维矩阵，列对应采样点时间，行对应频率值，矩阵元素是一个复数，每个元素代表在某个具体采样时间和采样频率下的点，可以从这个元素里面获取幅值信息，为下一步特征提取和分类奠定基础。

10.2.3　贝叶斯分类器

贝叶斯分类器的分类原理是通过某对象的先验概率，利用贝叶斯公式计算其后验概率，即该对象属于某一类的概率[18]，多变量正态分布的概率密度函数为

$$P(x / w_i) = \frac{1}{2\pi^{\frac{n}{2}} |c_i|^{\frac{1}{2}}} \exp\left[-\frac{1}{2}(x - m_i)^{\mathrm{T}} c_i^{-1}(x - m_i) \right] \qquad (10\text{-}9)$$

式中，x 是 n 维向量，m_i 是 n 维均值向量，c_i 是协方差矩阵，后验概率可表示为

$$p_i(x) = \frac{P(x / w_i) P(w_i)}{\sum_{i-1}^{i} P(w_i) P(x / w_i)} \qquad (10\text{-}10)$$

其中，$P(w_i)$ 为先验概率，即后验概率=概率密度函数×先验概率/证据因子。若此时有两组 n 维向量 x_1 和 x_2，对它们划分训练集与测试集，通过训练集进行训练后，便可得到 x_1 的测试集属于 x_1 的概率 P_1 和 x_1 的测试集属于 x_2 的概率 P_2，且 $P_1 + P_2 = 1$，如果 P_1 与 P_2 之间相差较大，认为 x_1 和 x_2 是有很大区别的数据，判断它们属于不同类别，如果 P_1 与 P_2 之间相差较小，认为 x_1 和 x_2 是很类似的数据，判断它们属于相同类别，进而实现分类。

10.3　基于两级 DBN 的滚动轴承故障自学习算法

图 10-3 为两级 DBN 自学习模型的算法总体示意图。该算法的核心思想为：首先，建立 DBN1 故障类型自学习网络——对故障信号进行 S 变换处理，提取 S 变换模矩阵时间列的均值信息作为 DBN1 输入，DBNI 作为特征提取的工具，将提取的特征作为贝叶斯分类器的输入，基于贝叶斯的判定规则进而实现故障类型自学习。之后将已判定故障类型的故障数据继续进入第二级 DBN2 网络，提取故障损伤等级的特征，之后同样采用贝叶斯判定规则，实现同种故障类型下不同故障损伤等级的自学习和分类判别。

算法具体步骤描述如下：

步骤1　建立 DBN1 故障类型判定网络。

不妨设有一种未知故障类型和若干已知故障种类，将各已知故障类型与未知故障类型的原始轴承数据均进行 S 变换处理，提取 S 变换模矩阵时间列的均值信息作为 DBN1 的输入，用于特征提取，将 DBN1 最后一层隐层提取的特征作为贝叶斯分类器的输入，对贝叶斯分类器输出的后验概率划分属于相同故障类型或不同故障类型的置信区间，实现故障类型分类模型的自学习，具体分类过程包括：

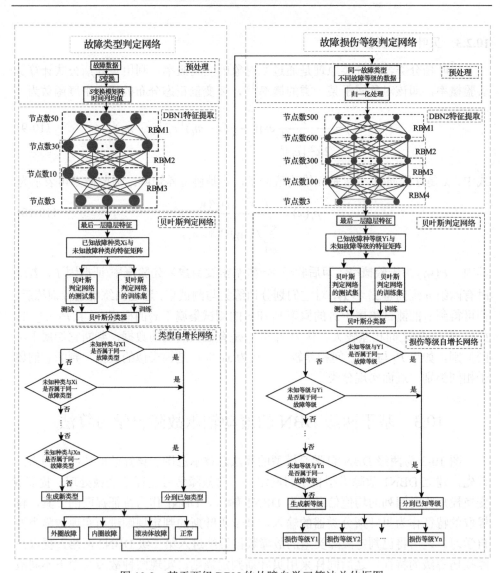

图 10-3　基于两级 DBN 的故障自学习算法总体框图

(1)由于 S 变换结果的维数很大，所以每种故障数据选取 Q 个采样点分别进行 S 变换，最后提取 S 变换模矩阵时间列的均值信息，其结果为一个 Y 列的行矩阵，把它作为 DBN1 的输入，通过试凑法及多次实验验证，发现输入层节点为 50、隐层数为 3、隐层节点数为 30-10-3、各 RBM 的学习率为 0.1 且最大预训练迭代次数设为 100 时提取的特征分类效果最好。

(2)将每种故障信号进行 S 变换处理后得到的每一个 Y 列的行矩阵都转化成 m 行 n 列的矩阵作为 DBN1 的输入，进行特征提取，其中 $m×n=Y$，这样每种故障信号在 DBN1 最后一层隐层神经元中都会得到一个 m 行 3 列的特征矩阵，并把每种故障种类的特征矩阵的前 m_1 行作为贝叶斯判定网络的训练集，剩余的 m_2 行作为贝叶斯判定网络的测试集，即 $m_1 + m_2 = m$。

(3)逐一地将未知种类 X' 与各已知种类 X_i 分别进行两两分类，每次分类都选取未知种类与已知种类 X_i 的训练集对贝叶斯分类器进行训练，通过训练好的贝叶斯分类器对测试集进行验证。

(4)对于贝叶斯分类器，将每次作分类的已知种类 X_i 和未知种类 X' 在 DBN1 中提取的特征矩阵分别设为 D_1 和 D_2，每组特征划分成的贝叶斯判定网络的训练集分别为 B_1 和 B_2，测试集分别为 C_1 和 C_2，即 $B_1 + C_1 = D_1$，$B_2 + C_2 = D_2$。首先，假设贝叶斯分类器的先验概率 pw_1 和 pw_2 均为 0.5，其中 pw_1 代表待测数据集属于已知种类的先验概率，pw_2 代表待测数据集属于未知种类的先验概率；其次，通过特征集 B_1 计算出均值 $mean_1$ 和协方差 var_1 矩阵，并通过特征集 B_2 计算出均值 $mean_2$ 和协方差 var_2 矩阵，再将特征集 C_2 和 C_1 分别代入式(10-11)和式(10-12)求取概率密度函数 S_1 和 S_2，从而根据式(10-13)计算出证据因子。

$$S_1 = \frac{1}{2\pi^{\frac{n}{2}} |var_1|^{\frac{1}{2}}} \exp\left[-\frac{1}{2}(x - mean_1)^{\mathrm{T}} var_1^{-1}(x - mean_1) \right] \tag{10-11}$$

$$S_2 = \frac{1}{2\pi^{\frac{n}{2}} |var_2|^{\frac{1}{2}}} \exp\left[-\frac{1}{2}(x - mean_2)^{\mathrm{T}} var_2^{-1}(x - mean_2) \right] \tag{10-12}$$

$$S = pw_1 \times S_1 + pw_2 \times S_2 \tag{10-13}$$

$$P_1 = \frac{S_1 \times pw_1}{S} \tag{10-14}$$

$$P_2 = \frac{S_2 \times pw_2}{S} \tag{10-15}$$

最后，根据式(10-14)和式(10-15)，分别计算后验概率 P_1 和 P_2，P_1 代表 C_2 或 C_1 属于已知种类的概率，P_2 代表 C_2 或 C_1 属于未知种类的概率，且 $P_1 + P_2 = 1$。我们定义当 $\partial_1 \leqslant |P_1 - P_2| \leqslant 1$ 时，认为未知种类与已知种类之间存在较大的差异性，判断未知种类与已知种类属于不同的故障类型，且如果 $P_1 > P_2$，判断 C_3 或 C_1 属于已知种类，如果 $P_1 < P_2$，判断 C_3 或 C_1 属于未知种类；当 $0 \leqslant |P_1 - P_2| \leqslant \partial_2$，时，认为未知种类与已知种类之间存在很大的相似性，判断未知种类与已知种类属于相同的故障类型（∂_1 与 ∂_2 的值根据实际情况而定）；以此类推，直到判断未知种类与已知种类 X_n 是否属于同一故障类型，如果未知种类与任何一个已知种类都不是

同一种故障类型，则判定未知种类是一种新的类型，进而实现故障类型分类模型的自学习。

步骤 2　建立 DBN2 故障损伤等级判定第二级网络。由于对故障数据作 S 变换处理后，更容易发现不同故障损伤等级之间的共性，而要实现故障损伤等级的分类需要利用他们之间的差异性，第一级网络输入数据采用了 S 变换进行预处理，而第二级网络不需要进行 S 变换处理，直接将原始数据归一化处理后作为 DBN2 的输入。

不妨设有一种未知故障损伤等级和若干已知故障损伤等级，将归一化处理后的各个损伤等级的信号作为 DBN2 的输入进行特征提取，并把 DBN2 最后一层隐层提取的特征作为贝叶斯分类器的输入，通过贝叶斯分类器将各已知故障损伤等级和未知故障损伤等级的信号进行两两分类，即分别判断未知故障损伤等级与各已知故障损伤等级是否属于同一故障损伤等级，具体分类过程如下：

(1)建立 DBN2 特征提取工具，通过试凑法及多次实验验证，选取 DBN2 输入层节点为 500、确定隐层数为 4、各隐层节点为 600-300-100-3、各 RBM 学习率为 0.1、最大预训练迭代次数设为 100 时提取的特征分类效果最好。

(2)截取每种故障损伤等级的信号各 R 个采样点进行归一化处理，使所有数据都在[0,1]的范围内，并将处理完的各个信号均转化成一个 u 行 v 列的矩阵作为 DBN2 的输入，进行特征提取，其中 $u \times v = R$。这样，每种故障信号在 DBN1 最后一层隐层神经元中都会得到一个 u 行 3 列的特征矩阵，并把每种故障种类的特征矩阵的前 u_1 行作为贝叶斯判定网络的训练集，剩下的 u_2 行作为贝叶斯判定网络的测试集，即 $u_1 + u_2 = u$。

(3)将未知故障损伤等级分别与各已知损伤等级进行分类，每次分类都选取未知等级与已知等级 Y_i 的训练集对贝叶斯分类器进行训练，通过训练好的贝叶斯分类器对测试集进行分类。

(4)对于贝叶斯分类器，将每次作分类的已知损伤等级 Y_i 和未知损伤等级在 DBN2 中提取的两组特征依次设为 T_1 和 T_2，每组特征划分成贝叶斯判定网络的训练集分别为 U_1 和 U_2，测试集分别为 V_1 和 V_2，即 $T_1=U_1+V_1$，$T_2=U_2+V_2$。同样首先设置贝叶斯分类器的先验概率 pw$_1$ 和 pw$_2$ 均为 0.5，其中 pw$_1$ 代表待测数据集属于已知损伤等级的概率，pw$_2$ 代表待测数据集数据属于未知损伤等级的概率。选取与故障类型自学习类似的贝叶斯判别方法，判断已知损伤等级 Y_i 与未知损伤等级是否属于同一故障损伤等级，以此类推，直到判断未知等级与已知等级 Y_n 是否属于同一故障等级，如果未知损伤等级与任何一个已知损伤等级都不是同一种故障损伤等级，则判定未知等级是一种新的损伤等级，进而实现故障损伤等级分类模型的自学习。

本章整体方法流程如图 10-4 所示。

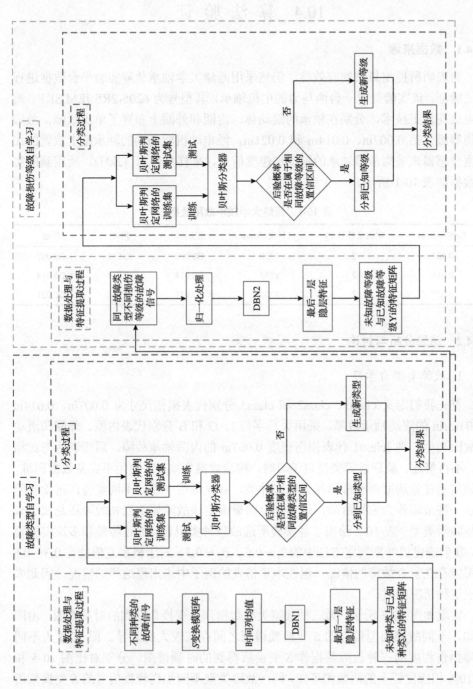

图10-4　总体算法流程图

10.4　算　法　验　证

10.4.1　数据来源

为表明所提出算法的有效性，仍然采用西储大学轴承故障实验平台数据进行算法验证，该实验针对一台两马力的电机轴承，其型号为 6205-2RS JEM SKF。通过电火花加工技术，分别在轴承的滚动体、内圈和外圈上布置了单点故障，故障损伤等级包括 0.007in、0.014in 和 0.021in，经电动机驱动端的轴承座上放置的加速度传感器来采集故障轴承的振动加速度信号，采样频率为 12kHz，所用到的实验数据如表 10-1 所示。

表 10-1　西储大学轴承故障数据

损伤直径/in	电机负载(HP)	电机转速/(r/min)	滚动体	内圈	外圈
0.007	2	1750	B0.007	I0.007	O0.007
0.014	2	1750	B0.014	I0.014	O0.014
0.021	2	1750	B0.021	I0.021	O0.021

10.4.2　结果分析与讨论

1. 故障类型自学习

首先我们定义 class1、class2 和 class3 分别代表损伤尺寸为 0.007in、0.014in 和 0.021in 的滚动轴承故障。采用大写字母 I、O 和 B 分别代表内圈、外圈和滚动体故障类型，则 Iclass1 代表损伤程度 0.007in 的内圈轴承故障，后续表达与此相似，不再赘述。验证故障类型自学习时，构造数据集如下，使用不完备数据训练，每组实验任意选取两种故障作为已知种类，并在每组中设计不同实验，每次实验任选一种故障作为未知故障，通过判定结果确定该故障属于已知故障还是属于未知故障新类型。表 10-2 给出了各实验所选故障种类组合。通过经验和多次实验验证，我们确定贝叶斯判定方法中的 $\partial_1 = 0.6$，$\partial_2 = 0.3$，对于概率差值处在 0.3～0.6 时可能存在复合故障的情况，但在本章仿真的例子中未出现这样的情况，因此未给出这种情况的讨论。

实现如图 10-5 所示，为三种故障类型数据作 S 变换后得到的时频谱图，由图可知，不同故障类型信号的 S 变换频谱图之间存在较大的差异。图 10-6 为不同故障损伤程度的三种故障数据作 S 变换后得到的时频谱图。分别对比图 10-5 和图 10-6 相应位置上的两幅图可知，同一故障类型不同损伤程度信号的 S 变换频谱图之间具有较大的相似性。

表 10-2　故障类型分类自增长实验分组

实验组别	已知种类	未知种类					
组 1	Iclass1 Oclass1	实验 1	实验 2	实验 3	实验 4	实验 5	实验 6
		Bclass1	Bclass3	Oclass3	Oclass2	Iclass2	正常
组 2	Iclass1 Bclass1	实验 1	实验 2	实验 3	实验 4		实验 5
		Iclass2	Bclass3	Oclass1	Oclass2		Oclass3
组 3	Iclass1 Oclass1 Bclass1	实验 1			实验 2		
		正常			Oclass2		

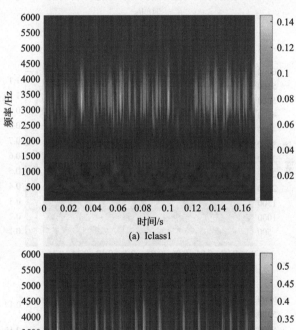

(a) Iclass1

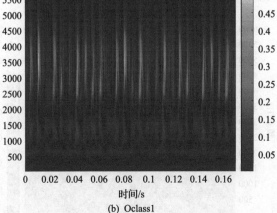

(b) Oclass1

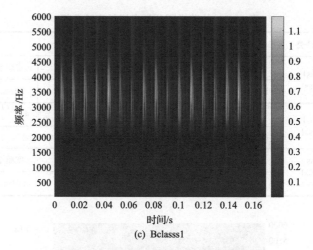

(c) Bclasss1

图 10-5　三种故障类型的 S 变换时频谱图

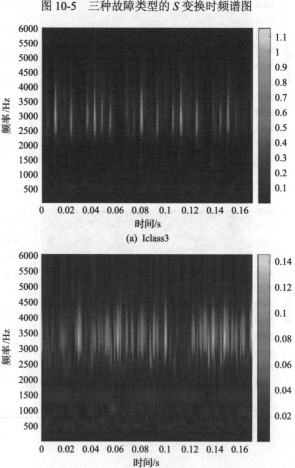

(a) Iclass3

(b) Oclass3

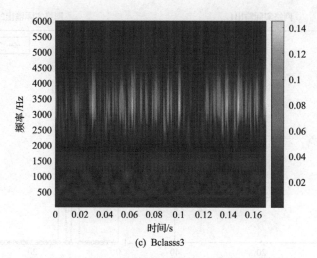

(c) Bclasss3

图 10-6   内圈三种故障损伤等级的 S 变换时频谱图

实验 1 和实验 3 的分类结果如图 10-7 和图 10-8 所示。

图 10-7 中网络实际输出 1 代表 Bclass1 与 Iclass1 的分类结果，可以看出它们分到两个不同类。

$$f = 1 - \frac{n}{N} \tag{10-16}$$

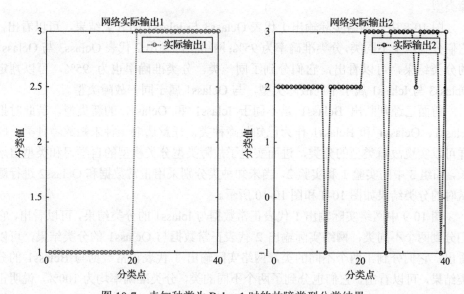

图 10-7   未知种类为 Bclass1 时的故障类型分类结果

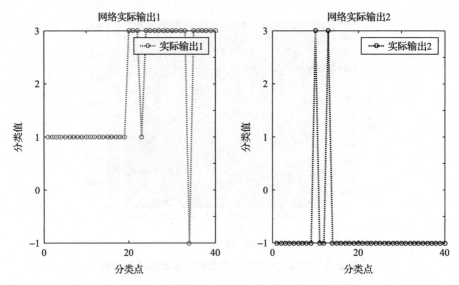

图 10-8　未知种类为 Oclass3 时的故障类型分类结果

根据式(10-16)可以算出分类准确率 f 为 100%，式中 n 代表分类错误的点，N 代表总的分类点个数。网络实际输出 2 代表 Bclass1 与 Oclass1 的分类结果，可以看出它们也分到了两个不同的类，分类准确率为 90%，说明 Bclass1 既不与 Iclass1 属于同一故障类型，也不与 Oclass1 属于同一故障类型，即 Bclass1 是一种新的故障类型。

图 10-8 中，网络实际输出 1 代表 Oclass3 与 Iclass1 的分类结果，可以看出，它们分到两个不同类，分类准确率为 95%；网络实际输出 2 代表 Oclass3 与 Oclass1 的分类结果，可以看出，它们分到了同一类，分类准确率也为 95%，可以判定 Oclass3 与 Iclass1 属于不同故障类型，与 Oclass1 属于同一故障类型。

前面已经判断出 Bclass1 是不同于 Iclass1 和 Oclass1 的新类型，若此时把 Iclass1、Oclass1 和 Bclass1 作为已知故障种类，任意选取一种未知故障种类，同样可以实现故障类型的分类，进而实现了故障类型分类模型的自学习和类型自增长，如组 3 中的实验 1 和实验 2，当未知种类分别采用正常数据和 Oclass2 进行测试时的分类结果如图 10-9 和图 10-10 所示。

图 10-9 中网络实际输出 1 代表正常数据与 Iclass1 的分类结果，可以看出，它们分到两个不同类，网络实际输出 2 代表正常数据与 Oclass1 的分类结果，可以看出，它们分到了两个不同的类，网络实际输出 3 代表正常数据与 Bclass1 的分类结果，可以看出，它们也分到了两个不同的类，分类准确率均为 100%，说明正常数据是不同于 Iclass1、Oclass1 及 Bclass1 的新类型。

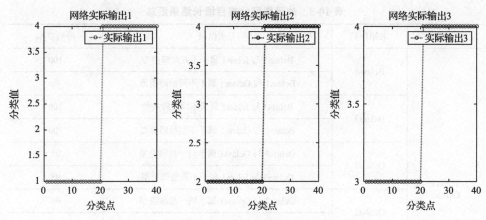

图 10-9　未知种类为正常数据时的故障类型分类结果

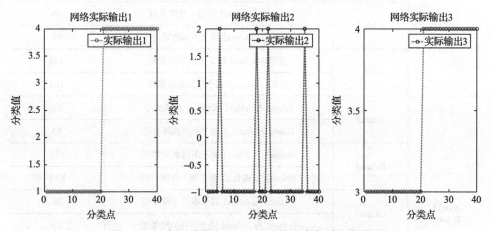

图 10-10　未知种类为 Oclass2 时的故障类型分类结果

图 10-10 中网络实际输出 1 代表 Oclass2 与 Iclass1 的分类结果,可以看出,它们分到两个不同类,分类准确率均为 100%,网络实际输出 2 代表 Oclass2 与 Oclass1 的分类结果,可以看出,它们也分到了同一类里,分类准确率均为 90%,网络实际输出 3 代表 Oclass2 与 Bclass1 的分类结果,可以看出,它们分到两个不同类,分类准确率均为 100%,说明 Oclass2 与 Oclass1 属于同一故障类型。为了更直观地看出故障类型自学习的效果,将各实验分类结果列在表 10-3 中,从中看出分类准确率均达到 85% 以上,说明在不完备数据建模的情况下可以实现故障类型的准确分类。

综上,通过所设计的各类实验可以充分验证本章所提出故障类型自学习算法的有效性,包括对未参与训练的同种故障类型不同损伤等级判定为同一故障,均取得了较好的实验结果。

表 10-3 故障类型分类自增长结果汇总

已知种类	未知种类	分类结果	准确率/%
Iclass1 Oclass1	Bclass1	Bclass1 与 Iclass1 属于不同故障类型	100
		Bclass1 与 Oclass1 属于不同故障类型	90
	Bclass3	Bclass3 与 Iclass1 属于不同故障类型	100
		Bclass3 与 Oclass1 属于不同故障类型	100
	Oclass3	Oclass3 与 Oclass1 属于同一故障类型	95
		Oclass3 与 Iclass1 属于不同故障类型	95
	Oclass2	Oclass2 与 Oclass1 属于同一故障类型	90
		Oclass2 与 Iclass1 属于不同故障类型	95
	Iclass2	Iclass2 与 Iclass1 属同一故障类型	90
		Iclass2 与 Oclass1 属于不同故障类型	90
	正常	正常与 Iclass1 属于不同故障类型	100
		正常与 Oclass1 属于不同故障类型	100
Iclass1 Bclass1	Iclass2	Iclass2 与 Iclass1 属于同一故障类型	90
		Iclass2 与 Bclass1 属于不同故障类型	85
	Bclass3	Bclass3 与 Iclass1 属于不同故障类型	87.5
		Bclass3 与 Bclass1 属于同一故障类型	87.5
	Oclass1	Oclass1 与 Iclass1 属于不同故障类型	90
		Oclass1 与 Bclass1 属于不同故障类型	85
	Oclass2	Oclass2 与 Iclass1 属于不同故障类型	95
		Oclass2 与 Bclass1 属于不同故障类型	90
	Oclass3	Oclass3 与 Iclass1 属于不同故障类型	87.5
		Oclass3 与 Bclass1 属于不同故障类型	90
Iclass1 Oclass1 Bclass1	正常	正常与 Iclass1 属于不同故障类型	100
		正常与 Oclass1 属于不同故障类型	100
		正常与 Bclass1 属于不同故障类型	100
	Oclass2	Oclass2 与 Iclass1 属于不同故障类型	100
		Oclass2 与 Oclass1 属于同一故障类型	90
		Oclass2 与 Bclass1 属于不同故障类型	100

2. 故障损伤等级自学习

为实现每种故障类型下不同故障损伤等级的分类，设计实验如表 10-4 所示。在每种故障类型下均选一种等级作为已知损伤等级，不妨设其为 class1，首先 class2 或 class3 作为未知损伤等级进行测试，判定 class2 或 class3 与 class1 是否属于同一损伤等级，如果判定结果不成立，则生成一种新的损伤等级。之后，将 class2 与 class1 均作为已知损伤等级，class3 作为未知损伤等级进行测试，将 class3 分别与 class1 和 class2 进行两两分类，判定 class3 与 class1 及 class2 是否属于同一损伤等级，如果判定结果均不成立，则再次生成一种新的损伤等级，循环往复，进而可实现每种故障类型下不同损伤等级的自学习。同样设置 $\partial_1 = 0.6$，$\partial_2 = 0.3$，如图 10-11～图 10-13 所示，为表 10-4 中实验 1～实验 3 的分类结果。

表 10-4　两种故障等级分类实验分组

故障类型	已知损伤等级/in	实验组别	未知损伤等级/in
内圈	0.007	实验 1	0.021
		实验 2	0.014
		实验 3	0.007
外圈	0.007	实验 4	0.021
		实验 5	0.014
		实验 6	0.007
滚动体	0.007	实验 7	0.021
		实验 8	0.007

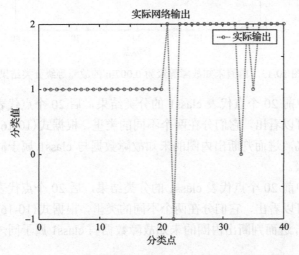

图 10-11　内圈未知故障等级为 0.021in 的故障等级分类结果

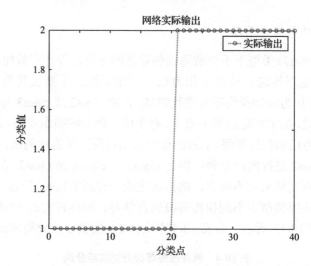

图 10-12　内圈未知故障等级为 0.014in 的故障等级分类结果

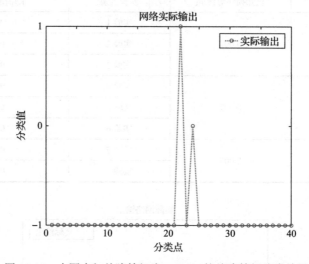

图 10-13　内圈未知故障等级为 0.007in 的故障等级分类结果

图 10-11 中前 20 个点代表 class1 的分类结果，后 20 个点代表未知故障数据的分类结果，可以看出，它们分在两个不同的类里，根据式(10-16)可以算出分类准确率为 92.5%，进而判断出内圈的未知故障数据与 class1 属于同一故障类型下的不同故障等级。

图 10-12 中前 20 个点代表 class1 的分类结果，后 20 个点代表未知故障数据的分类结果，可以看出，它们分在两个不同的类里，根据式(10-16)可以算出分类准确率为 100%,进而判断出内圈的未知故障数据与 class1 属于同一故障类型下的不同故障等级。

图 10-13 中前 20 个点代表 class1 的分类结果，后 20 个点代表未知故障数据的分类结果，可以看出未知故障与 class1 基本分到了同一类，即未知故障数据与 class1 属于内圈故障类型下相同的故障等级，根据式(10-16)可以算出分类准确率为 95%。

为了更直观地看出两种故障损伤等级的分类效果，将以上分类结果列在表 10-5 中。

表 10-5　两种故障等级分类结果汇总

故障类型	已知故障等级/in	未知故障等级/in	分类结果	准确率/%
内圈	0.007	0.021	未知等级与 class1 属于不同故障等级	92.5
		0.014	未知等级与 class1 属于不同故障等级	100
		0.007	未知等级与 class1 属于同一故障等级	95
外圈	0.007	0.021	未知等级与 class1 属于不同故障等级	95
		0.014	未知等级与 class1 属于不同故障等级	97.5
		0.007	未知等级与 class1 属于同一故障等级	97.5
滚动体	0.007	0.021	未知等级与 class1 属于不同故障等级	95
		0.007	未知等级与 class1 属于同一故障等级	95

从表 10-5 可以看出，各个实验的分类准确率均达到 90%以上，即可以判断出每种故障类型下的未知等级与 class1 是属于同一故障等级还是不同的故障等级，验证了该故障等级判定网络的有效性。

接下来可进一步判定第三种故障损伤等级的检验情况，构造实验如表 10-6 所示，其中实验 1、实验 2 和实验 3 的分类结果分别如图 10-14～图 10-16 所示。

表 10-6　三种故障损伤等级分类实验分组

故障类型	class1 的故障等级/in	class2 的故障等级/in	实验组别	未知故障等级/in
外圈	0.007	0.014	实验 1	0.021
			实验 2	0.014
			实验 3	0.007
内圈	0.007	0.014	实验 4	0.021
			实验 5	0.014
			实验 6	0.007
滚动体	0.007	0.021	实验 7	0.021
			实验 8	0.014
			实验 9	0.007

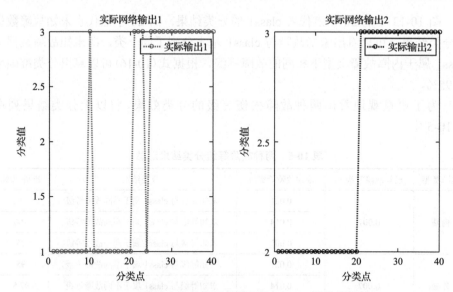

图 10-14 外圈未知故障损伤等级为 0.021in 的分类结果

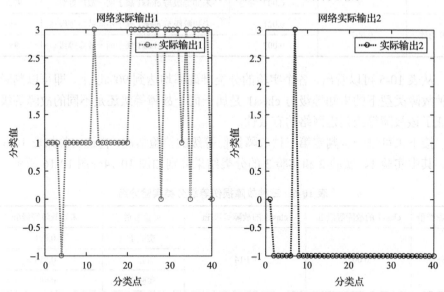

图 10-15 外圈未知故障损伤等级为 0.014in 的分类结果

图 10-14 中，网络实际输出 1 代表未知等级与 class1 的分类结果，其中前 20 个点代表 class1 的分类结果，后 20 个点代表未知等级的分类结果；网络实际输出 2 代表未知等级与 class2 的分类结果，前 20 个点代表 class2 的分类结果，后 20 个点代表未知等级的分类结果，可以看出，外圈未知故障的损伤等级为 0.021in 时，与 class1 分到不同类，与 class2 也分到不同类，分类准确率分别为 95%和 100%，可以判定 class3 属于一种新等级。

图 10-15 中，网络实际输出 1 代表未知等级与 class1 的分类结果，其中前 20 个点代表 class1 的分类结果，后 20 个点代表未知等级的分类结果；网络实际输出 2 代表未知等级与 class2 的分类结果，前 20 个点代表 class2 的分类结果，后 20 个点代表未知等级的分类结果，可以看出，外圈未知故障的损伤等级为 0.014in 时，与 class1 分到不同的类，分类准确率为 85%，与 class2 分到相同的类，分类准确率为 95%，可以确定未知等级与 class2 属于同一故障等级。

图 10-16 中网络实际输出 1 代表未知损伤等级与 class1 的分类结果，其中前 20 个点代表 class1 的分类结果，后 20 个点代表未知损伤等级的分类结果；网络实际输出 2 代表 class3 与 class2 的分类结果，前 20 个点代表 class2 的分类结果，后 20 个点代表未知损伤等级的类结果，可以看出，外圈未知故障的损伤等级为 0.007in 时，与 class1 分到同一类，分类准确率为 90%，与 class2 分到不同类，分类准确率为 100%，可以判定未知等级与 class1 属于同一故障损伤等级。

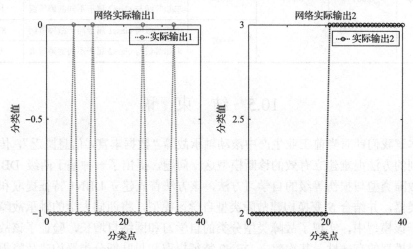

图 10-16　外圈未知故障损伤等级为 0.007in 的分类结果

为了更直观地看出三种故障损伤等级分类自增长的效果，将以上分类结果列在表 10-7 中。

表 10-7　三种损伤等级分类结果汇总

故障类型	已知故障等级 class1/in	已知故障等级 class2/in	未知故障等级 /in	分类结果	准确率/%
外圈	0.007	0.014	0.021	未知等级与 class1 属于不同故障等级	95
				未知等级与 class2 属于不同故障等级	100
			0.014	未知等级与 class1 属于不同故障等级	85
				未知等级与 class2 属于同一故障等级	95
			0.007	未知等级与 class1 属于同一故障等级	90
				未知等级与 class2 属于不同故障等级	100

续表

故障类型	已知故障等级 class1/in	已知故障等级 class2/in	未知故障等级 /in	分类结果	准确率/%
内圈	0.007	0.014	0.021	未知等级与class1属于不同故障等级	87.5
				未知等级与class2属于不同故障等级	100
			0.014	未知等级与class1属于不同故障等级	100
				未知等级与class2属于同一故障等级	87.5
			0.007	未知等级与class1属于同一故障等级	100
				未知等级与class2属于不同故障等级	100
滚动体	0.007	0.021	0.021	未知等级与class1属于不同故障等级	95
				未知等级与class2属于同一故障等级	90
			0.014	未知等级与class1属于不同故障等级	95
				未知等级与class2属于不同故障等级	100
			0.007	未知等级与class1属于同一故障等级	87.5
				未知等级与class2属于不同故障等级	90

10.5　结　束　语

本章我们针对当前工业生产中滚动轴承故障"数据丰富，信息匮乏"，传统模式识别的方法很难建立有效的诊断模型这一问题，提出了一种基于两级 DBN 的轴承故障类型与损伤等级的自学习方法，该方法首先建立 DBN1 特征提取和贝叶斯分类器，并结合 S 变换构建故障类型自学习模型，将西储大学的轴承故障案例应用于该模型中，实现了故障类型分类的自学习和网络自增长，验证了该故障类型分类模型的有效性。其次建立 DBN2 特征提取和贝叶斯分类器构建故障损伤等级自学习模型，对完成故障类型分类的故障数据实现了故障损伤等级分类的自学习和网络自增长，验证了该故障损伤等级分类模型的有效性。表明了该两级 DBN 分类模型对于解决当前工业生产中的故障诊断难题具有一定的实际意义。

参 考 文 献

[1] 陶洁, 刘义伦, 杨大炼, 等. 基于细菌觅食决策和深度置信网络的滚动轴承故障诊断[J]. 振动与冲击, 2017, 36(23): 68-74.

[2] 赵光权, 葛强强, 刘小勇, 等. 基于DBN的故障特征提取及诊断方法研究[J]. 仪器仪表学报, 2016, 37(9): 1946-1953.

[3] 王春梅. 基于深度置信网络的风电机组主轴承故障诊断方法研究[J]. 自动化仪表, 2018, 39(5): 36-40.

[4] Shao H, Jiang H, Zhang X, et al. Rolling bearing fault diagnosis using an optimization deep belief network[J]. Measurement Science and Technology, 2015, 26(11): 1-17.

[5] Prasanna T, Wang P F. Failure diagnosis using deep belief learning based health state classification[J]. Reliability Engineering and System Safety, 2013, 115(7): 124-135.

[6] 单外平, 曾雪琼. 基于深度信念网络的信号重构与轴承故障识别[J]. 电子设计工程, 2016, 24(4): 67-71.

[7] Yang D, Liu Y, Li S, et al. Fatigue crack growth prediction of 7075 aluminum alloy based on the GMSVR model optimized by the artificial bee colony algorithm[J]. Engineering Computations, 2017, 34(4): 1034-1035

[8] Li Y F, Wang X Q, Zhang M J, et al. An approach to fault diagnosis of rolling bearing using SVD and multiple DBN classifiers[J]. Journal of Shanghai Jiaotong University, 2015, 49(5): 681-686.

[9] Chen Z, Li W. Multisensorfeaturefusion for bearing fault diagnosis using sparse autoencoder and deep belief network[J]. IEEE Transactions on Instrumentation & Measurement, 2017, 66(7): 1693-1702.

[10] Qiu J W, Liang W, Zhang L B, et al. The early-warning model of equipment chain in gas pipeline based on DNN-HMM[J]. Journal of Natural Gas Science and Engineering, 2015, 27(2): 1710-1722.

[11] Li C, Rene-Vinicio S, Grover Z, et al. Fault diagnosis for rotating machinery using vibration measurement deep statistical feature learning[J]. Sensors, 2016, 16(6): 895-901.

[12] Li Y C, Nie X Q, Huang R, et al. Web spam classification method based on deep belief networks[J]. Expert Systems with Applications, 2018, 96(1): 261-270.

[13] Dong Y, Li D. Deep learning and its applications to signal and information processing[J]. IEEE Signal Processing Magazine, 2011, 28(1): 145-154.

[14] van T, Failsal A, Andrew B, et al. An approach to fault diagnosis of reciprocating compressor valves using Teager-Kaiser energy operator and deep belief networks[J]. Expert Systems with Applications, 2014, 41(9): 4113-4122.

[15] Liao B, Xu J, Lv J, et al. An image retrieval method for binary images based on DBN and softmaxclassifier[J]. IETE Technical Review, 2015, 32(4): 294-303.

[16] Li B, Zhang P L, Liu D S, et al. Feature extraction for rolling element bearing fault diagnosis utilizing generalized S transform and two-dimensional non-negative matrix factorization[J]. Journal of Sound & Vibration, 2011, 330(10): 2388-2399.

[17] Stockwell R, Mansinha L, Lowe R, et al. Localization of the complex spectrum: The S transform[J]. IEEE Transactions on Signal Processing, 2002, 44(4): 998-1001.

[18] Friedman N, Geiger D, Goldszmidt M, et al. Bayesian network classifiers[J]. Machine Learning, 1997, 29(2-3): 131-163.

第11章　风电机组健康状态预测与性能评估

11.1　引　　言

风电机组的运行环境恶劣，工况波动剧烈，机组承受着强烈的机械应力，其运行状态和承受负荷均存在随机性和不平稳性。因此，研究提升风电机组的可利用率，降低运行维护成本从而提高风场经济效益的方法具有重要意义。

如前所述，相关专家在对机组的关键与重要部件的状态监测与故障诊断方面，已经进行了广泛的研究并取得了大量成果[1-2]。在此基础上，进一步研究关于风电机组的状态预测与健康管理(prognostic and health management，PHM)，开发风机健康状态评估系统，实现对风电机组全生命周期的健康管理，成为目前的研究热点。PHM 利用先进传感器技术，借助各种算法和智能模型对系统健康状态实现监控、预测和管理，以解决故障后修复和定期维护方式造成的"维护不足""维护过剩"等问题为目的，最终实现视情维护(Condition-based Maintenance)或预测维护(Predictive Maintenance)。关于风电机组整机性能退化的预测与评估是风机 PHM 研究的关键内容，本书最后一章也将对该内容进行深入的介绍，包括作者团队近期的一些研究成果。

总体来说，预测与评估风电机组的健康状态需依赖反映风机状态的各类参数，其主要来自 SCADA(Supervisory Control And Data Acquisition)系统提供的运行与状态数据，以及独立增设的传感器测量数据等。通过提取风场提供的包括历史数据和在线实时数据在内的海量数据中的特征信息，即可获知机组的运行状态。目前，风场陆续开始在原有 SCADA 系统的基础上集成 CMS，这为实现风电机组健康状态预测与性能评估奠定了坚实的基础和可靠保障。然而 CMS 信号频率快，缺乏完备性，与 SCADA 数据进行异构数据融合时，仍存在研究难点和诸多问题。这其中，利用 SCADA 数据并配合一定的 CMS 监测数据，研究风机性能退化趋势是目前的研究热点之一。

对于风电机组性能退化评估，可以首先从研究风功率数据出发。由于风速的随机变化会影响发电机轴所受负载，负载与转子和发电机间传递的转矩成比例，进而影响风机的故障率[3-4]。因此，风功率曲线的变化能间接揭示发电机的运行状态，进而反映风机性能的退化趋势。该分析过程有利于预测风机早期故障与剩余寿命，视情确定风机的运维策略。

11.2　风电机组常见状态预测与性能评估方法

现如今风机健康状态预测与性能评估方法日趋智能化，常用的健康状态预测方法主要有：数据驱动法、模型驱动法及混合方法[5-9]，其中数据驱动法主要基于统计学习和机器学习两种方法，模型驱动法可分为系统模型法和失效物理分析法。方法的基本思想有：① "趋势分析"，例如，利用风速和转矩的散点图进行回归分析[10]，根据曲线变化趋势定义评价指标；② "聚类"，对正常和故障观测值自动分类，由数据到聚类中心的距离判断得到故障诊断结果，例如，k-means 聚类、GMM (Gaussian mixed model)、ANN (artificial neural network)、SOM (self-organization mapping net) 等[11]；③ "残差法"，根据经验对被测参数建模来描述风机正常运行行为，根据预测值与实测值间的 "残差" 判断风机异常与失效行为的发生，例如，基于线性多项式模型的线性方法、ANN、Fuzzy system、非参数非线性状态估计技术等[12-13]。

常用的性能评估方法主要有：灰色关联度分析方法、模糊故障 Petri 网、基于工况辨识的评估方法、基于风机健康系数的评估方法等。下面对已存在的性能评估技术进行具体描述。

(1) 灰色关联度分析。灰色关联度分析 (grey relation degree analysis，GRDA) 是事物间不确定关系的量化分析，将待检测量与标准量 (各个故障的特征量) 进行比较，得到其关联程度，计算得到的关联程度中选取最大关联度作为待检测的故障。GRDA 诊断技术不需要大样本、不要求数据有特殊分布、计算量小，且不会出现与定性分析不一致的结论，适合于没有大样本、但有实时性要求的诊断领域。但是传统 GRDA 诊断技术存在需要对各项指标的最优值进行现场确定，主观性过强，同时部分指标最优值难以确定等问题[14]。

(2) 模糊故障 Petri 网。Petri 网能够对离散系统进行分析建模描述系统各个部件之间的关系，描述系统的状态及行为。Petri 网能够清晰直观地描述从已有信息进行推理诊断结果的过程，并且能够使用矩阵进行计算，能够快速得到诊断结果。模糊故障 Petri 网是由 Petri 网扩展而来，通过运用模糊产生规则对故障进行推理；表现故障的传播规则是依据传播方式的分类，精确描述传播方式及故障状态。模糊故障 Petri 网能够用图形化的表示方法展现出系统的逻辑结构，并且能够精确到底层元件[15]。

(3) 工况辨识。工况辨识法首先通过对风电机组的 SCADA 历史数据进行分析整理，提取出运行工况特征参数和健康状态特征参数，然后建立基于聚类分析的运行工况辨识模型并实现运行工况空间划分和健康状态特征参数时间序列的划分。针对不同运行工况建立相应的基于高斯混合模型 (GMM) 的健康状态评价模型，并利用状态特征参数历史数据训练，获得模型参数。通过对运行与监测实时数据进行预处理，并通过工况辨识确定其所属工况空间，利用已提取的状态特征参数，计算当前状态特征值；调用相应运行工况子空间健康评价模型计算当前机组健康衰退指数；通过健康衰退的趋势分析，实现机组的健康状态评价。报警限的设定采用核密度估计方法。例如，选用高斯核函数，选定置信度为 99.9%（即误报警率为 0.1%），利用核平滑密度估计方法得到报警限。这种方法可以提前监测到机组健康状态的衰退，有效地实现故障的早期预报[16]。

(4) 基于风机健康系数的状态监测方法。该方法首先通过数据预处理，挖掘出SCADA 数据间的隐藏关系。并以预处理后的数据为基础，通过最小二乘法计算得到模型系数，将模型系数代入风机健康系数计算公式，得出风机健康系数。风机健康系数评估的是 SCADA 数据覆盖时间范围内风机的总体表现，而不是风机的瞬时表现。这避免了个别异常数据可能造成的误判，因此风机健康系数能可靠地显示风机的运行状况[17]。

11.3 基于 SCADA 数据的风电机组状态
预测与性能评估方法

针对传统方法对数据丰富性和完备性要求高、算法实现复杂、评价指标物理含义模糊、评价结果缺乏稳定性等的问题，本章我们提出一种通过判断风功率曲线正常样本与测试样本间相似性的方法，并定义了综合健康状态指标，最终可实现了对风机健康状态的预测与退化评估。具体算法描述如下。

11.3.1 算法核心思想

以某风机实际日风功率曲线为例说明算法的核心思想。首先，比较该风机正常运行时的曲线和与发生性能退化后某日获得的混合风功率曲线，可知数据内部的分布特性发生了明显变化，如图 11-1 所示。利用主成分分析法 (principal component analysis，PCA) 提取风功率数据的特征信息发现，主元方向 PC2 体现了风机性能呈逐渐退化的趋势。据此，我们可以通过判断性能退化前后数据分布的相似性关系反映数据间的异同。由于风机特征分布不属于正态分布，无法通过直接求取测试数据与正常数据之间的"距离"指标来反映样本间的差异。因此，相似性度量算法的关键是特征提取，即如何定义合理的"距离"指标来判断样本间的差异，从而体现风机的退化趋势，并在此基础上对风电机组的健康状态进行评估。为此，本章我们提出了一种风机健康状态的预测与退化评估算法，该算法采用概率和模糊理论对体现风机退化趋势的相似性度量指标进行融合，基于综合健康状态指标评估机组运行状态。机组健康状态预测与评估算法框架如图 11-2 所示。

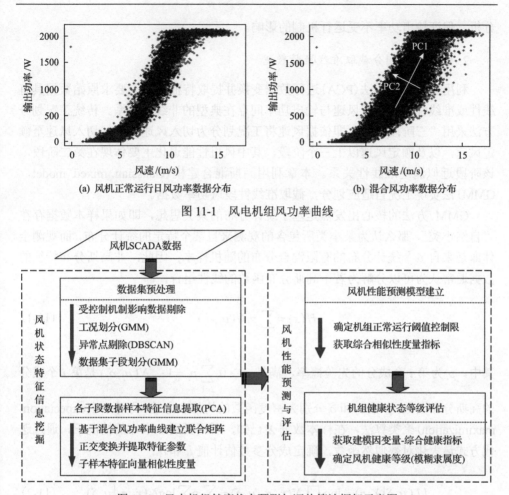

(a) 风机正常运行日风功率数据分布　　　　(b) 混合风功率数据分布

图 11-1　风电机组风功率曲线

图 11-2　风电机组健康状态预测与评估算法框架示意图

11.3.2　数据集预处理

数据集预处理是指对冗杂数据进行清洗、筛选、剔除、转换等操作，通过参数选择[18]、对非结构化数据的结构化模型表示，以及与多元多尺度数据的融合等手段提高数据质量，再深入开展故障特征数据的获取[19]。预处理具体步骤如下。

1. 受电网运行机制影响的数据筛选

以发电机为例，其转速通常在一个范围内波动，出于电网运行调度要求，发电机输出功率的波动可能与机组运行机制有关，运行机制导致的功率波动不代表风机的性能退化。可以根据桨距角控制机制，利用桨距角数据选择合适的风功率数据。若研究目的是对算法进行验证、优化与评估，可以选择标杆风机数据进行分析，保证输出功率不受运行机制的影响。

2. 根据工况划分截取准线性段数据

利用主成分分析法（PCA）进行数据变换并提取特征信息，要求原始数据具有线性或准线性关系，而风速与输出功率间存在典型的非线性关系。传统工况划分方法采用"三阶段"法，即依据风速将工况划分为切入风速以下、切入风速至额定风速，以及额定风速以上三个阶段，其中风机性能退化主要体现在第二阶段，该阶段近似满足准线性关系。本章利用高斯混合建模（Gaussian mixed model，GMM）法实现工况自适应划分，截取准线性段风功率数据。

GMM 方法的核心出发点是基于统计分布的聚类思想，即如果样本数据存在"自然小类"，那么认为某小类所包含的观测来自某个特定的统计分布，而观测全体即是来自多个统计分布的有限混合分布的随机样本；因此，非高斯分布特征的数据通常认为可以分解为若干高斯分布函数的线性组合，即

$$H(x) = \sum_{i=1}^{n} p_i N(\mu_i, \delta_i) \tag{11-1}$$

其中，p_i 为第 i 个成分的先验概率，满足 $p_i \geqslant 0, \sum_{i=1}^{n} p_i = 1$；$N(\mu_i, \delta_i)$ 是第 i 个成分的高斯分布函数；参数 μ_i 和 δ_i 分别为密度函数的均值和方差。利用 EM（expectation-maximization）聚类算法，在样本数据 X 已知，所属类别 Z 未知的情况下，通过迭代方式最大化对数似然函数，确定成分参数估计值 $\hat{\mu}$ 和 $\hat{\delta}$：

$$LL(\mu, \delta | X, z) = \log \prod_{i=1}^{n} N(x_i, z_i | \mu, \delta) = \sum_z p \sum_i \log N(x_i, z_i | \mu, \delta) \tag{11-2}$$

对风功率曲线建立有限高斯混合模型，聚类数目一般指定为 3，根据各成分风速变量的均值（类质心）μ_i、方差 δ_i 和占比（混合概率）p_i，截取风速与输出功率呈准线性段数据。

3. 异常点剔除

数据中的异常值包括离群点和重复点，通常因测量误差、记录缺失或异常等原因造成。重复点可以通过观测风速与功率的时间序列曲线比较容易地发现并筛除。关于离群点，因数据集没有标签变量，故采取无监督侦测方法判定离群点，可从特征空间的距离、概率和密度三个角度界定。本章从特征空间的密度角度出发，利用基于密度聚类思想的 DBSCAN（density based spatial clustering of applications with noise）聚类方法[20]甄别离群点。该算法可发现任意形状的类和噪声（离群）观

测。DBSCAN 算法是一个基于 k-维点密度可达形式概念的聚类算法。它的目的是发现任意形状的簇，对识别离群大数据集也是有效的。DBSCAN 算法有两个用户指定的参数分别为 MinPts（邻域内的观测点数）和 eps（邻域的半径）。

DBSCAN 算法描述如下：以欧氏距离阈值作为密度可达性的定义，设置邻域半径 eps 和邻域半径范围内包含的最少观测点个数 MinPts，于是噪声点定义为邻域半径范围内观测点个数小于 MinPts，且无法通过其他观测点实现直接密度可达、密度可达和密度相连的观测点。参数 eps 的估计方法：计算每个样本点到其最近邻的 MinPts 个点的欧氏距离，eps 取距离曲线的拐点值。文献[20]指出 MinPts>4 时对离群点的甄别影响不大，但 DBSCAN 算法对参数 eps 和 MinPts 非常敏感，具体应用中，MinPts 的取值对数据集的特点依赖性高，应考虑实际风功率的密度分布，通过不同的参数设置对比聚类效果，优化 eps 和 MinPts 的取值。仿真中发现，实际实现 DBSCAN 算法时，因内存占用大，无法对整包大数据同时处理，须分时段进行。为此本次算法中通过选用核心点邻域中的部分点作为种子点来扩展类，从而大大减少区域查询的次数，降低 I/O 开销，实现快速聚类。

4. 数据集子段划分

风电机组的运行工况具有典型的随机性和波动性，且风速与输出功率间的关系为非线性关系。而截取的准线性段风功率数据在不同运行工况下所含性能退化相关特征信息不同，因此，对于小样本情况，有必要通过工况辨识[21]提高 PCA 特征提取方法的精度。结合分段线性化思想，利用 GMM 法进一步实现工况辨识，将准线性段数据划分为三子段。之后，针对子段数据分别提取特征信息。

11.3.3　特征信息提取

根据风速与功率数据分布结构的变化，利用统计学习方法分析机组性能退化的过程中，应避免统计分析结果出现信息重叠。故首先利用 PCA 法对原始数据进行坐标变换，再对所得线性无关的新变量进行特征提取。主成分坐标方向（即方差最大方向）体现了数据信息变化最大的方向，因此，风功率曲线通过 PCA 进行正交变换后，认为第二主成分 PC2 方向（如图 11-1 所示）的投影变量方差的变化体现了风机的不同退化程度。

基于准线性段混合风功率曲线，即由正常样本和测试样本构成混合样本集，定义数据在 PC2 方向投影结果的标准差 (d_1) 为健康状态指标，对其归一化处理后得正常样本与测试样本间的相似性度量指标，即

$$\lambda = \frac{d_1}{d_2} - 1 \tag{11-3}$$

其中，d_2 为正常样本在 PC2 方向投影结果的标准差。

特征提取的具体步骤：①数据标准化处（均值为 0，标准差为 1），以消除变量不同量级别对距离计算产生的影响；②计算协方差矩阵；③计算协方差矩阵的特征值（主成分方向投影变量的方差）和特征向量（主成分方向的正交单位特征向量）；④主成分数取 2，对样本作正交变换；⑤计算 d_1、d_2 和 λ。

由于准线性段风功率数据仍然呈现一定的非线性，且各工况子空间的数据对机组性能退化程度的贡献不同，故基于上述相似性度量算法进一步提取各工况子空间样本的特征信息，即子段相似性度量指标 λ_n（$n=1$, 2, 3）。基于概率不确定性思想，定义加权综合相似性度量指标 $\hat{\lambda}$ 为

$$\hat{\lambda} = \sum_{n=1}^{3} \lambda_n p_n \tag{11-4}$$

其中，p_n 为有限高斯混合模型成分 n 的占比，即各子段的混合概率。随着风机性能的退化，相比式 (11-3) 定义的单一度量指标 λ，式 (11-4) 定义的综合相似性度量指标 $\hat{\lambda}$ 因基于贡献差异对子段特征 λ_n 赋予不同权重，而具有更好的单调性和稳定性，呈现出更为典型的上升趋势，这将有利于保证预测精度，减少误报警与漏报警。

11.3.4   风机性能预测与退化评估

针对风电机组整机健康状态的评估，本算法中依据健康状态分级原则，从健康管理的角度将机组运行状态分为 5 级：健康、良好、注意、恶化和疾病。为体现风机性能退化过程的不确定性和模糊性，综合考虑评估模型的精度与解释性，基于概率理论定义综合健康状态指标，依据模糊理论判定整机健康状态，并计算健康状态等级可信度。

综合健康状态指标 β 定义方法：由式 (11-4) 所得风机在正常状态下 $\hat{\lambda}$ 的统计量——均值 μ 和标准差 σ 确定阈值控制限，对子段相似性度量指标 λ_n 的取值范围进行约束；基于阈值控制限定义综合健康状态指标 β 为

$$\beta = \begin{cases} 0 & \max(\lambda_1, \lambda_2, \lambda_3) \leqslant 0 \\ \sum_{n=1}^{3} \lambda_n p_n & 0 < \max(\lambda_1, \lambda_2, \lambda_3) \leqslant \sigma \\ \max(\lambda_1, \lambda_2, \lambda_3) & \sigma < \max(\lambda_1, \lambda_2, \lambda_3) \leqslant 3\sigma \\ 0.1 & \max(\lambda_1, \lambda_2, \lambda_3) > 3\sigma \end{cases} \tag{11-5}$$

其中，若 λ_n 接近 0，说明机组健康状态为"健康"，不存在健康隐患；若 λ_n 在 0

到 σ 之间，说明机组健康状态可以接受，健康状态指数按式(11-4)加权综合；若任一 λ_n 介于 σ 到 3σ 之间，说明可能存在健康隐患，应提高警惕，故健康状态指数取三值中最大值；当有 λ_n 大于 3σ 时，说明装备处于"疾病"状态。

由式(11-5)基于阈值控制限定义的综合健康状态指标 β，体现了风机在实际运行工况下性能退化的相对情况。综上，根据风机性能实际退化过程，我们利用半梯形-三角形模糊函数确定健康状态等级隶属度，对机组的健康状态等级做出合理可靠的评估。

11.4　实例验证与结果分析

待分析数据为湖南某风场的一台 2MW 风电机组在故障前近两个月(2016 年 2 月 21 日~2016 年 4 月 16 日)的周期为 5s 的部分 SCADA 数据，该风电机组在 2016 年 4 月 16 日因主轴高温故障停机，故障部件为齿轮箱。机组原始风功率曲线如图 11-3(a)所示。

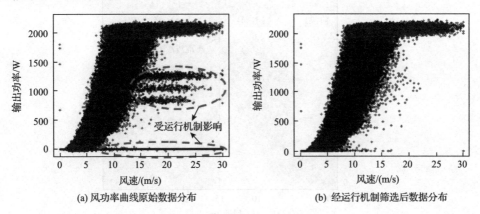

(a) 风功率曲线原始数据分布　　　　　　(b) 经运行机制筛选后数据分布

图 11-3　风电机组风功率数据

11.4.1　数据集预处理

1. 风电机组状态特征信息提取

1)受电网运行机制影响数据筛除

通常，风电机组在实际运行中，风功率曲线会在出厂设计值附近波动。因受运行机制影响，该风电机组输出功率在图 11-3(a)虚线圈注处发生较大波动，主要体现在故障日当天。由于故障后风电场采集的数据中桨距角数据缺失，只能通过观察日风功率曲线筛除受电网运行机制影响的数据，筛除后数据曲线如图 11-3(b)所示。

2) 根据工况划分截取准线性段数据

利用 GMM 方法进行工况划分，指定聚类数为 3，表 11-1 为变量风速的统计值，聚类结果如图 11-4 所示。依据 3 号聚类风速的均值和方差可知，准线性段数据的风速范围近似为 $5\sim13.2\text{m/s}(\mu\pm2\sigma)$。考虑到风机性能退化会导致额定风速提高，且后续特征提取时还会进一步对准线性段数据进行子段划分，最终截取准线性段数据的风速范围为 $5\sim15\text{m/s}$，如图 11-4 中阶段 II 所示。

表 11-1　工况划分参照表

聚类号	均值	方差	概率
1	14.37894	6.808124	0.2157231
2	5.207906	1.619948	0.3650427
3	9.135034	4.194545	—

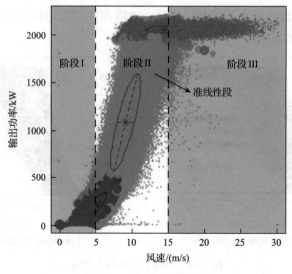

图 11-4　GMM 聚类结果

3) 异常点剔除

利用 DBSCAN 聚类方法甄别离群点，根据文献[20]取参数 MinPts=4，eps=0.04，以前 10 天的风功率准线性段标准化后数据为例，如图 11-5(a)所示，结果产生大量误判，可见算法对参数非常敏感。

本书根据不同时段数据集的数据量和密度，对不同参数设置下聚类的效果进行具体分析。以 MinPts 取 100 为例，计算每个样本点到其最近邻的 100 个点的欧式距离，如图 11-5(b)所示取拐点处值 eps=0.12 进行聚类，由图 11-5(c)知聚类效果不理想。进一步优化，取 eps=0.2，如图 11-5(d)所示取得了较理想的结果。

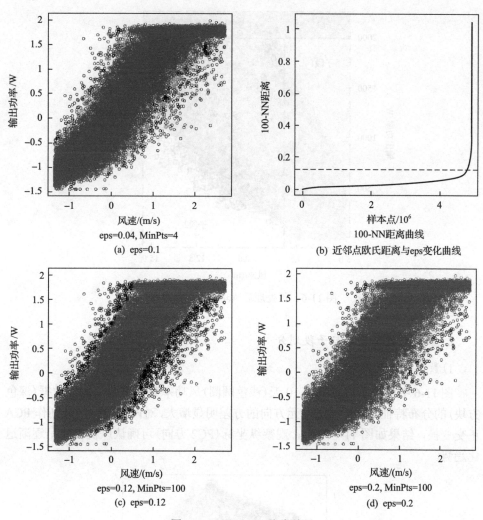

eps=0.04, MinPts=4

(a) eps=0.1

(b) 近邻点欧氏距离与eps变化曲线

eps=0.12, MinPts=100

(c) eps=0.12

eps=0.2, MinPts=100

(d) eps=0.2

图 11-5 DBSCAN 聚类结果

对准线性段数据以日为单位截取分段数据的原则:尽量保证数据段样本量近似且密度接近。表 11-2 给出了本案例的最优参数组合。为避免将体现风机性能退化的数据点误判为异常点,实际取值时选择噪声点最少的情况。预处理后数据结果如图 11-6 所示。

表 11-2 DBSCAN 参数列表

MinPts	80	100	200	30
eps	0.15	0.2	0.2	0.2

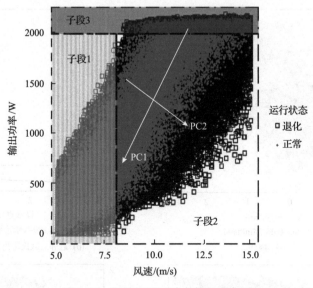

图 11-6　预处理后风功率数据分布图

2. 数据集特征提取与子段划分

1) 数据集特征提取

图 11-6 中比较了该机组前 10 天(浅色圆圈)风功率数据与全部运行数据(深色方块)的分布特征,发现 PC2 主元方向的方差明显增大,对两组数据集分别作 PCA 正交变换,结果如图 11-7 所示,观察纵坐标(PC2 方向)可确认风机性能呈逐渐退化趋势。

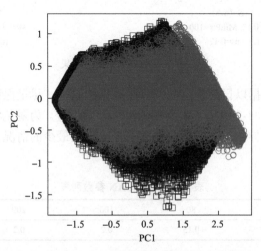

图 11-7　PCA 坐标变换后数据分布图

取该机组前 10 日数据作为正常运行样本，以 1 周为时间窗对剩余数据滑动截取，从第 10 日至第 55 日可得到 46 组测试样本。提取正常样本与测试样本间的相似性度量指标 λ，其变化趋势如图 11-8 所示。根据风机在正常运行状态（2、3 月共 40 天）下指标 λ 的统计量（μ 和 σ）得到阈值控制限，机组运行状态分别对应图中 3 个区域。观察健康、隐患和告警 3 个区域可知，时间序列 λ 的变化趋势存在较大波动，仅可提前 2 天确定机组发生异常。

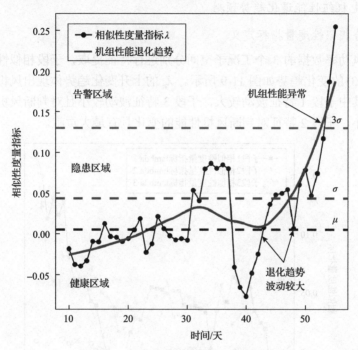

图 11-8　相似性度量指标 λ 变化趋势图

2) 数据集子段划分

观察图 11-6 中各阴影区域发现，风功率数据因风机处于不同运行工况下的分布结构不同而体现出不同程度的性能退化，而图 11-8 显示采用单一度量指标 λ 无法及时发现风机出现异常，因此为有效提取特征信息，应当进一步划分工况子空间。利用 GMM 方法对预处理后样本集进行子段数据划分，综合考虑各子段风速和功率的均值与方差，最终确定数据划分范围如表 11-3 所示。工况子空间分别对应图 11-6 中的 3 个子段，其中子段 2 在 PC2 主元方向上方差的变化对评估风机运行状态的贡献最大，建立相似性度量指标时应主要考虑由子段 2 提取的特征信息。

表 11-3　　子段数据划分参照表

子段编号 n	子段数据范围	混合概率/%
1	风速 5～8m/s	32.2
2	风速 8～15m/s	49.15
3	输出功率大于 2000W	18.65

3. 风电机组性能退化趋势预测

1) 综合相似性度量指标定义

针对风功率数据的 3 个工况子空间分别进行特征提取，子段相似性度量指标 $\lambda_n(n=1,2,3)$ 的变化趋势如图 11-9 所示。λ_n 的上升变化趋势体现出风机性能在逐渐退化，其中子段 1 特征波动较大，子段 3 特征波动较小且对判断风机性能的变化贡献最小，子段 2 特征对判断风机性能的变化具有最大贡献。

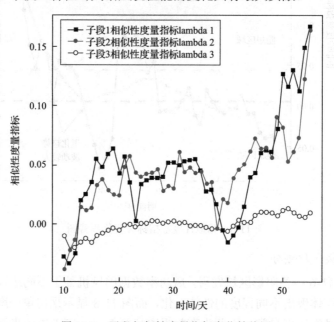

图 11-9　子段相似性度量指标变化趋势图

根据表 3 子段数据的混合概率分布，由式(11-4)确定加权综合相似性度量指标 $\hat{\lambda}$ 为

$$\hat{\lambda} = \lambda_1 \times 32.2\% + \lambda_2 \times 49.15\% + \lambda_3 \times 18.65\% \tag{11-6}$$

其变化趋势如图 11-10 所示，与图 11-8 比较可以看出，综合相似性度量指标变化趋势更趋于平稳，而且可以在故障前 1 周确定机组出现异常，如及时发现提

前维护则可以避免重大故障发生。

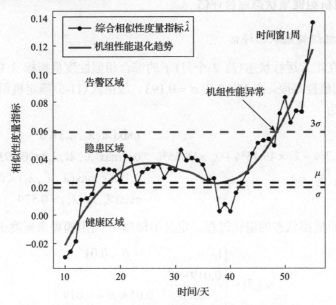

图 11-10　综合相似性度量指标 $\hat{\lambda}$ 变化趋势图

2) 时间窗选择

时间窗应根据数据质量、采样速率及风机性能退化速度综合确定。如图 11-11(a)、(b) 所示时间窗分别取 4 天和 10 天，与图 11-8 比较可知，时间窗太窄，指标波动剧烈，甚至会出现误报警，时间窗加宽指标变化趋势会变平滑，当时间窗大于 1 周时，曲线走势变化不大但计算量明显增加。

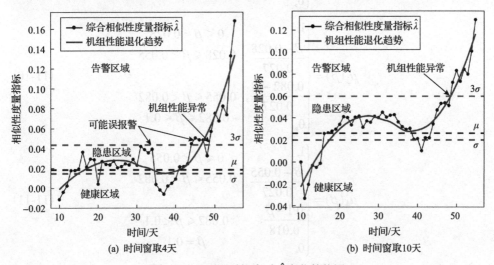

图 11-11　不同时间窗时 $\hat{\lambda}$ 变化趋势图

11.4.2 风电机组健康状态综合评估

1. 风电机组健康状态评估

由风机在正常运行状态(前 2 个月)下的综合相似性度量指标 λ 的统计量(μ 和 σ)确定阈值控制限。图 11-10 中 $\sigma = 0.193$，故由式(11-5)确定机组的综合健康状态指数 β 为

$$\beta = \begin{cases} 0 & \max(\lambda_1, \lambda_2, \lambda_3) \leqslant 0 \\ \lambda_1 \times 32.2\% + \lambda_2 \times 49.15\% + \lambda_3 \times 18.65\% & 0 < \max(\lambda_1, \lambda_2, \lambda_3) \leqslant 0.193 \\ \max(\lambda_1, \lambda_2, \lambda_3) & 0.193 < \max(\lambda_1, \lambda_2, \lambda_3) \leqslant 0.579 \\ 0.1 & \max(\lambda_1, \lambda_2, \lambda_3) > 0.579 \end{cases} \tag{11-7}$$

根据机组健康状态的退化过程，定义半梯形-三角形模糊隶属度函数 $\mu_n(\beta)$：

$$\mu_1(\beta) = \begin{cases} 1, & \beta < 0.01 \\ \dfrac{0.019 - \beta}{0.009}, & 0.01 \leqslant \beta < 0.019 \\ 0, & 0.019 \leqslant \beta \leqslant 0.1 \end{cases} \tag{11-8}$$

$$\mu_2(\beta) = \begin{cases} 1, & \beta < 0.01 \\ \dfrac{\beta - 0.01}{0.018}, & 0.01 \leqslant \beta < 0.028 \\ \dfrac{0.055 - \beta}{0.027}, & 0.028 \leqslant \beta < 0.055 \\ 0, & 0.055 \leqslant \beta \leqslant 0.1 \end{cases} \tag{11-9}$$

$$\mu_3(\beta) = \begin{cases} 1, & 0 \leqslant \beta < 0.028 \\ \dfrac{\beta - 0.028}{0.027}, & 0.028 \leqslant \beta < 0.055 \\ \dfrac{0.082 - \beta}{0.027}, & 0.055 \leqslant \beta < 0.082 \\ 0, & 0.082 \leqslant \beta \leqslant 0.1 \end{cases} \tag{11-10}$$

$$\mu_4(\beta) = \begin{cases} 1, & 0 \leqslant \beta < 0.055 \\ \dfrac{\beta - 0.055}{0.027}, & 0.055 \leqslant \beta < 0.082 \\ \dfrac{0.1 - \beta}{0.018}, & 0.082 \leqslant \beta < 0.1 \\ 0, & \beta = 0.1 \end{cases} \tag{11-11}$$

$$\mu_5(\beta)=\begin{cases} 0, & 0\leqslant\beta<0.082 \\ \dfrac{\beta-0.082}{0.009}, & 0.082\leqslant\beta<0.091 \\ 1, & 0.091\leqslant\beta\leqslant0.1 \end{cases} \tag{11-12}$$

将式(11-7)所得 β 值代入式(11-8)~式(11-12)确定全部测试子样本对应的健康状态等级隶属度，取置信水平为 0.9，对隶属度进行基本可信度分配，结果如图 11-12 所示。

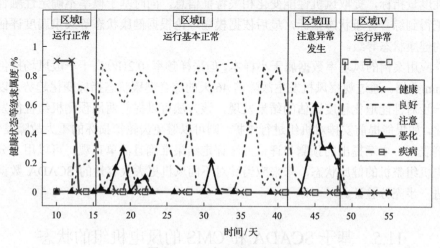

图 11-12　风机健康状态等级

图中区域 I 风机运行状态处于"健康"和"良好"，机组正常运行；区域 II 机组基本运行正常，但由于健康状态主要提示为"注意"和"良好"，故应当加强运维；区域 III 机组运行可能发生异常；区域 IV 机组健康状态发生明显退化，由"注意"和"恶化"过渡为"疾病"状态。从区域 III 到区域 IV 共历时 14 天，过渡趋势与图 11-10 所示风机整机性能退化趋势相符，由于过渡过程非常迅速，可知有关键或重要部件/子系统发生异常，此时应当制定紧急运维计划，排查故障。

2. 关于数据样本集的讨论

本案例中的风机因主轴高温报警停机，经检查发现齿轮箱已经损坏。由于故障发生后风电场为分析故障原因而提取的 SCADA 数据非常有限，所以本案例中只是相对风机性能退化而言截取了前 10 天的运行数据作为正常数据样本，但通过滑动截取测试数据，比较混合样本与正常样本的数据分布特征在 PC2 方向上的变化，有效提取了机组性能退化特征。虽然因数据量有限，风机整机性能退化趋势预测和健康状态评估的结果有一定波动，但我们采取的相似性度量算法和健康状态评估方法，对于本案例的小样本数据集(55 天风功率数据)，可以提前两周提示风机运行异常，早于机组 SCADA 系统的报警信号。

11.4.3　结论与讨论

本节在充分考虑风电机组实际运行工况波动、性能退化过程存在不确定性和模糊性的情况下，基于风功率数据提出一种相似性度量方法，预测并评估机组健康状态。通过 GMM 进行工况划分得到子段准线性数据以保证 PCA 特征提取的精度，将联合矩阵投影到 PC2 方向上所得标准差作为正常样本与测试子样本间的相似性度量指标，提取风机性能变化相关特征信息，同时基于概率不确定性融合、修正得到综合健康状态指标，最后依据模糊理论根据健康状态等级隶属度评估机组的健康状态等级。

应用案例的风功率数据属于小样本，但采样频率(0.2Hz)高于一般风场提供的 10min 数据。通过观察风机发生故障前 46 天的综合健康状态指标变化趋势，以及进一步对性能退化程度评估的结果发现，该方法可以提前两周预测机组性能发生退化，如果能提前安排对机组进行维护，则可以避免齿轮箱损坏的重大故障发生。案例表明，本章提出的预测与评估方法评定结果准确且简单直观，可以用于分析风电机组整机的健康状态，未来应当针对不同风机更大大容量的 SCADA 数据进行进一步充分验证。

11.5　基于 SCADA 和 CMS 的风电机组的状态预测与健康管理框架

本节我们给出一种基于 SCADA 和 CMS 的风电机组状态预测与健康管理的改进框架。基于该框架可进行一个整机的健康初步评估，以此可完善 IEC 标准所建议的现行性能测试方法。该框架基于 SCADA 数据指示和预测风电机组的总体性能，通过 CMS 计算局部损伤的估计值(local damage estimator，LDE)来评估风机传动元件的退化现状，并定位故障，实现寻找风机性能退化的主要原因。整个计算过程由美国 National Instruments 公司 LabVIEW 中的 Watchdog Toolbox 来实现。2001 年美国威斯康星大学和密歇根大学在美国国家自然科学基金资助下，联合工业界成立了"智能维护系统"(Intelligent Maintenance Systems，IMS)中心。NI 公司的 LabVIEW Watchddog Agent 工具包是由该公司提出研发的，智能维护系统最先由李杰教授首先提出，是旨在保证设备系统"近零故障"(near-zero breakdown)的理念，并推动预测性诊断维护及健康管理技术应用于工业生产中。

11.5.1　IEC 风机标准提出及存在缺陷

为了规范行业的不同参与者对动力性能测量的要求，并提供一个通用的方法，国际电工委员会(IEC)提出了标准 IEC 61400-12-1，作为动力性能测量的指导方针。包括原始设备制造商(OEM)、风电场运营商、服务提供商、监管机构和学术研究人员，都采用了该标准。虽然 IEC 标准被公认为是一种准确和全面的方法，但它仍有以下缺点：

(1)为了达到标准所提倡的准确性，需要高数据保真度和固有的昂贵监控程序。该标准是一种详尽的方法，运营商不愿执行。

(2)标准中定义的方法和指标不会产生连续的用户监控价值,这主要是因为测量所产生的成本和时间。例如，该标准建议 180 小时的评估数据，通常需要较长时间才能积累足够的数据量。因此它不能更深入地了解风机性能的退化。

(3)用于计算风速和年度能量分布的方法能源生产(AEP)意味着风速的投入将会遵循确定性分布，并且风机将可在未来一年以恒定的性能水平运行。

为了解决上述问题，一种方案是应用数据驱动的方法来连续模拟功率曲线，即使用预测和健康管理(PHM)技术进行风力发电机组监测。预测和健康管理(PHM)是由国际 PHM 协会和 IEEE 可靠性协会定义的"重点检测、预测和管理复杂工程系统的健康和状况"的工程学科。已经成功应用于旋转机械、半导体制造和航空航天等行业。然而，在风能领域，监控和数据采集(SCADA)系统和状态监测系统(CMS)是两种通常使用的数据。操作员通常使用 SCADA 系统来监控风机参数并报警。它保留稀疏测量，包括温度、转速和风速，用于确定每日现场活动。在本方案中，选择的 SCADA 变量用于模拟风机功率性能随时间的偏差。

另外，CMS 数据来自高分辨率传感器，主要包括振动、声发射或油渣分析数据，并用于确定齿轮箱、发电机和轴承的故障指示器。其中大部分组件当发生故障时需要更长的修理时间，这些组件被确定为风机系统的关键组件，适用于选择预测性维护策略和 PHM 技术，以便与 CMS 数据更紧密地监测组件的健康状况。

11.5.2　总体框架描述

综上，本节我们给出基于 SCADA 和 CMS 构建 PHM 的一种风力发电机组状态预测与健康管理框架。具体框架构建方法如图 11-13 所示。在两层框架下，首先利用 SCADA 数据对风机整体性能进行建模，将其划分为不同工况下的发电能力。即选择输出功率、风速、风向和俯仰角等 SCADA 参数，建立对应于风机动态工况的多工况模型，并对各工况下的密度函数参数进行估计。之后进行性能评估，其中通过模型参数表示的当前或最近的行为与使用相同参数学习的正常行为进行比较，这里正常行为来自风机的健康状态。随着时间的推移，从比较中产生的性能指标(称为置信度值(confidence value，CV))将作为整机性能的健康估计值(global health estimator，GHE)，即生成带有上限 R1 和下限 R2 的性能预测值。最后，将该预测转换为单位周期的收益预报值，当该预报值低于预先设定的收支

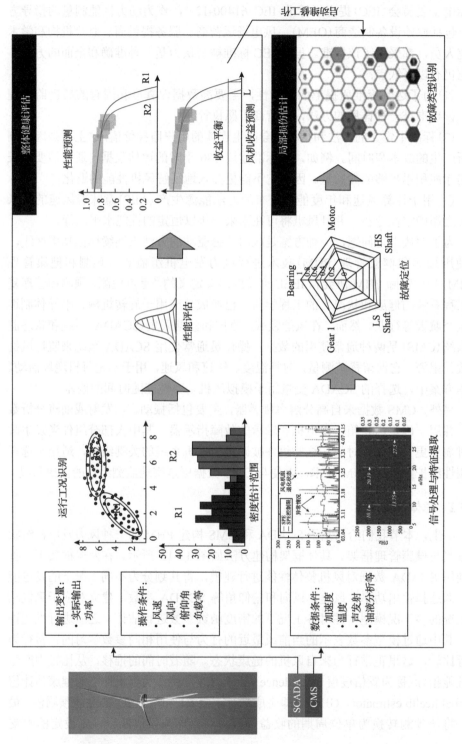

图 11-13　风力发电机组状态预测与健康管理框架

平衡水平时，将触发对设备组件的局部损伤估计值(LDE)的计算和监测。而 LDE 值来源于 CMS 数据。根据传感器的可用性，数据类型包括振动、声发射和温度等。采用不同的信号处理工具用来提取不同的特征信息，这些特征可用于识别每个设备组件的健康状况退化状态，并定位导致风机性能退化的组件。对于定位的组件，也可以使用诊断工具识别特定的故障模式，以便给出正确的维护操作。

提出的健康管理框架主要优势包括：

(1) 充分考虑了风力发电机组的动态环境和运行工况，实现多工况建模方法的应用。

(2) 在健康管理框架下，可以对具有类似功能的各种技术进行比较和优化，以生成性能指示器。同时，该指标经常更新，可获得实时的功率性能。

(3) 由于考虑了风电机组总体性能与关键部件缺陷之间的关系，因此，CV 值的性能度量可以优先考察有退化成分的影响。它允许用户以一种简单而有效的目标优化维修策略。

为了能够充分利用各种 PHM 算法和技术，这里我们采用 NI 公司的 LabVIEW Watchdog Agent Toolbox 作为实现风力发电机组状态预测与健康管理框架的工具。实际上，NI 公司的 LabVIEW Watchdog Agent 工具包已经被开发为用于各种 PHM 应用的可重新配置的硬件和软件平台。在 NI LabVIEW 软件中，该工具箱包括用于快速部署的四种虚拟容器(VI)类型，包括健康评估、信号处理与特征提取、健康诊断、性能预测，如图 11-14 所示。

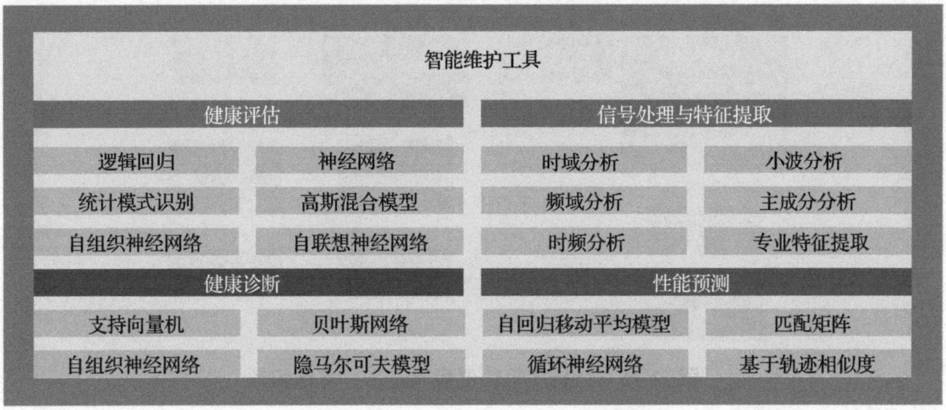

智能维护工具			
健康评估		信号处理与特征提取	
逻辑回归	神经网络	时域分析	小波分析
统计模式识别	高斯混合模型	频域分析	主成分分析
自组织神经网络	自联想神经网络	时频分析	专业特征提取
健康诊断		性能预测	
支持向量机	贝叶斯网络	自回归移动平均模型	匹配矩阵
自组织神经网络	隐马尔可夫模型	循环神经网络	基于轨迹相似度

图 11-14　Watchdog Agent 工具箱算法界面

其中，信号处理与特征提取工具箱对采集到的传感器数据可以进行滤波、变换和分析，提取出与故障模式或健康状况密切相关的代表性特征信息。之后，特征集作为健康评估工具箱的输入评估系统的整体退化程度，这其中模式识别和人工智能工具可以模拟基准特征与实际特征之间的相似性。接下来，健康诊断工具箱包括各类模式识别算法,如支持向量机 SVM、贝叶斯网络、自组织映射网络等;性能预测工具箱对退化趋势进行建模并识别故障模式,预测这些迹象并估算系统及其组件的剩余使用寿命。

对于风电机组状态预测与健康管理框架实施,LDE 的估计通常采用信号处理与特征提取工具箱中,选择合适的工具来提取具有不同位置和传动系统部件的传感器的最佳特征。GHE 和风力发电机功率性能计算,可以通过适当的健康评估工具完成。

11.5.3　整机健康状态估计

为实现对风电机组整机进行健康评估,SCADA 数据被输入到预处理模块以进行滤波、阶段划分和归一化。然后,参数选择模块将用于解释风机整体性能的相关变量并结合一定的专家知识。如上所述,风电机组处于动态操作条件,风电机组数据可以通过阶段划分表示为混合分布模型。Watchdog Agent Toolbox 提供了几种阶段划分工具,包括高斯混合模型(GMM)、自组织映射(SOM)和神经网络等。最后,通过定义基于距离度量的指标来实现风力发电机组置信度 CV 值的计算,并作为整机性能的健康估计值(GHE),整个流程如图 11-15 所示。

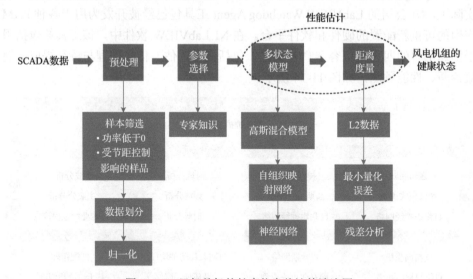

图 11-15　风机整机的健康状态估计算法流图

11.5.4　局部退化状态估计

对于局部退化状态的估计,可使用来自不同类别的 Watchdog Agent Toolbox 的数据驱动分析工具来获取每个组件的 LDE 值。对于发电机、轴承和齿轮箱,采用信号处理和特征提取、特征选择、健康评估和健康诊断工具箱检查组件的风机退化和健康恶化的根本原因,大体流程如图 11-16 所示。

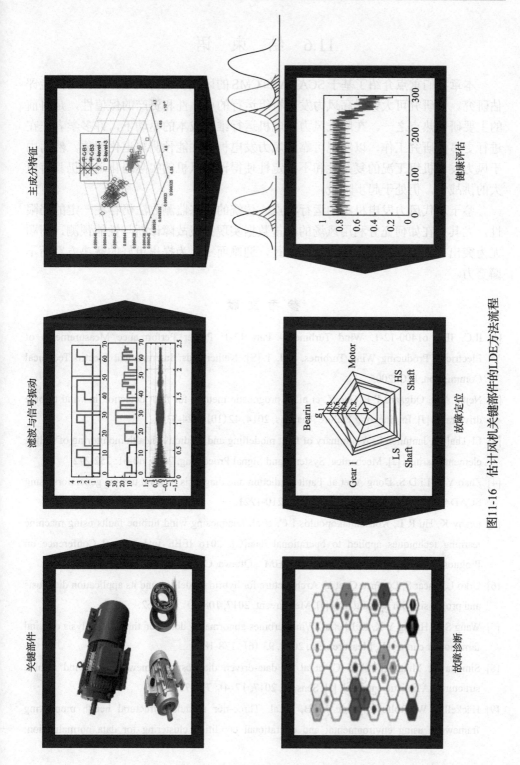

图11-16　估计风机关键部件的LDE方法流程

11.6　结　束　语

本章我们重点介绍了基于 SCADA 和 CMS 的风电机组健康状态预测与性能评估研究。该研究可大大提高风力发电机组运行的可靠性和资产的保值性，是目前的主要研究热点之一。在降低风力发电机运行维护成本的驱动下，许多学者正在进行更多的研究工作，以实现可靠的风力发电机组性能预测与退化评估。然而由于风力发电机组工况的复杂性和不确定性使得评估风机的实际退化趋势仍具有巨大的挑战性，仍处于起步阶段。

鉴于现代风力发电机组的运行特点，传统的状态监测方法仍存在一定的局限性，尤其是在如何充分利用风场的海量数据实现在线故障诊断与性能预测，问题尤为突出。因此，本团队仍将砥砺前行，迎难而上，为提出更好的解决方案而不懈努力。

参 考 文 献

[1] IEC. IEC 61400-12-1. Wind Turbines - Part 12-1: Power Performance Measurements of Electricity Producing Wind Turbines, Vol. 1 [S]. Netherlands: International Electro Technical Commission, IEC, 2005.

[2] Nejad A R, Odgaard P F, Gao Z, et al. A prognostic method for fault detection in wind turbine drivetrains [J]. Engineering Failure Analysis, 2014, 42(10): 324-336.

[3] El-Thalji I, Jantunen E. A summary of fault modelling and predictive health monitoring of rolling element bearings [J]. Mechanical Systems and Signal Processing, 2015, 60-61: 252-272.

[4] Zhao Y Y, Li D S, Dong A, et al. Fault prediction and diagnosis of wind turbine generators using SCADA data [J]. Energies, 2017, 10(8): 1210-1221.

[5] Leahy K, Hu R L, Konstantakopoulos I C, et al. Diagnosing wind turbine faults using machine learning techniques applied to operational data[C]. 2016 IEEE International Conference on Prognostics and Health Management (ICPHM), Ottawa, Canada, June 20-22, 2016.

[6] Urko L, Oscar S, Lorenzo C, et al. Architecture for hybrid modelling and its application diagnosis and prognosis with missing data [J]. Measureent, 2017, 108(3): 152-162.

[7] Wang S Y, Huang Y X, Li L, et al. Wind turbines abnormality detection through analysis of wind farm power curves [J]. Measurement, 2013, 93 (6): 178-188.

[8] Simona B, Minas S, Eleni C, et al. A data-driven diagnostic framework for wind turbine structures: A holistic approach [J]. Sensors, 2017, 17(4): 720-731.

[9] HäckellM W, RolfesR, Kane M B, et al. Three-tier modular structural health monitoring framework using environmental and operational condition clustering for data normalization:

Validation on an operational wind turbine system [J]. Proceedings of the IEEE, 2016, 104(8): 1632-1646.

[10] Jannis T W, Watson S J. Using SCADA dada for wind turbine condition monitoring-A review[J]. IET Renewable Power Generation, 2017, 11(4): 382-394.

[11] Lapira E, Brisset D, Ardakani H D, et al. Wind turbine performance assessment using multi-regime modeling approach [J]. Renewable Energy, 2012, 45(3): 86-95.

[12] Cao M, Qiu Y, Feng Y. Study of wind turbine fault diagnosis based on unscented Kalman filter and SCADA data [J]. Energies. 2016, 9(10): 847-854.

[13] 李辉, 杨超, 李学伟, 等. 风机电动变桨系统状态特征参量挖掘及异常识别[J]. 中国电机工程学报, 2014, 34(12): 1922-1930.

[14] 郭双全. 基于灰色关联度的风力发电机组健康性能评估方法研究[J]. 装备机械, 2016, 147(1): 7-11.

[15] 张芳. 基于 Petri 网的故障诊断建模研究及其在风电机组中的应用[D]. 长沙: 长沙理工大学, 2012.

[16] 董玉亮, 李亚琼, 曹海斌, 等. 基于运行工况辨识的风电机组健康状态实时评价方法[J]. 中国电机工程学报, 2013, 33(11): 88-95.

[17] 吕跃刚, 吴子晗, 陈敏娜. 基于风机健康系数的风电设备状态监测方法[J]. 可再生能源, 2015, 33(7): 1027-1032.

[18] Du M, Yi J, Mazidi P, et al. A parameter selection method for wind turbine health management through SCADA data [J]. Energies, 2017, 10(2): 253-260.

[19] Chen Y, Zhu F, Jay L. Data quality evaluation and improvement for prognostic modeling using visual assessment based data partitioning method [J]. Computers in Industry, 2013, 64(3): 214-225.

[20] Ester M, Kriegel H P, Sander J, et al. A density-based algorithm for discovering clusters in large spatial databases with noise [C]. Proceedings of the Second International Conference on Knowledge Discovery and Data Mining, Portland, August 2-4, 1996.

[21] 董玉亮, 李亚琼, 曹海斌, 等. 基于运行工况辨识的风电机组健康状态实时评价方法[J]. 中国电机工程学报, 2013, 33(11): 88-95.

Validation on an operational wind turbine system [J]. Proceedings of the IEEE, 2016, 104(9): 1632-1646.

[10] Sheng S, Watson T W. Using SCADA data for wind turbine condition monitoring: A review[J]. IET Renewable Power Generation, 2017, 11(4): 382-394.

[11] Lapira E, Brisset D, Ardakani H D, et al. Wind turbine performance assessment using multi-regime modeling approach[J]. Renewable Energy, 2012, 45(3): 86-95.

[12] Cui M, Ou Q, Feng Y. Study of wind turbine fault diagnosis based on integrated Kalman filter and SCADA data[J]. Energies, 2016, 9(10): 847-854.

[13] 李辉, 胡姚刚, 李洋, 等. 并网风电机组运行状态监测及故障诊断研究综述[J]. 电力自动化设备, 2014, 34(2): 1922-1650.

[14] 张小田. 基于大数据挖掘技术的风电场运行性能分析与评估研究[D]. 重庆大学, 2016, 137(12): 7-11.

[15] 徐玉琴, 张越. 基于数据挖掘的风电机组状态监测及故障诊断研究[D]. 华北电力大学, 2017.

[16] 李辉, 刘盛权, 冉鹏, 等. 考虑多状态参数的风电机组运行状态综合评估方法[J]. 电力自动化设备, 2015, 35(11): 55-95.

[17] 苗长新, 李卫东. 基于数据挖掘的风电机组运行状态评估方法研究[J]. 电力系统保护与控制, 2015, 33(7): 1027-1032.

[18] Du M, Yi J, Mazidi P, et al. A parameter selection method for wind turbine health management through SCADA data[J]. Energies, 2017, 10(2): 253-266.

[19] Chen Y, Zhu F, Lee J. Data quality evaluation and improvement for prognostic modeling using visual assessment based data partitioning method[J]. Computers in Industry, 2013, 64(3): 214-225.

[20] Ester M, Kriegel H P, Sander J, et al. A density-based algorithm for discovering clusters in large spatial databases with noise [C]. Proceedings of the Second International Conference on Knowledge Discovery and Data Mining, Portland, August 2-4, 1996.

[21] 王鑫, 吴际, 刘超, 等. 基于 LSTM 循环神经网络的故障时间序列预测[J]. 北京航空航天大学学报, 2018, 44(4): 55-95.